電気磁気学

後藤　俊夫
大久保　仁
佐藤　照幸
菅井　秀郎
永津　雅章
花井　孝明
著

朝倉書店

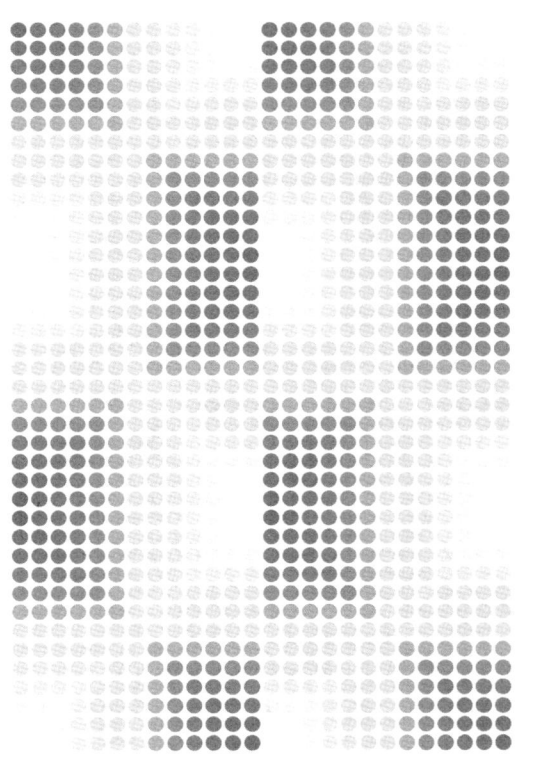

本書は，株式会社昭晃堂より出版された同名書籍を
再出版したものです.

まえがき

本書は，大学の工学部電気系学科の学生を主たる対象として書かれている．電磁気学は，電気・電子工学分野の最も基礎的科目であるが，一般的に数式による記述が多く，学生にとって充分な理解が難しい科目である．

本書は，電磁気学を理解するための数学的準備として，ベクトル解析から話を始めているが，全体として，できるだけ物理的意味を理解しやすいように書いたつもりである．そのため，まず電磁気に関する実験的事実を示して，それを積分形で定式化した上で，微分形に変換し，それらを一般化してマックスウェル方程式に至る流れとなっている．電磁気学ではある程度の数式による記述は避けられないが，本書では，可能な限り言葉を用いて物理的意味を説明することを心がけている．また従来の教科書の多くは，基礎方程式から解析的に他の式を導き出したり，問題の解を求めたりすることだけで終わっているが，現在では計算機の発達により，基礎方程式をある境界条件のもとで，数値的に解く数値解法が重要になってきている．本書ではこのような状況を考慮して，基礎方程式の数値解法に関する記述も第3章に含めた．これは本書の特徴の一つである．

本書の内容は，大学の電気系学科の平均的な学生ならば，十分理解できると思われるが，全体の長さ，理解のしやすさを考えて，複雑な式の導出等は，一部省略あるいは簡単化した箇所もある．また第9章の電磁波の伝搬・放射に関する章も，比較的基本的な事項に話を絞り，電磁波のさらに高度な内容や応用に関しては他の教科書に譲ることにした．

電磁気の単位系は，現在ほぼ国際標準単位系（SI）に統一されてきているが，以前に書かれた優れた教科書のなかには，C. G. S. 静電単位系等を用いて書かれているものも多いので，参考のために単位系についても簡単に説明を加えてある．

学生が電磁気学を十分理解するうえで，演習問題を解くことは必要不可欠であり，本書でも紙面の許す範囲内で，できるだけ多くの演習問題を各章の終わりにつけ加えておいた．また，重要な式は枠で囲み，単位もそのつど表示するなど，分かりやすく理解しやすいように工夫したつもりである．

本書は，実際に講義を担当している電気系の6名の教官が，それぞれの経験をいかしながら，分担執筆している．記号や用語についても不統一にならないよう事前に確認をし，校正時にも入念にチェックをして，万全を期したつもりである．

出版にあたって昭晃堂の橋本成一氏にもいろいろご尽力いただいた．この機会を借りて感謝の意を表したい．

平成5年8月

執筆者を代表して　後藤俊夫

目　　次

3 誘電体を含む静電界

4 静磁界と磁性体

5 定 常 電 流

6 定常電流による静磁界

1　ベクトル解析

ベクトル（vector）は，力や速度のように大きさと方向を持った量である．これに対し，大きさだけで定まる量を**スカラ**（scalar）という．空間の各点でベクトルが位置の関数として定まるとき，そこに**ベクトル界**または**ベクトル場**（vector field）があるという．同様に，位置の関数としてスカラが定まるとき，**スカラ界**または**スカラ場**（scalar field）があるという．この本で学ぶ電界や磁界は，電気的あるいは磁気的な作用を，空間の各点でベクトルとして表したベクトル界である．このため電磁気現象を記述する際には，必然的にベクトルの間の関係を表す式を用いることになる．したがって，ベクトル関数やその微分，積分の取り扱いに習熟しておくことは，電磁気学を学ぶ上で不可欠であるので，まず最初にベクトル解析の基礎を学ぶことにしよう．

1.1　ベクトルと直角座標

3次元空間には，任意の点を原点Oとして，互いに直交する3本の座標軸 O-x，O-y，O-z を取ることができる．この一つの座標系を空間のすべての点の座標を表すのに共通に用いるとき，この座標を**直角座標**または**カーテシアン座標**（Cartesian coordinates）という．それぞれの座標軸上に，大きさ1の単位ベクトル（unit vector）$\boldsymbol{i}$，$\boldsymbol{j}$，$\boldsymbol{k}$ を取る．$\boldsymbol{i}$，$\boldsymbol{j}$，$\boldsymbol{k}$ の向きの取り方には，図1.1に示すように**右手系**と**左手系**があるが，右手系を選ぶのが普通であるので，この本でも右手系を用いる．

ベクトル $\boldsymbol{A}$ の大きさを $|\boldsymbol{A}|$ または単に A と書く．二つのベクトル $\boldsymbol{A}$ と $\boldsymbol{B}$

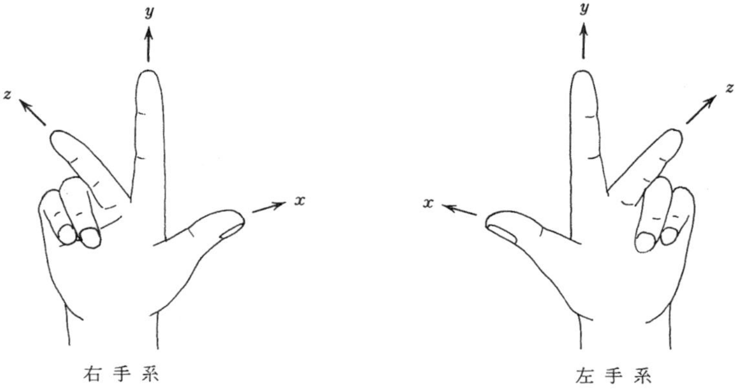

図 1.1　右手系と左手系

の間の角を θ とするとき，

$$A_B \equiv A\cos\theta \tag{1.1}$$

は図 1.2 のように，$\boldsymbol{A}$ を $\boldsymbol{B}$ の上に射影した長さであり，$\boldsymbol{A}$ の $\boldsymbol{B}$ 方向成分という．$\boldsymbol{A}$ が $\boldsymbol{i}$, $\boldsymbol{j}$, $\boldsymbol{k}$ となす角をそれぞれ θ_x，θ_y，θ_z としたとき，$\boldsymbol{A}$ の $\boldsymbol{i}$, $\boldsymbol{j}$, $\boldsymbol{k}$ 方向成分

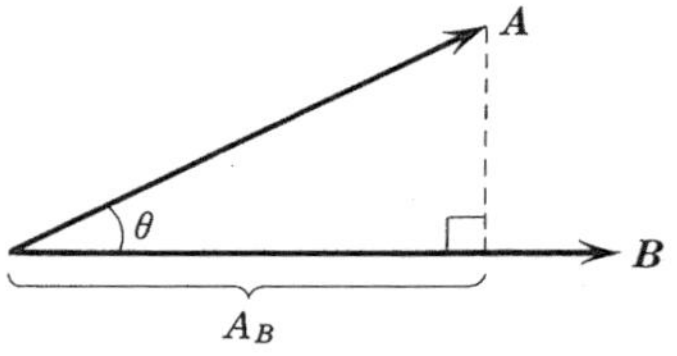

図 1.2　$\boldsymbol{A}$ の $\boldsymbol{B}$ 方向成分

$$A_x = A\cos\theta_x, \quad A_y = A\cos\theta_y, \quad A_z = A\cos\theta_z \tag{1.2}$$

を直角座標における $\boldsymbol{A}$ の成分という．ベクトル $\boldsymbol{A}$ をその成分で表すときには，$\boldsymbol{A} = (A_x,\ A_y,\ A_z)$ のように書く．$\boldsymbol{A}$ の大きさはその成分を用いて，

$$A = \sqrt{A_x^2 + A_y^2 + A_z^2} \tag{1.3}$$

で与えられる．特に，原点を始点とし，空間のある点 P を終点とするベクトル $\boldsymbol{r} = (x, y, z)$ を，点 P の**位置ベクトル**（position vector）という．

1.2　ベクトルの和と差

スカラ c とベクトル $\boldsymbol{A}$ の積 $c\boldsymbol{A}$ は，$\boldsymbol{A}$ と同じ方向を持ち，大きさが c 倍のベクトルである．$-\boldsymbol{A}$ は $\boldsymbol{A}$ と同じ大きさで，逆の向きのベクトルである．

二つのベクトル $\boldsymbol{A}$ と $\boldsymbol{B}$ の和は，図1.3のような作図により定義される．また，$\boldsymbol{A}$ と $\boldsymbol{B}$ の差は $\boldsymbol{A}$ と（$-\boldsymbol{B}$）の和である．任意のベクトル $\boldsymbol{A}$ は，直角座標の単位ベクトルを用いて，

$$\boldsymbol{A}=A_x\boldsymbol{i}+A_y\boldsymbol{j}+A_z\boldsymbol{k} \tag{1.4}$$

と和の形で表せる．また，$\boldsymbol{A}$ と $\boldsymbol{B}$ の和と差を成分で書けば，

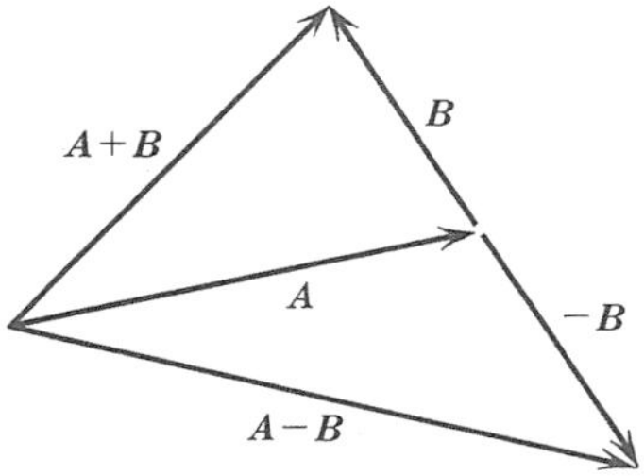

図 1.3　ベクトルの和と差

$$\boldsymbol{A}\pm\boldsymbol{B}=(A_x\pm B_x)\boldsymbol{i}+(A_y\pm B_y)\boldsymbol{j}+(A_z\pm B_z)\boldsymbol{k} \tag{1.5}$$

となる，ベクトルの和について，スカラの場合と同様に，交換法則および結合法則が成り立つ．

1.3 ベクトルのスカラ積とベクトル積

1.3.1 スカラ積

二つのベクトル $\boldsymbol{A}$，$\boldsymbol{B}$ の間の角を θ として，

$$\boldsymbol{A}\cdot\boldsymbol{B}\equiv AB\cos\theta \tag{1.6}$$

で定義されるスカラを，$\boldsymbol{A}$ と $\boldsymbol{B}$ の**スカラ積**または**内積**（scalar product）という．定義から明らかなように，スカラ積について交換法則が成り立つ．

$$\boldsymbol{A}\cdot\boldsymbol{B}=\boldsymbol{B}\cdot\boldsymbol{A} \tag{1.7}$$

また，ベクトルの和とスカラ積について分配の法則が成り立つ．

$$\boldsymbol{A}\cdot(\boldsymbol{B}+\boldsymbol{C})=\boldsymbol{A}\cdot\boldsymbol{B}+\boldsymbol{A}\cdot\boldsymbol{C} \tag{1.8}$$

定義より，$\boldsymbol{A}$ と $\boldsymbol{B}$ が直交しているための条件は，

$$\boldsymbol{A}\cdot\boldsymbol{B}=0 \tag{1.9}$$

である．また，ベクトルの大きさを，次のようにスカラ積で表すことができる．

$$A^2=\boldsymbol{A}\cdot\boldsymbol{A} \tag{1.10}$$

スカラ積を成分で表せば，単位ベクトル $\boldsymbol{i}$，$\boldsymbol{j}$，$\boldsymbol{k}$ が直交していることから，式（1.11）となる．

$$A \cdot B = (A_x i + A_y j + A_z k) \cdot (B_x i + B_y j + B_z k)$$
$$= A_x B_x + A_y B_y + A_z B_z \quad (1.11)$$

1.3.2 ベクトル積

二つのベクトル$\boldsymbol{A}$, $\boldsymbol{B}$に対して，次の性質を持つベクトル$\boldsymbol{C}$を，$\boldsymbol{A}$と$\boldsymbol{B}$の**ベクトル積**または**外積**（vector product）といい，記号$\boldsymbol{A}\times\boldsymbol{B}$で表す．

① 図1.4に示すように，$\boldsymbol{C}$は$\boldsymbol{A}$と$\boldsymbol{B}$の両方に垂直である．

② $\boldsymbol{C}$の大きさは$\boldsymbol{A}$と$\boldsymbol{B}$がつくる平行四辺形の面積$AB\sin\theta$に等しい．

③ $\boldsymbol{C}$の方向は，$\boldsymbol{A}$から$\boldsymbol{B}$の方向に右ねじを回したときに，ねじが進む向きである．

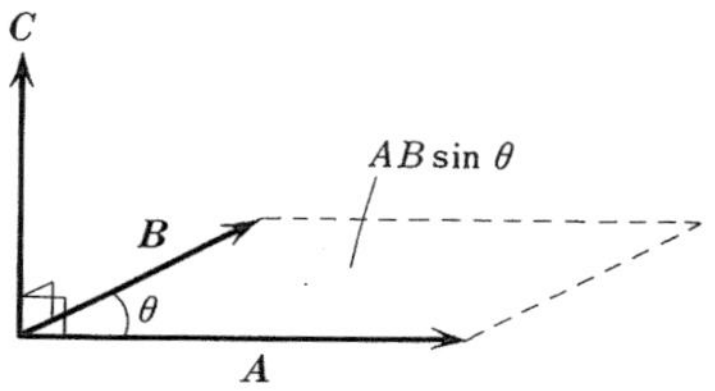

図1.4 ベクトル積

③から分かるように，$\boldsymbol{A}$と$\boldsymbol{B}$を入れ換えると，ベクトル積の向きが反転するから，

$$\boldsymbol{B}\times\boldsymbol{A} = -\boldsymbol{A}\times\boldsymbol{B} \quad (1.12)$$

となり，交換法則は成り立たない．また，②より$\boldsymbol{A}$と$\boldsymbol{B}$が平行であれば$\boldsymbol{A}\times\boldsymbol{B}=0$である．

直角座標の単位ベクトルについて，

$$\boldsymbol{i}\times\boldsymbol{i} = \boldsymbol{j}\times\boldsymbol{j} = \boldsymbol{k}\times\boldsymbol{k} = 0$$
$$\boldsymbol{i}\times\boldsymbol{j} = \boldsymbol{k}, \quad \boldsymbol{j}\times\boldsymbol{k} = \boldsymbol{i}, \quad \boldsymbol{k}\times\boldsymbol{i} = \boldsymbol{j} \quad (1.13)$$

が成り立つ．また，スカラ積に関する式（1.8）と同様な分配の法則がベクトル積についても成り立つ．

$$\boldsymbol{A}\times(\boldsymbol{B}+\boldsymbol{C}) = \boldsymbol{A}\times\boldsymbol{B}+\boldsymbol{A}\times\boldsymbol{C} \quad (1.14)$$

したがって，ベクトル積を成分で表すと，式（1.13）より，

$$\boldsymbol{A}\times\boldsymbol{B} = (A_x\boldsymbol{i}+A_y\boldsymbol{j}+A_z\boldsymbol{k})\times(B_x\boldsymbol{i}+B_y\boldsymbol{j}+B_z\boldsymbol{k})$$
$$= (A_yB_z-A_zB_y)\boldsymbol{i}+(A_zB_x-A_xB_z)\boldsymbol{j}+(A_xB_y-A_yB_x)\boldsymbol{k} \quad (1.15)$$

と書ける．式（1.15）は，次のように行列式の形で書くことができる．ベクト

ル積の成分を記憶するには便利な式である．

$$A\times B=\begin{vmatrix} i & j & k \\ A_x & A_y & A_z \\ B_x & B_y & B_z \end{vmatrix} \tag{1.16}$$

三つのベクトルA，B，Cについて$C\cdot(A\times B)$はスカラであり，**スカラ3重積**という．これを成分で表すと，式（1.11）と式（1.15）より，

$$C\cdot(A\times B)=A\cdot(B\times C)=B\cdot(C\times A)=\begin{vmatrix} A_x & A_y & A_z \\ B_x & B_y & B_z \\ C_x & C_y & C_z \end{vmatrix} \tag{1.17}$$

となり，これらをまとめて$[A, B, C]$と表す．ここで，[] を**グラスマン(Grassmann)の記号**という．スカラ3重積の絶対値は，三つのベクトルを稜線とする平行六面体の体積に等しい．また，任意の二つのベクトルの交換により符号が反転する．たとえば$[A, C, B]$は$-[A, B, C]$に等しい．また，$[A, A, C]=0$，$[i, j, k]=1$である．$[A, B, C]=0$ならば，A, B, Cは一つの平面内にある，すなわち互いに1次従属である．

$A\times(B\times C)$はベクトルであり，これを**ベクトル3重積**という．次の公式は，今後しばしば用いられる．

$$A\times(B\times C)=(A\cdot C)B-(A\cdot B)C \tag{1.18}$$

1.4　ベクトルの微分と積分

1.4.1　微　　分

電磁気学で扱うベクトルは，空間の位置や時間の関数であることが多い．たとえばベクトルAが時間tのベクトル関数であると考えて，$A(t)$と書く．時間tのわずかな増加$\varDelta t$に対して$A(t)$が$A(t+\varDelta t)$に変化したとき，

$$\lim_{\varDelta t\to 0}\frac{A(t+\varDelta t)-A(t)}{\varDelta t} \tag{1.19}$$

なるベクトルが存在するならば，これを$A(t)$の微分あるいは導関数といい，

$\dfrac{d\boldsymbol{A}}{dt}$ と書く．ベクトルの和，スカラ積，ベクトル積と微分との関係は，それぞれ次のようになる．

$$\frac{d}{dt}(\boldsymbol{A}\pm\boldsymbol{B})=\frac{d\boldsymbol{A}}{dt}\pm\frac{d\boldsymbol{B}}{dt} \tag{1.20}$$

$$\frac{d}{dt}(\boldsymbol{A}\cdot\boldsymbol{B})=\frac{d\boldsymbol{A}}{dt}\cdot\boldsymbol{B}+\boldsymbol{A}\cdot\frac{d\boldsymbol{B}}{dt} \tag{1.21}$$

$$\frac{d}{dt}(\boldsymbol{A}\times\boldsymbol{B})=\frac{d\boldsymbol{A}}{dt}\times\boldsymbol{B}+\boldsymbol{A}\times\frac{d\boldsymbol{B}}{dt} \tag{1.22}$$

$\dfrac{d\boldsymbol{A}}{dt}$ を成分で表すと，$\boldsymbol{i}$，$\boldsymbol{j}$，$\boldsymbol{k}$ が不変であることから，以下となる．

$$\frac{d\boldsymbol{A}}{dt}=\frac{dA_x}{dt}\boldsymbol{i}+\frac{dA_y}{dt}\boldsymbol{j}+\frac{dA_z}{dt}\boldsymbol{k} \tag{1.23}$$

ベクトルが二つ以上の変数の関数，たとえば $\boldsymbol{A}(x, y, z)$ であるとき，y と z を固定して x について微分を取ったものを，$\boldsymbol{A}$ の x に関する偏微分といい，$\dfrac{\partial\boldsymbol{A}}{\partial x}$ と書く．これを成分で表せば次のようになる．

$$\frac{\partial\boldsymbol{A}}{\partial x}=\frac{\partial A_x}{\partial x}\boldsymbol{i}+\frac{\partial A_y}{\partial x}\boldsymbol{j}+\frac{\partial A_z}{\partial x}\boldsymbol{k} \tag{1.24}$$

1.4.2　線　積　分

空間の滑らかな曲線 C に向きをつけて，始点をP，終点をQとする．図1.5のように，C に点Rで接し，C の向きに一致する方向の微小なベクトル $d\boldsymbol{l}$ をRにおける C の**線素ベクトル**という．C の上で位置の関数としてベクトル $\boldsymbol{A}(\boldsymbol{r})$ が定まるとき，すなわち $\boldsymbol{A}$ で表される C 上のベクトル界があるとき，$\boldsymbol{A}$ と $d\boldsymbol{l}$ のスカラ積を取り，これを C に沿ってPからQまで積分した値を，$\boldsymbol{A}$ の C に沿っての**線積分**

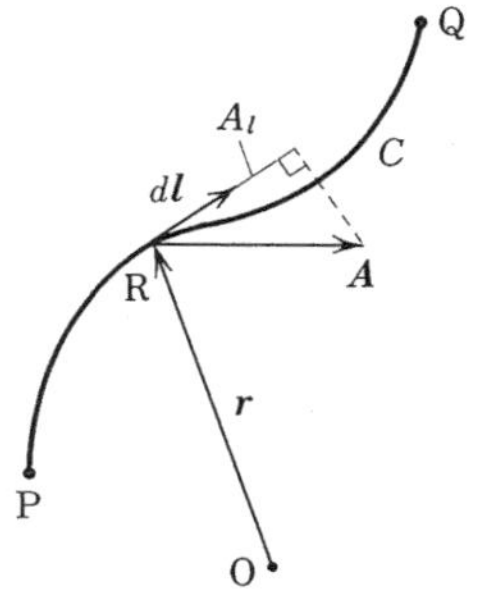

図1.5　線素ベクトル

(line integral) といい，$\int_C \boldsymbol{A}\cdot d\boldsymbol{l}$ または $\boldsymbol{A}$ の $d\boldsymbol{l}$ 方向成分を A_l，$d\boldsymbol{l}$ の大きさ

を dl として，$\int_C A_l dl$ のように表す．特に，曲線 C が閉じているとき，C を1周する線積分を周回積分といい，$\oint_C \boldsymbol{A}\cdot d\boldsymbol{l}$ のように表す．

直角座標では，

$$d\boldsymbol{l} = dx\boldsymbol{i} + dy\boldsymbol{j} + dz\boldsymbol{k} \tag{1.25}$$

であるから，線積分は次のように書ける．

$$\int_C \boldsymbol{A}\cdot d\boldsymbol{l} = \int_C (A_x dx + A_y dy + A_z dz) \tag{1.26}$$

【例題 1.1】

質量 m の物体が，重力 $\boldsymbol{F} = -mg\boldsymbol{k}$ を受けながら，なめらかに曲線 C 上を動くとき，重力のする仕事を求めよ．ただし，z_1 と z_2 を始点と終点の z 座標とする．

［解］　$\int_C \boldsymbol{F}\cdot d\boldsymbol{l} = -\int_{z_1}^{z_2} mgdz = mg(z_1 - z_2)$

1.4.3　面　積　分

ある面 S の上の点Pの周りに微小面積 dS を考えたとき，dS に垂直で大きさ1のベクトル $\boldsymbol{n}$ を，Pにおける S の**単位法線ベクトル** (unit normal vector) という．このとき次の性質を持つベクトル $d\boldsymbol{S}$ を**面素ベクトル**という．

① 大きさが dS に等しい．

② 方向が $\boldsymbol{n}$ の向きである．

ベクトル関数 $\boldsymbol{A}(\boldsymbol{r})$ と $d\boldsymbol{S}$ のスカラ積 $\boldsymbol{A}\cdot d\boldsymbol{S}$ の面 S にわたっての積分を，**面積分** (surface integral) といい，$\int_S \boldsymbol{A}\cdot d\boldsymbol{S}$ と表す．または，$d\boldsymbol{S} = \boldsymbol{n}dS$ であるから，$\boldsymbol{A}$ の $\boldsymbol{n}$ 方向成分を A_n として $\int_S A_n dS$ とも書ける．特に，S が閉曲面であるときには，$\oint_S \boldsymbol{A}\cdot d\boldsymbol{S}$ のように表す．

直角座標で面積分を書き表すために，$\boldsymbol{n}$ の x, y, z 方向余弦をそれぞれ $\cos\alpha$，

$\cos\beta$, $\cos\gamma$ とすると，$\boldsymbol{A}\cdot\boldsymbol{n}dS = A_x\cos\alpha dS + A_y\cos\beta dS + A_z\cos\gamma dS$ となるが，$\cos\alpha dS$, $\cos\beta dS$, $\cos\gamma dS$ は，それぞれ微小面積 dS の yz 平面，zx 平面，xy 平面への投影である．したがって，

$$\int_S \boldsymbol{A}\cdot d\boldsymbol{S} = \int_S (A_x dydz + A_y dzdx + A_z dxdy) \tag{1.27}$$

と書ける．さらに，面 S が $z=z(x, y)$ のように書けるときには，変数変換により，

$$\int_S \boldsymbol{A}\cdot d\boldsymbol{S} = \pm\int_{S_{xy}}\left(-A_x\frac{\partial z}{\partial x} - A_y\frac{\partial z}{\partial y} + A_z\right)dxdy \tag{1.28}$$

のように表すこともできる．ただし，S_{xy} は S の xy 平面への投影であり，右辺の複号は γ が鋭角のとき正，鈍角のとき負を取る．

1.5　ベクトル界の発散とガウスの定理

ベクトル関数 $\boldsymbol{A}(\boldsymbol{r})$ で表されるベクトル界において，ある点Pを含む微小体積を $\varDelta v$, $\varDelta v$ を囲む閉曲面を S とし，S 上の面素ベクトルを $d\boldsymbol{S}=\boldsymbol{n}dS$ とする．ただし，単位法線ベクトル $\boldsymbol{n}$ は外向きに取るものとする．このとき，次式で定義されるスカラを，P における $\boldsymbol{A}$ の**発散**（divergence）といい，$\mathrm{div}\,\boldsymbol{A}$ と表す．

$$\mathrm{div}\,\boldsymbol{A} \equiv \lim_{\varDelta v\to 0}\frac{\oint_S \boldsymbol{A}\cdot d\boldsymbol{S}}{\varDelta v} \tag{1.29}$$

直角座標での $\mathrm{div}\,\boldsymbol{A}$ の式は，式（1.29）から直接に導き出される．すなわち，式（1.29）の右辺を，図1.6に示すような $\boldsymbol{r}=x\boldsymbol{i}+y\boldsymbol{j}+z\boldsymbol{k}$ を頂点とし，各辺の長さが $\varDelta x$, $\varDelta y$, $\varDelta z$ の直方体に適用すると，たとえば x 軸に垂直な二つの面 $\varDelta S_{yz}$ と $\varDelta S_{yz}'$ について，

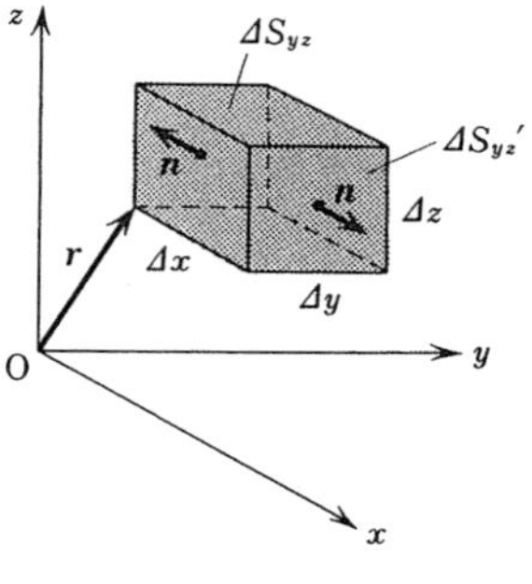

図1.6　微小な直方体と単位法線ベクトル

$$\frac{\int_{\varDelta S_{yz}} \boldsymbol{A}\cdot d\boldsymbol{S}+\int_{\varDelta S_{yz'}} \boldsymbol{A}\cdot d\boldsymbol{S}}{\varDelta v}$$

$$=\frac{A_x(x+\varDelta x,\ y,\ z)\varDelta y\ \varDelta z-A_x(x,\ y,\ z)\varDelta y\ \varDelta z}{\varDelta x\ \varDelta y\ \varDelta z}$$

$$=\frac{\partial A_x}{\partial x}$$

となり，y 軸，z 軸に垂直な面においても同様であるから，次式が得られる．

$$\mathrm{div}\boldsymbol{A}=\frac{\partial A_x}{\partial x}+\frac{\partial A_y}{\partial y}+\frac{\partial A_z}{\partial z} \tag{1.30}$$

【例題 1.2】

密度が一定（非圧縮性）で，定常的な流体の速度ベクトル $\boldsymbol{v}$ を例にとり，発散の物理的意味を考えよ．

［解］簡単のため密度を 1 とすると，$\oint_S \boldsymbol{v}\cdot d\boldsymbol{S}$ は閉曲面 S を通って外へ流れ出す質量を表す．この流れが定常的であるためには，外へ流れ出した質量が，S の内部で湧き出すことによって補われなければならない．すなわち $\dfrac{\oint_S \boldsymbol{v}\cdot d\boldsymbol{S}}{\varDelta v}$ は，$\varDelta v$ の体積内での平均の質量の湧き出しと考えられ，発散はその $\varDelta v$ を無限小にした極限であるから，一点からの質量の湧き出し（値が負のときは吸い込み）と解釈できる．しかし，質量が何もない所から生じたり，消え去ったりすることは物理的に有り得ないことであるから，非圧縮性の流体について div $\boldsymbol{v}=0$ が成り立つ．

発散は $\varDelta v\to 0$ の極限において定義される量であった．しかし，以下に示すように，式（1.29）は有限の大きさの体積に拡張できる．体積 v を微小体積 $\varDelta v_i$ に区切り，$\varDelta v_i$ を囲む閉曲面を S_i，スカラ関数 $\phi(\boldsymbol{r})$ の $\varDelta v_i$ における値を ϕ_i としたとき，$\lim_{\varDelta v_i\to 0}\sum_i \phi_i \varDelta v_i$ を**体積積分**（volume integral）といい，$\int_v \phi\, dv$

と表す．いま，$\phi=\mathrm{div}\,\boldsymbol{A}$ とおくと，その体積積分は式（1.29）より，

$$\int_v \mathrm{div}\,\boldsymbol{A}\,dv=\sum_i \mathrm{div}\,\boldsymbol{A}\,\Delta v_i=\sum_i\left(\oint_{S_i}\boldsymbol{A}\cdot d\boldsymbol{S}\right) \tag{1.31}$$

となって，S_i についての面積分の総和の形に書くことができる．ところが，体積 v の内部では，これらの閉曲面は隣合う微小体積の境界になっており，隣合う微小体積に対する外向き法線は，互いに逆向きであるから，この境界面上での $\boldsymbol{A}$ の面積分は，互いに打ち消しあって零となる．したがって，式（1.31）の右辺は，体積 v の表面上での積分だけが残り，

$$\boxed{\int_v \mathrm{div}\,\boldsymbol{A}\,dv=\oint_S \boldsymbol{A}\cdot d\boldsymbol{S}} \tag{1.32}$$

となる．ただし，S は v を囲む閉曲面である．上の関係は**ガウス（Gauss）の定理**といい，電磁気の基本法則を記述するための重要な関係式の一つである．

1.6 ベクトル界の回転とストークスの定理

ベクトル関数 $\boldsymbol{A}(\boldsymbol{r})$ で表されるベクトル界において，ある点Pを含む微小平面 ΔS を考え，その周囲の閉曲線を C として，C の向きを適当に決めておく．ΔS の2本の単位法線ベクトルのうち，右ねじを C の向きに回したとき，ねじの進む方向にあるものを $\boldsymbol{n}$ とする．このとき，次式で定義されるベクトルをPにおける $\boldsymbol{A}$ の**回転**（rotation または curl）といい，$\mathrm{rot}\,\boldsymbol{A}$ または $\mathrm{curl}\,\boldsymbol{A}$ と書く．

$$(\mathrm{rot}\,\boldsymbol{A})_n\equiv\lim_{\Delta S\to 0}\frac{\oint_C \boldsymbol{A}\cdot d\boldsymbol{l}}{\Delta S} \tag{1.33}$$

ただし，$(\mathrm{rot}\boldsymbol{A})_n$ は $\mathrm{rot}\,\boldsymbol{A}$ の $\boldsymbol{n}$ 方向成分である．$\mathrm{rot}\,\boldsymbol{A}$ を成分で表すと，

$$\operatorname{rot} A = \left(\frac{\partial A_z}{\partial y} - \frac{\partial A_y}{\partial z}\right)\boldsymbol{i} + \left(\frac{\partial A_x}{\partial z} - \frac{\partial A_z}{\partial x}\right)\boldsymbol{j} + \left(\frac{\partial A_y}{\partial x} - \frac{\partial A_x}{\partial y}\right)\boldsymbol{k}$$

$$= \begin{vmatrix} \boldsymbol{i} & \boldsymbol{j} & \boldsymbol{k} \\ \dfrac{\partial}{\partial x} & \dfrac{\partial}{\partial y} & \dfrac{\partial}{\partial z} \\ A_x & A_y & A_z \end{vmatrix} \tag{1.34}$$

となる（演習問題1.5参照）．

発散の体積積分からガウスの定理を導いたのと同様に，回転を任意の面 S 上で面積分することにより，次に示す重要な定理が得られる．いま，S を微小な面積 $\varDelta S_i$ に分割し，$\varDelta S_i$ の周囲の閉曲線を C_i とすると，式（1.33）より，

$$\int_S \operatorname{rot} \boldsymbol{A}\cdot d\boldsymbol{S} = \sum_i (\operatorname{rot} \boldsymbol{A})_{n_i}\varDelta S_i = \sum_i \oint_{C_i} \boldsymbol{A}\cdot d\boldsymbol{l} \tag{1.35}$$

となる．式（1.35）の最後の式は，前節と同様の考え方により，S の周囲の閉曲線 C 上での積分だけが残り，その結果次式が得られる．

$$\int_S \operatorname{rot} \boldsymbol{A}\cdot d\boldsymbol{S} = \oint_C \boldsymbol{A}\cdot d\boldsymbol{l} \tag{1.36}$$

この関係は，**ストークス（Stokes）の定理**といい，ガウスの定理とともに電磁気学の基本法則の記述に用いられる．

ここで，ベクトル解析の重要な公式の一つである，

$$\operatorname{div}(\operatorname{rot} \boldsymbol{A}) = 0 \tag{1.37}$$

を証明しよう．図1.7のように閉曲線 C を周辺とする二つの面 S_1 と S_2 を考える．C に図のような向きをつけ，これと右ねじの関係にある S_1，S_2 の単位法線ベクトルを，それぞれ $\boldsymbol{n}_1$，$\boldsymbol{n}_2$ としてストークスの定理を適用すると，

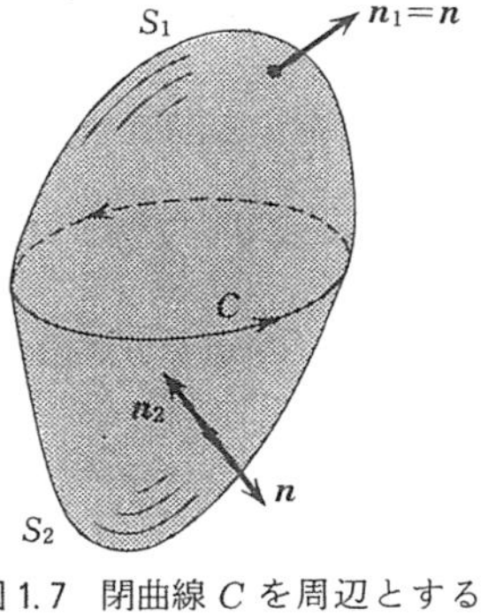

図1.7　閉曲線 C を周辺とする二つの曲面

$$\oint_C \boldsymbol{A}\cdot d\boldsymbol{l} = \int_{S_1} (\mathrm{rot}\,\boldsymbol{A})_{n_1} dS = \int_{S_2} (\mathrm{rot}\,\boldsymbol{A})_{n_2} dS \tag{1.38}$$

となる．一方，S_1 と S_2 を合わせると閉曲面ができるから，これを S として，その外向き単位法線ベクトルを $\boldsymbol{n}$ とすると，$\boldsymbol{n}_1$ は $\boldsymbol{n}$ と一致し，$\boldsymbol{n}_2$ は $-\boldsymbol{n}$ に等しい．したがって，S で囲まれる体積を v として，ガウスの定理を用いると，

$$\int_v \mathrm{div}(\mathrm{rot}\,\boldsymbol{A})dv = \oint_S (\mathrm{rot}\,\boldsymbol{A})_n \boldsymbol{dS}$$

$$= \int_{S_1} (\mathrm{rot}\,\boldsymbol{A})_{n_1} \boldsymbol{dS} - \int_{S_2} (\mathrm{rot}\,\boldsymbol{A})_{n_2} \boldsymbol{dS} = 0 \tag{1.39}$$

となる．この式は S_1 と S_2 の取り方によらず，常に成り立つから，左辺の被積分関数が零でなければならない．すなわち式（1.37）が成り立つ．

1.7　スカラ界の勾配

ある点Pの位置ベクトルを $\boldsymbol{r}$ とし，スカラ ϕ のPにおける値 $\phi(\boldsymbol{r})$ と，Pから単位ベクトル $\boldsymbol{l}$ の方向に $\Delta \boldsymbol{l} = \Delta l \boldsymbol{l}$ だけ移動した点での ϕ の値 $\phi(\boldsymbol{r} + \Delta \boldsymbol{l})$ との差を，$\Delta\phi = \phi(\boldsymbol{r}+\Delta\boldsymbol{l}) - \phi(\boldsymbol{r})$ とおいたとき，

$$\frac{\partial\phi}{\partial l} \equiv \lim_{\Delta l \to 0} \frac{\Delta\phi}{\Delta l} \tag{1.40}$$

を ϕ の $\boldsymbol{l}$ 方向の**方向微分係数**という．

$\dfrac{\partial\phi}{\partial l}$ を $\boldsymbol{l}$ 方向成分としてもつようなベクトルを，ϕ の**勾配**（gradient）といい，$\mathrm{grad}\,\phi$ と表す．これを式で書くと，

$$(\mathrm{grad}\,\phi)_l = \mathrm{grad}\,\phi \cdot \boldsymbol{l} = \frac{\partial\phi}{\partial l} \tag{1.41}$$

と表される．この式の $\boldsymbol{l}$ として $\boldsymbol{i}$，$\boldsymbol{j}$，$\boldsymbol{k}$ を取れば，$\mathrm{grad}\,\phi$ の $\boldsymbol{i}$，$\boldsymbol{j}$，$\boldsymbol{k}$ 成分がそれぞれ x，y，z についての ϕ の偏微分となることが分かる．したがって，

$$\mathrm{grad}\,\phi = \frac{\partial \phi}{\partial x}\boldsymbol{i} + \frac{\partial \phi}{\partial y}\boldsymbol{j} + \frac{\partial \phi}{\partial z}\boldsymbol{k} \tag{1.42}$$

となる．式（1.41）から分かるように，$\dfrac{\partial \phi}{\partial l}$ の値は $\boldsymbol{l}$ と $\mathrm{grad}\,\phi$ の方向が一致するとき最大となり，その値は $|\mathrm{grad}\,\phi|$ に等しくなる．すなわち，$\mathrm{grad}\,\phi$ は ϕ の増加率が最大となる方向を向いており，大きさはその方向への ϕ の方向微分係数に等しい．また，$\mathrm{grad}\,\phi$ に直交する $\boldsymbol{l}$ に対しては $\dfrac{\partial \phi}{\partial l}=0$ となるから，その方向では ϕ の変化はない．言い換えれば，$\mathrm{grad}\,\phi$ は $\phi=$ 一定の面に直交している．

スカラ関数 $\phi(\boldsymbol{r})$ によって表されるスカラ界において，点 $\mathrm{P_1}$ から $\mathrm{P_2}$ に向かう曲線 C に沿って $\mathrm{grad}\,\phi$ を線積分すると，

$$\int_{P_1}^{P_2} \mathrm{grad}\,\phi \cdot d\boldsymbol{l} = \int_{P_1}^{P_2} \frac{\partial \phi}{\partial l}\,dl = \phi(P_2) - \phi(P_1) \tag{1.43}$$

となって，途中の経路によらず，始点と終点での ϕ の値だけで定まることが分かる．また，任意の閉曲線に沿っての $\mathrm{grad}\,\phi$ の周回積分は，閉曲線上に取った適当な二つの点の間を往復することに相当するから，式（1.43）より，

$$\oint_C \mathrm{grad}\,\phi \cdot d\boldsymbol{l} = 0 \tag{1.44}$$

が積分路 C に無関係に成り立つ．このこととストークスの定理から，次の公式が得られる．

$$\mathrm{rot}(\mathrm{grad}\,\phi) = 0 \tag{1.45}$$

逆に $\mathrm{rot}\boldsymbol{A}=0$ を満足する $\boldsymbol{A}$ があるとき，

$$\boldsymbol{A} = -\mathrm{grad}\,\phi \tag{1.46}$$

となるような ϕ が存在する．この ϕ を $\boldsymbol{A}$ に対する**スカラポテンシャル**という．また，このときベクトル界は**渦なし**であるという．式（1.46）の右辺の負の符号は，電磁気学において慣習的につけるもので，$\boldsymbol{A}$ の方向と ϕ の最大降下の

方向が一致するようにϕを取ったことを意味する．

勾配を表す記号としてgradと書く代わりに，記号∇を用いて$\nabla\phi$のように書くことも多い．∇は**ナブラ**（nabla）と読み，直角座標では形式的に，

$$\boxed{\nabla=\frac{\partial}{\partial x}\boldsymbol{i}+\frac{\partial}{\partial y}\boldsymbol{j}+\frac{\partial}{\partial z}\boldsymbol{k}} \tag{1.47}$$

と書くことができる．この書き方を用いれば，発散は$\nabla\cdot\boldsymbol{A}$，回転は$\nabla\times\boldsymbol{A}$のように表せる．また，勾配の発散を取る操作div(grad)を**ラプラシアン**（Laplacian）といい，∇^2またはΔで表す．直角座標では，式（1.48）と表される．

$$\boxed{\nabla^2=\frac{\partial^2}{\partial x^2}+\frac{\partial^2}{\partial y^2}+\frac{\partial^2}{\partial z^2}} \tag{1.48}$$

1.8　グリーンの定理

ある体積vの周囲の閉曲面をSとし，Sの外向き単位法線ベクトルを$\boldsymbol{n}$とするとき，スカラϕ，ψについて次の関係式が成り立つ．

$$\oint_S \phi\nabla\psi\cdot d\boldsymbol{S}=\int_v(\phi\nabla^2\psi+\nabla\phi\cdot\nabla\psi)dv \tag{1.49}$$

$$\oint_S\left(\phi\frac{\partial\psi}{\partial n}-\psi\frac{\partial\phi}{\partial n}\right)dS=\int_v(\phi\nabla^2\psi-\psi\nabla^2\phi)dv \tag{1.50}$$

この二つの式はともに**グリーン**（Green）**の定理**といい，式（1.49）のϕとψを入れ替えた式と，式（1.49）との差を取れば，$(\nabla\psi)_n=\dfrac{\partial\psi}{\partial n}$より，式（1.50）が得られる．式（1.49）を導くために，次のベクトル公式を用いる（演習問題1.1参照）．

$$\nabla\cdot(\phi\boldsymbol{A})=\phi\nabla\cdot\boldsymbol{A}+\boldsymbol{A}\cdot\nabla\phi \tag{1.51}$$

この式で$\boldsymbol{A}=\nabla\psi$とおいて両辺の体積積分を取ると，ガウスの定理により左辺は面積分で表され，式（1.49）が導かれる．

【例題 1.3】

ある体積 v 内で $\nabla^2\phi=0$ であり，v を囲む面 S 上で $\phi=\phi_0$（一定），$\dfrac{\partial\phi}{\partial n}=0$ のとき，v 内のいたるところで $\phi=\phi_0$ であることを示せ.

［解］式（1.49）で $\phi=\psi$ とおき，S 上の条件を代入すれば，左辺は0となり，右辺は $\int_v|\nabla\phi|^2dv$ となるから，v 内で $\nabla\phi=0$ でなければならない．したがって ϕ は一定であり，S 上で $\phi=\phi_0$ であるから，v 内のすべての点で $\phi=\phi_0$ である.

1.9　円筒座標と球座標

一般に，曲面の方程式は，u を x, y, z の関数，c を定数として，$u(x,y,z)=c$ の形に書ける．三つの曲面 $u_1(x,y,z)=c_1$，$u_2(x,y,z)=c_2$，$u_3(x,y,z)=c_3$ は一つの交点を定めるから，(u_1,u_2,u_3) を座標として用いることができる．球座標や円筒座標のように，すべての点でこれらの曲面が直交しているものが実用上便利である．そのような座標を**直交曲線座標**という．いま，$u_i=$一定 $(i=1,2,3)$ の曲面を u_i 面と呼ぶことにして，三つの u_i 面の交点 P における単位ベクトル $\boldsymbol{e}_1$，$\boldsymbol{e}_2$，$\boldsymbol{e}_3$ を図 1.8 のように取る．たとえば単位ベクトル $\boldsymbol{e}_1$ は，P における u_2 面と，u_3 面の交線への接線の方向に取る．この単位ベクトルの組は互いに直交するが，それらの方向は空間の各点ごとに異なっている.

図 1.9 に示す円筒座標 $(u_1,u_2,u_3)=(r,\theta,z)$ に対して，

$$r=\sqrt{x^2+y^2},\quad \theta=\tan^{-1}\frac{y}{x},\quad z=z \tag{1.52}$$

$$x=r\cos\theta,\quad y=r\sin\theta,\quad z=z \tag{1.53}$$

より，付録 A に示すように以下の関係式が導かれる.

$$dl^2=dr^2+r^2d\theta^2+dz^2 \tag{1.54}$$

$$dS_r=rd\theta\,dz,\quad dS_\theta=drdz,\quad dS_z=rdrd\theta \tag{1.55}$$

$$dv=rdrd\theta\,dz \tag{1.56}$$

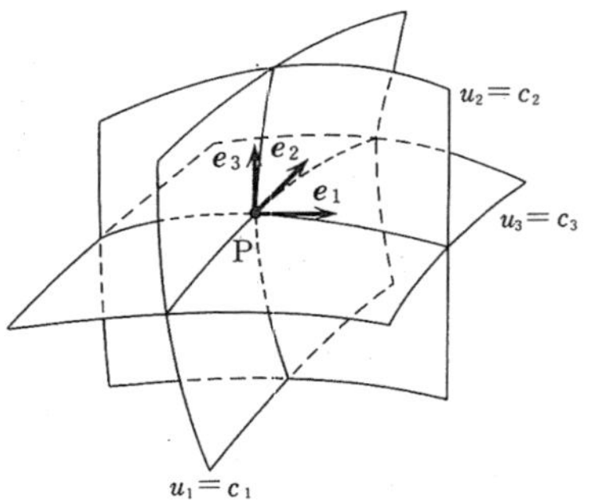

図 1.8　直交曲線座標

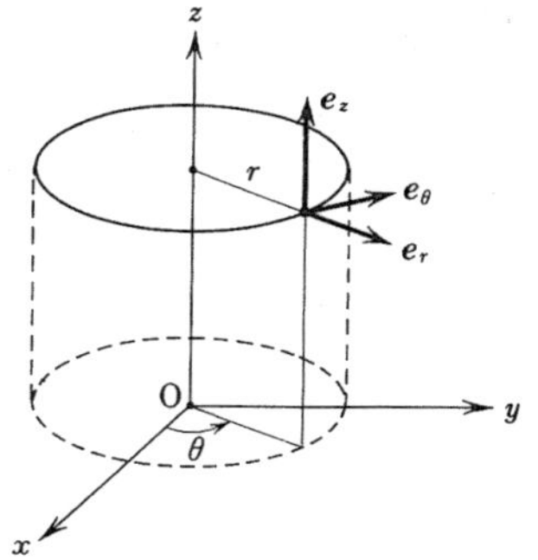

図 1.9　円筒座標

$$\nabla\cdot\boldsymbol{A}=\frac{1}{r}\frac{\partial}{\partial r}(rA_r)+\frac{1}{r}\frac{\partial A_\theta}{\partial\theta}+\frac{\partial A_z}{\partial z}\tag{1.57}$$

$$(\nabla\times\boldsymbol{A})_r=\frac{1}{r}\frac{\partial A_z}{\partial\theta}-\frac{\partial A_\theta}{\partial z},\quad(\nabla\times\boldsymbol{A})_\theta=\frac{\partial A_r}{\partial z}-\frac{\partial A_z}{\partial r}$$

$$(\nabla\times\boldsymbol{A})_z=\frac{1}{r}\frac{\partial}{\partial r}(rA_\theta)-\frac{1}{r}\frac{\partial A_r}{\partial\theta}\tag{1.58}$$

$$(\nabla\phi)_r=\frac{\partial\phi}{\partial r},\quad(\nabla\phi)_\theta=\frac{1}{r}\frac{\partial\phi}{\partial\theta},\quad(\nabla\phi)_z=\frac{\partial\phi}{\partial z}\tag{1.59}$$

$$\nabla^2\phi=\frac{1}{r}\frac{\partial}{\partial r}\left(r\frac{\partial\phi}{\partial r}\right)+\frac{1}{r^2}\frac{\partial^2\phi}{\partial\theta^2}+\frac{\partial^2\phi}{\partial z^2}\tag{1.60}$$

同様に，図 1.10 に示す球座標（$u_1, u_2, u_3)=(r, \theta, \phi$）に対しては次のようになる．

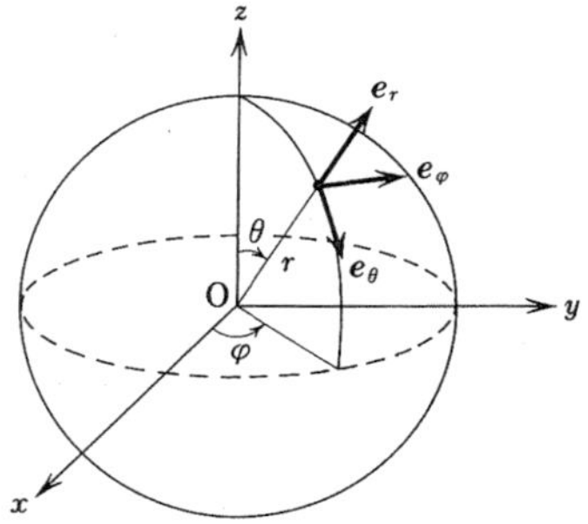

図 1.10　球座標

$$r=\sqrt{x^2+y^2+z^2},$$

$$\theta=\tan^{-1}\frac{\sqrt{x^2+y^2}}{z},\quad\phi=\tan^{-1}\frac{y}{x}\tag{1.61}$$

$$x=r\sin\theta\cos\phi,\quad y=r\sin\theta\sin\phi,\quad z=r\cos\theta\tag{1.62}$$

$$dl^2 = dr^2 + r^2 d\theta^2 + r^2 \sin^2\theta\, d\phi,\quad dS_r = r^2 \sin\theta\, d\theta d\phi$$

$$dS_\theta = r\sin\theta\, dr d\phi,\quad dS_\phi = r\, dr d\theta,\quad dv = r^2 \sin\theta\, dr d\theta d\phi$$

$$\nabla\cdot A = \frac{1}{r^2}\frac{\partial}{\partial r}(r^2 A_r) + \frac{1}{r\sin\theta}\frac{\partial}{\partial\theta}(\sin\theta\cdot A_\theta) + \frac{1}{r\sin\theta}\frac{\partial A_\phi}{\partial\phi} \tag{1.63}$$

$$(\nabla\times A)_r = \frac{1}{r\sin\theta}\frac{\partial}{\partial\theta}(\sin\theta\cdot A_\phi) - \frac{1}{r\sin\theta}\frac{\partial A_\theta}{\partial\phi}$$

$$(\nabla\times A)_\theta = \frac{1}{r\sin\theta}\frac{\partial A_r}{\partial\phi} - \frac{1}{r}\frac{\partial}{\partial r}(rA_\phi) \tag{1.64}$$

$$(\nabla\times A)_\phi = \frac{1}{r}\frac{\partial}{\partial r}(rA_\theta) - \frac{1}{r}\frac{\partial A_r}{\partial\theta}$$

$$(\nabla\phi)_r = \frac{\partial\phi}{\partial r},\quad (\nabla\phi)_\theta = \frac{1}{r}\frac{\partial\phi}{\partial\theta},\quad (\nabla\phi)_\phi = \frac{1}{r\sin\theta}\frac{\partial\phi}{\partial\phi} \tag{1.65}$$

$$\nabla^2\phi = \frac{1}{r^2}\frac{\partial}{\partial r}\left(r^2\frac{\partial\phi}{\partial r}\right) + \frac{1}{r^2\sin\theta}\frac{\partial}{\partial\theta}\left(\sin\theta\frac{\partial\phi}{\partial\theta}\right) + \frac{1}{r^2\sin^2\theta}\frac{\partial^2\phi}{\partial\phi^2} \tag{1.66}$$

[演 習 問 題]

[1.1]　次のベクトル公式を証明せよ.

(1)　$(\boldsymbol{A}\times\boldsymbol{B})\cdot(\boldsymbol{C}\times\boldsymbol{D}) = (\boldsymbol{A}\cdot\boldsymbol{C})(\boldsymbol{B}\cdot\boldsymbol{D}) - (\boldsymbol{A}\cdot\boldsymbol{D})(\boldsymbol{B}\cdot\boldsymbol{C})$

(2)　$\boldsymbol{A}[\boldsymbol{BCD}] + \boldsymbol{B}[\boldsymbol{CAD}] + \boldsymbol{C}[\boldsymbol{ABD}] = \boldsymbol{D}[\boldsymbol{ABC}]$

(3)　$\nabla\cdot(\phi\boldsymbol{A}) = \phi\nabla\cdot\boldsymbol{A} + \boldsymbol{A}\cdot\nabla\phi$

[1.2]　任意のベクトル $\boldsymbol{A}$ は，任意の方向の単位ベクトルを $\boldsymbol{s}$ として，$\boldsymbol{s}$ 方向のベクトルとそれに垂直なベクトルの和として，

$$\boldsymbol{A} = (\boldsymbol{A}\cdot\boldsymbol{s})\boldsymbol{s} + \boldsymbol{s}\times(\boldsymbol{A}\times\boldsymbol{s})$$

と表されることを示せ.

[1.3]　$\boldsymbol{A}=(x^2+y^2)\boldsymbol{i}+2xy\boldsymbol{j}$ のとき，次の経路に沿って $(x, y)=(0, 0)$ から $(x, y)=(1, 1)$ まで $\boldsymbol{A}$ を線積分せよ．また，$\nabla\times\boldsymbol{A}$ を計算せよ．

(1)　x 軸上を座標 $(0, 0)$ から $(1, 0)$ まで，その後 y 軸に平行に $(1, 0)$ から $(1, 1)$ まで

(2)　放物線 $y=x^2$ に沿って．

[1.4]　$\boldsymbol{A}=x\boldsymbol{i}+y\boldsymbol{j}+z\boldsymbol{k}$ を，座標 $(1, 0, 0)$，$(0, 1, 0)$，$(0, 0, 1)$ の3点を頂点とする三角形の平面 S で面積分せよ．ただし，法線ベクトル $\boldsymbol{n}$ は原点から遠ざかる向きとする．

[1.5]　式 (1.33) から式 (1.34) を導け．

[1.6]　位置ベクトルを $\boldsymbol{r}$，$\boldsymbol{A}=r\boldsymbol{r}$ としたとき，原点を中心とする半径 R の球面上での $\boldsymbol{A}$ の面積分をガウスの定理を用いて計算せよ．

2　真空中の静電界

この章では，真空中に電荷が分布していて時間的に変化しない静的な電界について取り扱う．そして，最も基本となる電界と電位の考え方について述べ，それらに関する法則を導く．初めに，電荷の間に働くクーロン力から出発して電界を定義し，電気力線と電荷との関係を与えるガウスの法則を示す．次に，静電界は渦なしの場であり，電位によって表現できることを示し，電位に関する基本方式としてポアソンやラプラスの方程式を導く．

2.1　クーロンの法則

2.1.1　クーロンの法則

古代ギリシャの時代から人間は電気現象に気づいていたといわれる．たとえばコハクを毛皮などで擦ると，物を引きつける不思議な力が生まれることは良く知られていた．16 世紀になって電気現象の系統的研究が始まり，摩擦によって生じる電気には 2 種類あって，同種の電気は反発し，異種の電気は引き合うことが明らかになった．クーロン（C. A. Coulomb）は 1785 年に初めて電気的力を定量的に測定し，次の実験事実を見い出した．大きさが無視できるような点状の電荷（点電荷）q，q' の間に働く力は，両者を結ぶ直線の方向を向き，その大きさ F は電荷量の積 qq' に正比例し，電荷間の距離 r の 2 乗に反比例する．これを**クーロンの法則**（Coulomb's law）という．これを式で表すと，$F \propto qq'/r^2$ となる．ここで図 2.1 に示すように，向きも含めてベクトルで表すと，電荷 q' が q から受ける力 $\boldsymbol{F}$ は，比例係数を $k(>0)$ として

$$\boldsymbol{F} = k\frac{qq'}{r^2}\frac{\boldsymbol{r}}{r} \qquad (2.1)$$

と書ける．ただし，原点から q，q' の位置に向かうベクトル（位置ベクトル）を $\boldsymbol{R}=(\xi, \eta, \zeta)$，$\boldsymbol{R}'=(x, y, z)$ とするとき，q から q' へ向かうベクトルは $\boldsymbol{r}=\boldsymbol{R}'-\boldsymbol{R}=(x-\xi)\boldsymbol{i}+(y-\eta)\boldsymbol{j}+(z-\zeta)\boldsymbol{k}$ である．ただし，$\boldsymbol{i}$，$\boldsymbol{j}$，$\boldsymbol{k}$ はそれぞれ x，y，z 方向の単位ベクトルである．作用・反作用の法則が成り立つので，q' が q に及ぼす力と，q が q' に及ぼす力とは大きさが等しく，向きが逆である．同種の電荷（$qq'>0$）のときは斥力，異種の電荷（$qq'<0$）のときは引力が働く．

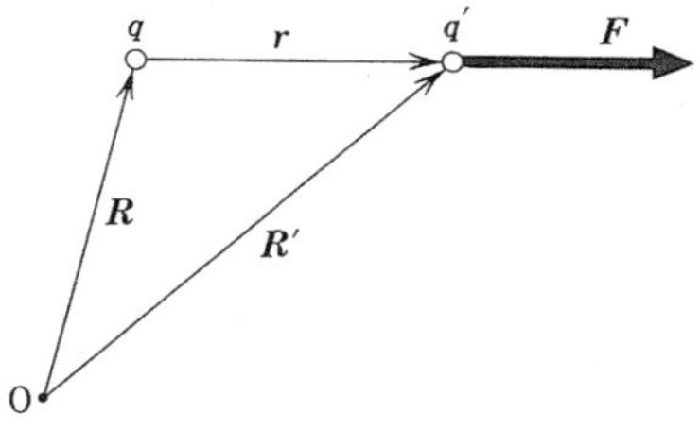

図 2.1　点電荷 q が q' から受ける力 $\boldsymbol{F}$

2.1.2　電荷の単位

力学に現れる物理量の単位としては，長さにメートル〔m〕，質量にキログラム〔kg〕，時間に秒〔s〕が用いられ，これを**MKS 単位系**と呼ぶ．電荷は力学的な量とは異なるので，新しい単位を導入しなければならない．現在もっとも広く使われている電荷の単位は**クーロン**〔C〕である．電磁気学における基本単位としては，電荷よりも測定の容易な電流が選ばれ，アンペア〔A〕がその単位として採用されている．電荷の単位は，1 A の電流が 1 秒間に運ぶ電荷の量として定義され，単位の関係は 1 C＝1 A・s となる．MKS 単位系に電流の単位 A を加えたものを**MKSA 単位系**といい，電磁気的な量はすべて，これら四つの基本単位を用いて表現できる．さらに，温度，物質量，光度に関する三つの基本単位を加えて**国際単位系**（SI）と呼ばれる（詳細は付録 B 参照）．本書では，国際単位（SI 単位）を用いる．

電荷の単位が決まったので，式（2.1）の比例係数 k の大きさをつぎに定めることになる．あとで導かれる基本方程式の形を簡単にするには，$k=1/4\pi\varepsilon_0$ とおく方がよい．実験によって決められた ε_0 の大きさは，光の速度 c（$=2.998\times10^8$ m/s）を用いて

$$\varepsilon_0 = \frac{10^7}{4\pi c^2} = 8.854 \times 10^{-12} \quad [\mathrm{C^2 s^2 kg^{-1} m^{-3}}] \tag{2.2}$$

である．この定数 ε_0 を真空の誘電率という．ここで係数 4π を用いる理由は，こうすることにより後に出てくる式で，4π が打ち消されて式が簡単になるからである．このように無理数 4π が式から消えるように誘電率を定義する単位系を**MKSA 有理単位系**という．これを用いてクーロンの法則，式 (2.1) を表せば

$$\boxed{\boldsymbol{F} = \frac{1}{4\pi\varepsilon_0}\frac{qq'}{r^2}\frac{\boldsymbol{r}}{r} \quad [\mathrm{N}]} \tag{2.3}$$

となる．ただし力の単位は 1 N(Newton，ニュートン) = 1 kg•m•s^{-2} である．

現代物理学は，電荷を担うものが電子および陽子と呼ばれる素粒子であることを明らかにしてきた．電子と陽子のもつ電荷は，符号が逆で大きさは全く等しく，それが電荷量の最小単位である．その大きさを**電気素量**といい，

$$e = 1.602 \times 10^{-19} \quad [\mathrm{C}] \tag{2.4}$$

である．摩擦によって帯電するときも，電気分解で陽極・陰極間を電気が移動するときも，電荷は e の整数倍でなければならない．しかし式 (2.4) のように e は非常に小さいので，マクロな電気現象では，電荷は連続的なアナログ量とみなすことができる．

2.2 電　界

2.2.1 近接作用

私たちの日常経験からすれば，物に力を働かせるには，手で触れて，押したり引いたりしなければならない．一方，ニュートンが見い出した重力の法則によれば，遠く離れた星と星とが空間を飛び越えて，直接力を及ぼし合っている．このような力を**遠隔作用**の力という．空間を隔てた二つの電荷の間に働く力（クーロン力）もその 1 種とみることができる．しかし，ファラデー (M. Faraday) は別の直観的な見方をし，電荷の存在が空間にある種の変化を

もたらし，それが力を伝えるからであると考えた．このような**近接作用**の考え方に数学的表現を与えたのがマックスウェル（J. C. Maxwell）であり，電磁波の予言へ発展していった．この近接作用の立場から，クーロンの法則，式(2.3) を次のように 2 段階に分けて書き直してみよう．まず，ベクトル $\boldsymbol{E}$ を

$$\boldsymbol{E}=\frac{q}{4\pi\varepsilon_0}\frac{1}{r^2}\frac{\boldsymbol{r}}{r}\quad〔\mathrm{V/m}〕\tag{2.5}$$

と定義すると，電荷 q' に働く力は

$$\boldsymbol{F}=q'\boldsymbol{E}\tag{2.6}$$

と書ける．この式からベクトル $\boldsymbol{E}$ は，単位電荷（1 C）を q' の位置にもってきたとき，その単位電荷に働く力に相当することが分かる．一般に任意の点におけるベクトル $\boldsymbol{E}$ を，その点に単位電荷をもってきたときに働く力として定義することができる．言いかえると，電荷 q' の周囲の空間全体に，ベクトル $\boldsymbol{E}$ で表される一種の変化が生じることになる．この変化を**電界**（または電場），とくに時間的に変動しない場合には**静電界**と呼ぶ．電界の単位は，式 (2.6) からニュートン／クーロン〔N/C〕となるが，後で示すように，ふつうボルト／メートル〔V/m〕を用いる．

ある点の電界 $\boldsymbol{E}$ は，その場所に 1 C の電荷を運んできたときに，それに働く力であると述べた．しかし，この定義は余り厳密ではない．あとで示すように，導体が近くにあるときは，電荷を運んでくると，静電誘導により別の電荷が導体表面に現れ，はじめの電界とは別のものに変わってしまう．そこで電界を乱さないように，微少な電荷 Δq をその点まで運んできたとき，それに働く力を $\Delta\boldsymbol{F}$ として

$$\boldsymbol{E}=\lim_{\Delta q\to 0}\frac{\Delta\boldsymbol{F}}{\Delta q}\tag{2.7}$$

によって電界 $\boldsymbol{E}$ を定義する．

2.2.2　点電荷による電界

一つの点電荷 q によってできる電界は，その点に関して空間的に対称で，

点電荷 q からの距離 r のみの関数である．これを式で表すと，図2.2のように点電荷の位置ベクトルを $\boldsymbol{R}=(\xi,\eta,\zeta)$ とし，任意の点Pの位置ベクトルを $\boldsymbol{R}'=(x,y,z)$ とするとき，点Pでの電界は式（2.5）と同様にして

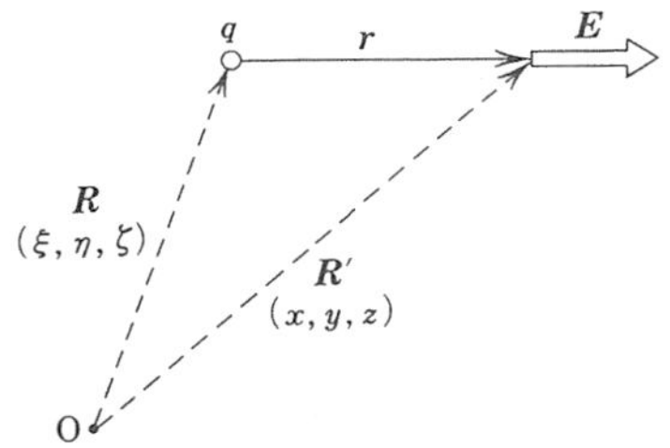

図 2.2　点電荷がつくる電界 $\boldsymbol{E}$

$$\boldsymbol{E}(x,y,z)=\frac{q}{4\pi\varepsilon_0}\frac{1}{r^2}\frac{\boldsymbol{r}}{r}\quad \text{[V/m]} \tag{2.8}$$

ただし，$\boldsymbol{r}=\boldsymbol{R}'-\boldsymbol{R}=(x-\xi)\boldsymbol{i}+(y-\eta)\boldsymbol{j}+(z-\zeta)\boldsymbol{k}$ である．点電荷が多数ある時の電界は，おのおのの点電荷がつくる電界の和になる．n 個の点電荷による電界は，i 番目の電荷 q_i の位置ベクトルを $\boldsymbol{R}_i=(\xi_i,\eta_i,\zeta_i)$ とするとき

$$\boldsymbol{E}(x,y,z)=\sum_{i=1}^{n}\frac{1}{4\pi\varepsilon_0}\frac{q_i}{r_i{}^2}\frac{\boldsymbol{r}_i}{r_i}\quad \text{[V/m]} \tag{2.9}$$

と与えられる．ただし，電荷 q_i から点Pに向くベクトルを $\boldsymbol{r}_i=\boldsymbol{R}-\boldsymbol{R}_i=(x-\xi_i)\boldsymbol{i}+(y-\eta_i)\boldsymbol{j}+(z-\zeta_i)\boldsymbol{k}$ とおいた．

電荷が表面上に連続的に分布しているときはどうなるだろうか．電荷の面密度が ω〔C/m^2〕であるとき，位置（ξ,η,ζ）にある微小面積 dS 上に存在する電荷 ωdS を点電荷とみなし，これによる電界を積分すればよいから，

$$\boldsymbol{E}(x,y,z)=\frac{1}{4\pi\varepsilon_0}\int_S\frac{\omega}{r^2}\frac{\boldsymbol{r}}{r}\,dS \tag{2.10}$$

この面積分において $\boldsymbol{r}=(x-\xi)\boldsymbol{i}+(y-\eta)\boldsymbol{j}+(z-\zeta)\boldsymbol{k}$ であり，$\boldsymbol{r}/r$ は $\boldsymbol{r}$ 方向の単位ベクトルである．次に，電荷が空間に体積密度 ρ〔C/m^3〕で分布している場合の電界を求めよう．位置 (ξ,η,ζ) にある微小体積 dv に含まれる電荷 ρdv を点電荷とみなし，これによる電界を積分して次式を得る．

$$\boxed{\boldsymbol{E}(x,y,z)=\frac{1}{4\pi\varepsilon_0}\int_V\frac{\rho}{r^2}\frac{\boldsymbol{r}}{r}\,dv\quad \text{[V/m]}} \tag{2.11}$$

2.3　ガウスの法則

2.3.1　電　気　力　線

電界の分布が目で見えるようにするにはどうすればよいだろうか．空間の各点において，電界 $\boldsymbol{E}$ の大きさと向きを矢印で示し，多くの矢印（ベクトル）の分布を見ると，電界の空間的変化をおおよそ把握できるが，煩雑で見にくい．そこで，各点のベクトルをその向きに沿ってつないでいくと，1本の曲線ができる．もっと正確にいえば，点をつねにその位置での電界の向きに沿って動かすとき，空間に何本もの曲線を描くことができる．この曲線上の1点における接線は，その点における電界の向きと一致することになる．このような曲線を**電気力線**という．たとえば，正電荷 q と負電荷 $-q$ の対がつくる電気力線は，図2.3のようになる．すなわち，電気力線は，正の電荷から出て，それと等量の負の電荷におわり，曲線上の矢印は電界の向きを示し，電気力線の込みぐあい（密度）は電界の強さに対応している．なお，電気力線を周辺とする管を仮想して，これを**電気力線管**と呼ぶ．

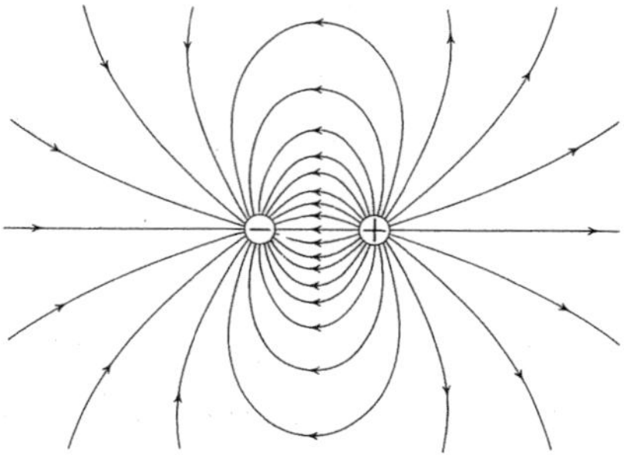

図 2.3　正と負の点電荷による電気力線

この電界 $\boldsymbol{E}$ の空間分布が与えられたとき，電気力線は次のようにして計算できる．図2.4のように，電気力線上の1点における線素 $d\boldsymbol{l}=(dx, dy, dz)$ と，その点における電界 $\boldsymbol{E}=(E_x, E_y, E_z)$ は平行であるから

$$\frac{dx}{E_x}=\frac{dy}{E_y}=\frac{dz}{E_z} \tag{2.12}$$

が成り立つ．これを解けば電気力線を表す曲線の式が求まる．

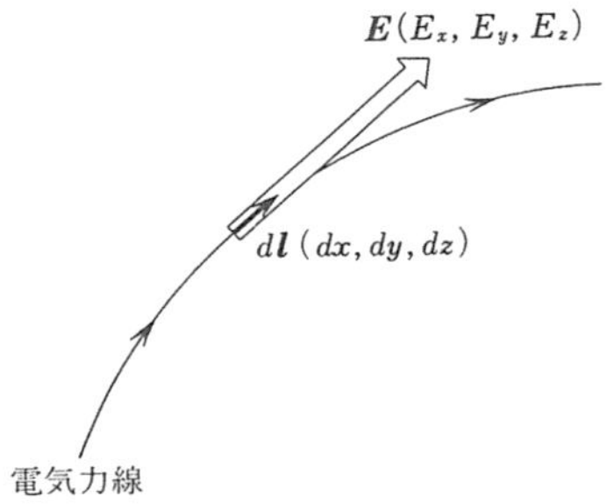

図 2.4 電気力線上の線素 dl と電界圧

2.3.2 曲面上の電界の積分

図2.5に示すように，任意の閉じた曲面 S で囲まれた体積 v 内に，点電荷 q が存在しているとする．点電荷から放射状に出る電気力線を考えると，その密度（込みぐあい）は，その場所の電界 $\boldsymbol{E}$ の大きさに比例する．したがって，微小面積 dS をつらぬく電気力線の本数は，$\boldsymbol{E}\cdot d\boldsymbol{S}$ に比例する．そこで閉曲面 S を貫通する電気力線の総数は，図2.6のように，点電荷による面 S 上の電界 $\boldsymbol{E}$

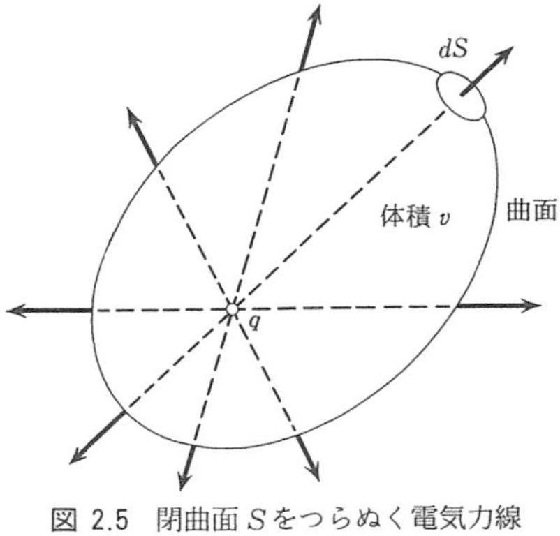

図 2.5 閉曲面 S をつらぬく電気力線

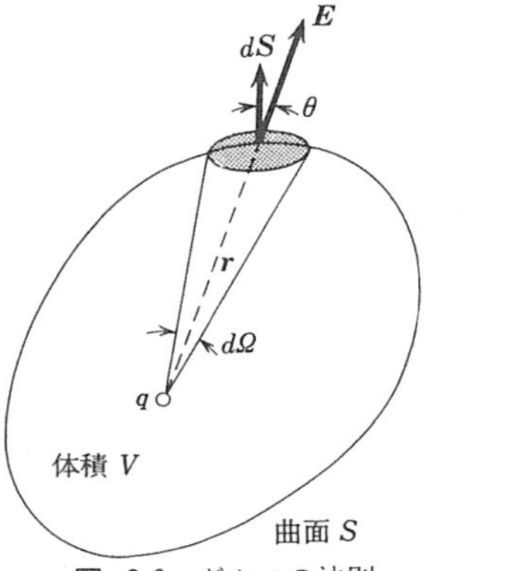

図 2.6 ガウスの法則

を面積分することによって求められる（1.4.3項参照）．式（2.8）から

$$\oint_S \boldsymbol{E}\cdot d\boldsymbol{S}=\frac{q}{4\pi\varepsilon_0}\oint_S \frac{dS}{r^2}\,\frac{\boldsymbol{r}\cdot\boldsymbol{n}}{r}=\frac{q}{4\pi\varepsilon_0}\oint_S \frac{\cos\theta}{r^2}\,dS \tag{2.13}$$

となる．ここで，面素 dS に垂直な単位ベクトルを $\boldsymbol{n}$ とするとき，面積ベクトル $d\boldsymbol{S}=\boldsymbol{n}dS$ であり，$\boldsymbol{n}$ と $\boldsymbol{r}$ とのなす角は θ である．$(\cos\theta/r^2)dS$ は微小面積 dS を挟む微小立体角 $d\Omega$ であり，閉曲面についての積分 $\oint_S d\Omega=4\pi$ であるか

ら次式となる．

$$\oint_S \boldsymbol{E}\cdot d\boldsymbol{S}=\frac{q}{\varepsilon_0} \tag{2.14}$$

多くの点電荷 q_i が存在するときは，式（2.9）から容易に分かるように，重ね合わせることができるので

$$\oint_S \boldsymbol{E}\cdot d\boldsymbol{S}=\frac{1}{\varepsilon_0}\sum{}' q_i \tag{2.15}$$

となる．ここで $\sum'$ は閉曲面内にある点電荷のみの和を示す．また，電荷が密度 ρ で連続的に分布している場合には，これを十分小さな領域に分ければ，それぞれ点電荷の集まりと考えることができるから，式（2.11）より

$$\boxed{\oint_S \boldsymbol{E}\cdot d\boldsymbol{S}=\frac{1}{\varepsilon_0}\int_V \rho\, dv} \tag{2.16}$$

と書ける．この式の右辺は，閉曲面 S で囲まれた領域 v 内の電荷の体積積分，すなわち総電荷量を ε_0 で割った値である．この式から，任意の閉じた曲面上の電界の面積分は，その閉曲面内の全電荷量を ε_0 で割った値に等しいといえる．この関係を**ガウスの法則**（Gauss'law）と呼ぶ．ここで，電界の面積分 $\boldsymbol{E}\cdot d\boldsymbol{S}$ はその面を横切る電気力線の本数に比例するから，ガウスの法則は，**閉曲面 S 全体を貫く全電気力線の数は，S 内の全電荷を $1/\varepsilon_0$ 倍したものに等しい**ということを意味している．

式（2.16）は，ベクトル解析におけるガウスの定理，式（1.32）より $\oint_S \boldsymbol{E}\cdot d\boldsymbol{S}=\int_V \nabla\cdot\boldsymbol{E}\,dv$ が成り立つことから

$$\int_V \left(\nabla\cdot\boldsymbol{E}-\frac{\rho}{\varepsilon_0}\right)dv=0 \tag{2.17}$$

と書き換えられる．この式が任意の v について成立することから

$$\boxed{\nabla\cdot\boldsymbol{E}=\frac{\rho}{\varepsilon_0}} \tag{2.18}$$

が得られる．式（2.18）はガウスの法則の微分形を表し，式（2.16）は積分形を表している．一般にベクトル A の場に対して，$\nabla \cdot A = 0$ のときは湧き出しのないソレノイダルな力線を考えることができる．電界 $\boldsymbol{E}$ に対して電気力線を考えると，式（2.18）から単位電荷当たり $1/\varepsilon_0$ 本の割合で電気力線が湧き出ることが分かる．

2.3.3　ガウスの法則の応用例

分布している電荷によって生じる電界は，クーロンの法則から導いた式（2.11）の体積積分を行って求めることができる．この計算はかなり面倒な場合が多いが，電荷分布の対称性から電界の方向や大きさが大体分かるときは，ガウスの法則，式（2.16）を適用することによって簡単に電界が求まることがある．次にそのような例を考えてみよう．

【例題 2.1】

半径 a〔m〕の無限に長い円筒内に，電荷が密度 ρ〔C/m^3〕で一様に分布している場合の電界を求めよ．

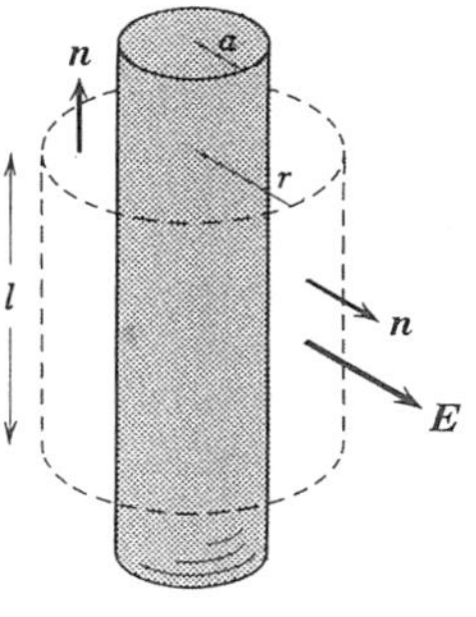

図 2.7　ガウスの法則の適用例

［解］　電荷の分布が直線対称であるから，電界 $\boldsymbol{E}$ は半径 r 方向の成分 E_r のみとなる．そこで図 2.7 のように，半径 r，長さ l の同軸の円柱の閉曲面を仮想し，ガウスの法則，式（2.16）を適用する．上下の平面部分では，面の法線ベクトル $\boldsymbol{n}$ と $\boldsymbol{E}$ は直交するから，$\boldsymbol{E}\cdot d\boldsymbol{S} = \boldsymbol{E}\cdot\boldsymbol{n}dS = 0$ である．側面では電界は，どこでも面に垂直で一定値 E_r をとるから，$\boldsymbol{E}\cdot d\boldsymbol{S} = E_r dS$ である．したがって，式（2.16）の左辺は，E_r に側面の面積 $2\pi r \times l$ を掛けたものになり，右辺はこの仮想閉曲面内の全電荷量の $1/\varepsilon_0$ 倍であるから

$$\oint_S \boldsymbol{E}\cdot d\boldsymbol{S} = 2\pi r l E_r = \begin{cases} \pi r^2 l\rho/\varepsilon_0 & (r \leqq a) \\ \pi a^2 l\rho/\varepsilon_0 & (r > a) \end{cases}$$

となり，電界はただちに

$$E_r=\begin{cases}\rho r/2\varepsilon_0 & (r\leqq a)\\ \rho a^2/2\varepsilon_0 r & (r>a)\end{cases}\quad \text{〔V/m〕}$$

と得られる．

2.4　電　　　位

2.4.1　電荷を動かすのに要する仕事

電界 $\boldsymbol{E}$ が電荷 q におよぼす力は，$\boldsymbol{F}=q\boldsymbol{E}$ となることを式（2.6）で説明した．この力 $\boldsymbol{F}$ にさからって点電荷 q を $d\boldsymbol{l}$ だけ動かすのに必要な仕事 dW は，図 2.8 を参照して，$dW=-(F\cos\theta)dl=-\boldsymbol{F}\cdot d\boldsymbol{l}=-q\boldsymbol{E}\cdot d\boldsymbol{l}$ となる．したがって，ある点Oから他の点Pまで経路 C に沿って点電荷 q を運ぶとき，電界 $\boldsymbol{E}$ になす仕事 W は，1.4.2 項で述べた線積分によって

$$W=-\int_C \boldsymbol{F}\cdot d\boldsymbol{l}=-q\int_C \boldsymbol{E}\cdot d\boldsymbol{l}\quad \text{〔J〕}\tag{2.19}$$

と与えられる．仕事 W の単位はジュール〔J〕を用い，$1\,\mathrm{J}=1\,\mathrm{kg}\cdot\mathrm{m}^2\cdot\mathrm{s}^{-2}$ である．

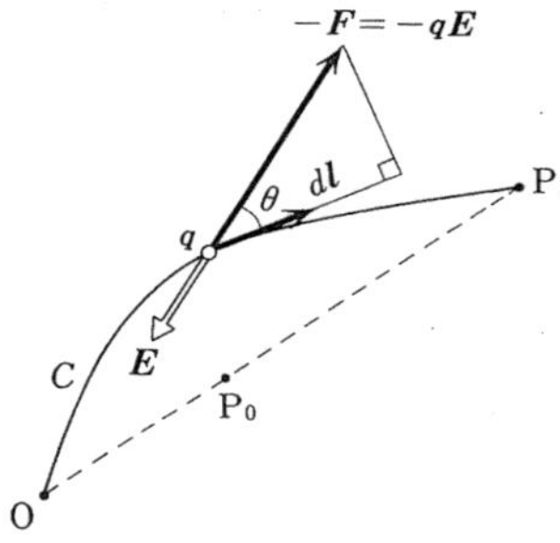

図 2.8　電荷 q を運ぶのに要する仕事

【例題 2.2】

図 2.8 において，点Oに電荷 q_0 があり，これによって生じる電界内で，点電荷 q を点 P_0 から点 P_1 まで動かすのに必要な仕事 W を求めよ．ただし，点 O，P_1，P_2 は一直線上にあるとする．

［解］　q_0 によってできる電界 $\boldsymbol{E}$ の向きは，点Oを中心として放射状であり，大きさは式（2.5）より点Oからの距離 r によって $E=q_0/4\pi\varepsilon_0 r^2$ と与えられる．点Oから点 P_0，P_1 までの距離をそれぞれ r_0，r_1 とすれば，求める仕事 W は，

$$W=-q\int_{r_0}^{r_1}\frac{q_0}{4\pi\varepsilon_0 r^2}\,dr=\frac{q_0 q}{4\pi\varepsilon_0}\left(\frac{1}{r_1}-\frac{1}{r_0}\right)\quad \text{〔J〕} \tag{2.20}$$

となる．もし $W>0$ ならば，電荷を動かすために仕事が必要であり，$W<0$ ならば，仕事が外部に与えられることになる．

2.4.2 保　存　力

電荷の間に働く力は，向きは電荷を結ぶ直線に沿い，強さは電荷の間の距離のみに依存する．このクーロン力は重力と似ており，力学ではこのような性質の力を中心力と呼び，その特長は，保存力であって位置エネルギー（ポテンシャル）を定義できることである．たとえば例題2.2でみたように，点電荷 q をある点 P_0 から他の点 P_1 まで運ぶのに要する仕事 W は，2点 P_0，P_1 の位置 (r_0, r_1) だけによって決まり，途中の積分路に無関係に一定である．仕事 W のこのような性質は，式 (2.19) から係数 q を取り去ると，電界 $\boldsymbol{E}$ に関する性質を与えることになる．すなわち，点 P_0 から点 P_1 までの電界 $\boldsymbol{E}$ の線積分は，図2.9に示すような任意の二つの積分路 C_1，C_2 に対して，つねに

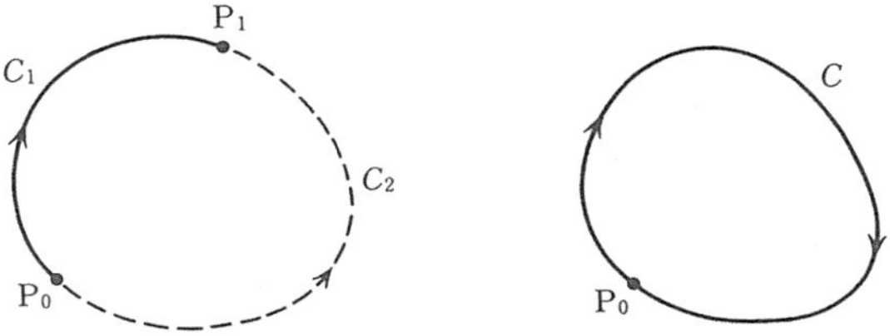

図 2.9　点 P_0 から P_1 に至る経路 C_1，C_2 と閉じた経路 C

$$_{C_1}\int_{P_0}^{P_1}\boldsymbol{E}\cdot d\boldsymbol{l}={}_{C_2}\int_{P_0}^{P_1}\boldsymbol{E}\cdot d\boldsymbol{l} \tag{2.21}$$

となる．ここで

$$_{C_2}\int_{P_0}^{P_1}\boldsymbol{E}\cdot d\boldsymbol{l}=-\ {}_{C_2}\int_{P_1}^{P_0}\boldsymbol{E}\cdot d\boldsymbol{l}$$

であるから，式 (2.21) に代入すると

$$\int_{C_1 P_0}^{P_1} \boldsymbol{E}\cdot d\boldsymbol{l} + \int_{C_2 P_1}^{P_0} \boldsymbol{E}\cdot d\boldsymbol{l} = 0$$

となる．すなわち，点電荷を P_0 から P_1 に運び，さらに別の経路を通って P_0 までもどる任意の閉じた経路 C に対して

$$\oint_C \boldsymbol{E}\cdot d\boldsymbol{l} = 0 \tag{2.22}$$

が成り立つ．ここで，記号 $\oint_C$ は閉じた経路を一周する周回積分を表す．もし式（2.22）が成り立たなければ，点電荷を経路 C に沿って一周させれば，電界 $\boldsymbol{E}$ により，ある仕事がなされ，電界 $\boldsymbol{E}$ からエネルギーをとりだすことができ，エネルギー保存則と矛盾してしまう．式（2.22）は，静電界 $\boldsymbol{E}$ は**保存的**（conservative）であることを示しており，ベクトル解析におけるストークスの定理，式（1.36）より $\int_S \nabla\times\boldsymbol{E}\cdot d\boldsymbol{S} = \int_C \boldsymbol{E}\cdot d\boldsymbol{l}$ を適用して

$$\boxed{\nabla\times\boldsymbol{E} = 0} \tag{2.23}$$

を得る．このことから，静電界 $\boldsymbol{E}$ は**回転がない**（irrotational）といわれる．また，流体の流れとの類推から，式（2.23）は微分形の“渦なしの法則”と呼ばれ，式（2.22）は積分形の渦なしの法則と呼ばれている．

2.4.3　電　　位

式（2.19）の積分が経路によらないという性質から，基準点 P_0 を固定した上で，積分の値を注目する点 P_1 の位置ベクトル $\boldsymbol{r}$ の関数として

$$\phi(\boldsymbol{r}) = -\int_{P_0}^{P_1} \boldsymbol{E}\cdot d\boldsymbol{l} \tag{2.24}$$

と置き，$\phi(\boldsymbol{r})$ を**電位**または**静電ポテンシャル**と呼ぶ．これは，単位電荷（1 C）を基準点から P_1 まで運んでくるのに要する仕事量になる．同じ点 P_1 であっても，基準点の選び方で電位は変わることになるが，2 点間の電位の差（**電位差**）は一定である．1 点 P の電位を一意的に決めるには，基準点として無限遠点を選び，そこでの電位を 0 電位と決め，

$$\phi(\boldsymbol{r}) = -\int_{\infty}^{P} \boldsymbol{E} \cdot d\boldsymbol{l} \quad \text{〔V〕} \tag{2.25}$$

と数学的に定義する．電位の単位としてはボルト〔V〕を用い，1 V = 1 J・C^{-1} である．

点電荷 q のつくる電界の場合，それから距離 r にある点Pの電位を計算してみよう．点Pの位置ベクトルを $\boldsymbol{R}' = (x, y, z)$，点電荷のそれを $\boldsymbol{R} = (\xi, \eta, \zeta)$ とすれば，点電荷から点Pへ向かう位置ベクトルは $\boldsymbol{r} = \boldsymbol{R}' - \boldsymbol{R} = (x-\xi)\boldsymbol{i} + (y-\eta)\boldsymbol{j} + (z-\zeta)\boldsymbol{k}$ である．定義，式 (2.25)，(2.8) より電位 $\phi(x, y, z)$ は，q によってできる電界にさからって，無限遠点から点Pまで1Cを運ぶのに要する仕事に等しく，

$$\phi(x, y, z) = -\int_{\infty}^{r} \frac{q}{4\pi\varepsilon_0 r^2} dr = \frac{q}{4\pi\varepsilon_0 r} \quad \text{〔V〕} \tag{2.26}$$

となる．すなわち電位 ϕ は，電荷 q に比例し，点電荷からの距離 r に反比例する．

また，n 個の点電荷 $q_1, q_2, \cdots, q_n$ がそれぞれ $\boldsymbol{R}_1, \boldsymbol{R}_2, \cdots, \boldsymbol{R}_n$ にあるとき，点Pに生じる電位は，各々の点電荷が単独にあるときの電位を重ね合わせればよいから，

$$\phi(x, y, z) = \frac{1}{4\pi\varepsilon_0} \sum_{i=1}^{n} \frac{q_i}{r_i} \quad \text{〔V〕} \tag{2.27}$$

となる．ただし r_i は，点電荷 q_i から点Pまでの距離である．電荷が平面上に連続的に分布しているときは，式 (2.10) を用いて

$$\phi(x, y, z) = \frac{1}{4\pi\varepsilon_0} \int_S \frac{\omega}{r} \, dS \quad \text{〔V〕} \tag{2.28}$$

が得られる．また，電荷が空間に密度 ρ で分布している場合は，式 (2.11) を用いて

$$\boxed{\phi(x, y, z) = \frac{1}{4\pi\varepsilon_0} \int_V \frac{\rho}{r} \, dv \quad \text{〔V〕}} \tag{2.29}$$

となることが分かる．

つぎに電位が分かったとき，それから電界を求めることを考えてみよう．2点P，P′における電位をそれぞれΦ_P，$\Phi_{P'}$とすると，その差は式（2.24）より

$$\phi_{P'}-\phi_P=-\int_{P_0}^{P'}\boldsymbol{E}\cdot d\boldsymbol{l}+\int_{P_0}^{P}\boldsymbol{E}\cdot d\boldsymbol{l}$$

である．右辺第2項の積分は

$$\int_{P_0}^{P}\boldsymbol{E}\cdot d\boldsymbol{l}=-\int_{P}^{P_0}\boldsymbol{E}\cdot d\boldsymbol{l}$$

と書き換えられるから，電位差は結局，点PからP′まで$\boldsymbol{E}$を積分すればよいことが分かる．ここで点P′を点Pから$\Delta\boldsymbol{l}$だけ離れたところにとり，積分路を直線PP'に選ぶ．$\Delta\boldsymbol{l}$が十分小さくなれば電界は一定とみなしてよいから，

$$\phi_{P'}-\phi_P=-\boldsymbol{E}\cdot d\boldsymbol{l}$$

を得る． この式の左辺を$\Delta\phi$，$\boldsymbol{E}$の$d\boldsymbol{l}$方向の成分をE_Sとし，$\Delta\boldsymbol{l}\to 0$の極限をとると

$$E_S=-\lim_{\Delta S\to 0}\frac{\Delta\phi}{\Delta l}=-\frac{\partial\phi}{\partial l}$$

の関係が得られる．Δlとしてx，y，zの方向にとり，その方向の単位ベクトル$\boldsymbol{i}$，$\boldsymbol{j}$，$\boldsymbol{k}$を用いると，

$$\boldsymbol{E}(x,y,z)=-\left(\boldsymbol{i}\frac{\partial\phi}{\partial x}+\boldsymbol{j}\frac{\partial\phi}{\partial y}+\boldsymbol{k}\frac{\partial\phi}{\partial z}\right)\ \text{〔V/m〕} \qquad (2.30)$$

を得る．この右辺の偏微分をϕの勾配（gradient）と呼び，ベクトル微分演算子$\boldsymbol{\nabla}=\left(\frac{\partial}{\partial x},\frac{\partial}{\partial y},\frac{\partial}{\partial z}\right)$を用いて，

$$\boxed{\boldsymbol{E}=-\boldsymbol{\nabla}\phi\quad\text{〔V/m〕}} \qquad (2.31)$$

と表すことができる．任意のスカラ関数ϕに対して$\boldsymbol{\nabla}\times\boldsymbol{\nabla}\phi\equiv 0$であるから，$\boldsymbol{\nabla}\times\boldsymbol{E}=0$であり，静電界は渦なしの場であるという式（2.23）が得られる．

同じ電位の点をつないでできる線および面を，それぞれ等電位線および等電位面という．上の説明において，点 P と点 P′ が同じ電位のとき，$\boldsymbol{E}\cdot d\boldsymbol{l}=0$ であるから，図 2.10 のように等電位面の線素 $d\boldsymbol{l}$ は電界 $\boldsymbol{E}$ と直交する．すなわち，**等電位面は電気力線と垂直に交わる．**

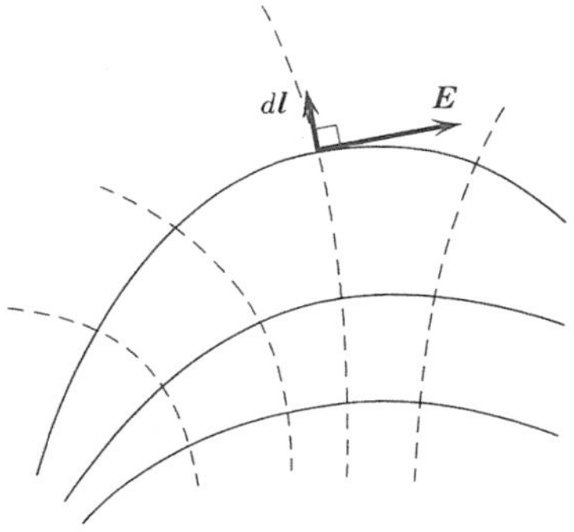

図 2.10　等電位線(破線)と電気力線(実線)は直交する

【例題 2.3】

半径 a の球面上に電荷 Q が一様に分布しているとき，電界と電位の分布を求めよ．

［解］　電荷が球面上に一様に分布しているとき，電界 $\boldsymbol{E}$ は球の中心 O に関して点対称であるから，半径 r 方向の成分 E_r のみをもつ．よって図 2.11 (a) のように，半径 r の同心球面を仮想すれば，ガウスの法則，式 (2.16) により，この仮想球面を通る電気力線の総数は

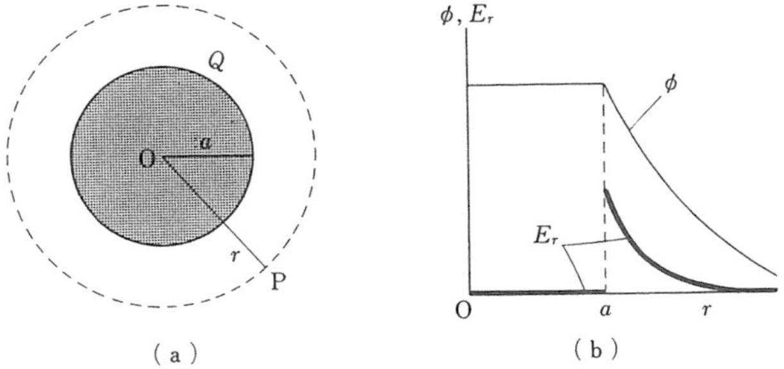

図 2.11　球面上に分布する電荷のつくる電界と電位

$$4\pi r^2 E_r = \begin{cases} Q/\varepsilon_0 & (r \geqq a) \\ 0 & (r < a) \end{cases}$$

したがって

$$E_r=\begin{cases}\dfrac{Q}{4\pi\varepsilon_0 r^2} & (r\geqq a)\\ 0 & (r<a)\end{cases}\quad \text{〔V/m〕}$$

ここで得られた球の外側の電界は，式（2.8）で示した点電荷による電界と同じ形をしている．すなわち，全電荷 Q が球の中心Oに集中した場合の点電荷 Q による電界に等しい．このことから，Oから距離 r にある点Pの電位 ϕ は式（2.26）により

$$\phi=\frac{Q}{4\pi\varepsilon_0 r}\quad (r\geqq a)\quad \text{〔V〕}$$

となる．あるいは，電位の定義，式（2.25）に従って

$$\phi=-\int_{\infty}^{r}\frac{Q}{4\pi\varepsilon_0 r^2}\,dr=\frac{Q}{4\pi\varepsilon_0 r}\quad (r\geqq a)\quad \text{〔V〕}$$

としても計算できる．$r\leqq a$ では $\phi=Q/4\pi\varepsilon_0 a$ である．E_r と ϕ の分布の概略を図2.11 (b) に示す．

2.5　電気双極子

2.5.1　双極子モーメント

自然界では，大きさの等しい正負の電荷 $+q$，$-q$ が対（つい）となって現れることがしばしばあり，これを**電気双極子**（electric dipole）と呼ぶ．たとえば，原子は全体として電気的に中性であるが，外から電界をかけると，陽子と電子が互いに反対向きに力を受けるために，原子内部で正と負の電荷に弱く分離する．また CO や H_2O などの分子は，電界をかけなくても初めから分子内部で正負の電荷の対を形成している．さらに，分子が電離すれば正イオンと電子の正負電荷の対が生まれる．電気双極子の電気力線は，前に示した図2.3のような形状をしている．

【例題 2.4】

二つの点電荷 q，$-q$ が距離 d を隔てて置かれている電気双極子がある．こ

の双極子から十分遠い所での電位と電界を求めよ．

［解］ 図2.12のように，$-q$ から $+q$ に向かうベクトルを $\boldsymbol{d}$，$-q$，q から点Pに向かうベクトルを $\boldsymbol{r}$，$\boldsymbol{r}'$ とし，$\boldsymbol{d}$ と $\boldsymbol{r}$ とのなす角を θ とする．式（2.27）より，点Pの電位 $\phi(x, y, z)$ は

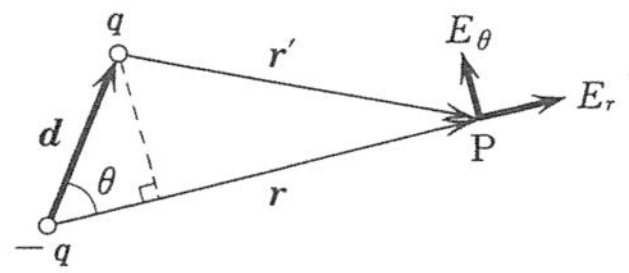

図 2.12 電気双極子による電界

$$\phi(x, y, z) = \frac{q}{4\pi\varepsilon_0 r'} + \frac{-q}{4\pi\varepsilon_0 r} \quad \text{〔V〕}$$

と与えられる．ここで，双極子から十分遠い所（$r, r' \gg d$）を考えると，$r' \simeq r - d\cos\theta$ とおけるから

$$\frac{1}{r'} \simeq \frac{1}{r\,[\,1 - (d/r)\cos\theta\,]} \simeq \frac{1}{r}\left(1 + \frac{d}{r}\cos\theta\right)$$

と近似して

$$\phi(x, y, z) \simeq \frac{qd}{4\pi\varepsilon_0}\frac{\cos\theta}{r^2} = \frac{p}{4\pi\varepsilon_0}\frac{\cos\theta}{r^2} \quad \text{〔V〕} \qquad (2.32)$$

となる．ただし，$p = qd$〔C・m〕は**双極子モーメント**（dipole moment）と呼ばれる．あるいは，ベクトル $\boldsymbol{d}$ を使って $\boldsymbol{p} = q\boldsymbol{d}$ と表す．これを用いて式（2.32）をベクトルで表現すれば

$$\phi(x, y, z) = \frac{1}{4\pi\varepsilon_0}\frac{(\boldsymbol{p}\cdot\boldsymbol{r})}{r^3} = -\frac{1}{4\pi\varepsilon_0}\boldsymbol{p}\cdot\nabla\left(\frac{1}{r}\right) \quad \text{〔V〕} \qquad (2.33)$$

となる．ゆえに，この点での電界 $\boldsymbol{E}$ は，r，θ 方向の単位ベクトルをそれぞれ $\boldsymbol{e}$，$\boldsymbol{f}$ として

$$\boldsymbol{E} = -\nabla\phi = -\left(\frac{\partial\phi}{\partial r}\boldsymbol{e} + \frac{1}{r}\frac{\partial\phi}{\partial\theta}\boldsymbol{f}\right)$$

と書かれるから，それぞれ

$$E_r = -\frac{\partial\phi}{\partial r} = \frac{2p\cos\theta}{4\pi\varepsilon_0 r^3}, \quad E_\theta = -\frac{1}{r}\frac{\partial\phi}{\partial\theta} = \frac{p\sin\theta}{4\pi\varepsilon_0 r^3} \quad \text{〔V/m〕} \qquad (2.34)$$

と求まる．あるいは式（2.33）を $\boldsymbol{E} = -\nabla\phi$ に代入して

$$\boldsymbol{E}=\frac{1}{4\pi\varepsilon_0}\left\{\frac{3(\boldsymbol{p}\cdot\boldsymbol{r})\boldsymbol{r}}{r^5}-\frac{\boldsymbol{p}}{r^3}\right\}\ \text{〔V/m〕}\tag{2.35}$$

と表せる．このような電界の θ に対する依存性は，図 2.3 の電気力線の様子とよく合っている．また，双極子による電位と電界の r に対する依存性は，式 (2.32)，(2.34) より，$\phi\propto 1/r^2$，$|\boldsymbol{E}|\propto 1/r^3$ であり，距離 r が大きくなると，点電荷の場合より強く減衰するのが特徴である．

一般に，n 個の双極子 $\boldsymbol{p}_1, \boldsymbol{p}_2, \cdots, \boldsymbol{p}_n$ がつくる電位は，式 (2.33) と重ね合せの原理から

$$\phi(x, y, z)=-\frac{1}{4\pi\varepsilon_0}\sum_{k=1}^{n}\left(\boldsymbol{p}_k\cdot\nabla\frac{1}{r_k}\right)\ \text{〔V〕}\tag{2.36}$$

と与えられる．ただし，r_k は双極子 $\boldsymbol{p}_k=q_k\boldsymbol{d}_k$ と点 P (x, y, z) との間の距離である．次に，双極子が空間に連続的に分布しており，そのモーメントの体積密度が $\boldsymbol{P}$ である場合の電位を考える．微小体積 dv がもつモーメント $\boldsymbol{P}dv$ が作る電位を体積積分することにより，以下のように求まる．

$$\phi(x, y, \mathrm{z})=-\frac{1}{4\pi\varepsilon_0}\int_V\left(\boldsymbol{P}\cdot\nabla\frac{1}{r}\right)dv\ \text{〔V〕}\tag{2.37}$$

【例題 2.5】

両端に大きさの等しい正負の電荷をつけた短い棒を，一様な電界の中におくと，棒にはどのような力が働くか．

［解］　図 2.13 のように，モーメント $\boldsymbol{p}=q\boldsymbol{d}$ の電気双極子が電界 $\boldsymbol{E}$ 中におかれている場合を考える．棒の両端には $q\boldsymbol{E}$，$-q\boldsymbol{E}$ の力が働く．$\boldsymbol{E}$ と $\boldsymbol{d}$ のなす角を θ とすれば，ひっぱり力 $(qE\cos\theta)$ は打ち消しあうので，回転力 $(qE\sin\theta)$ のみが残る．棒に働く回転力（偶力）のモーメントを $\boldsymbol{T}$ とすれば

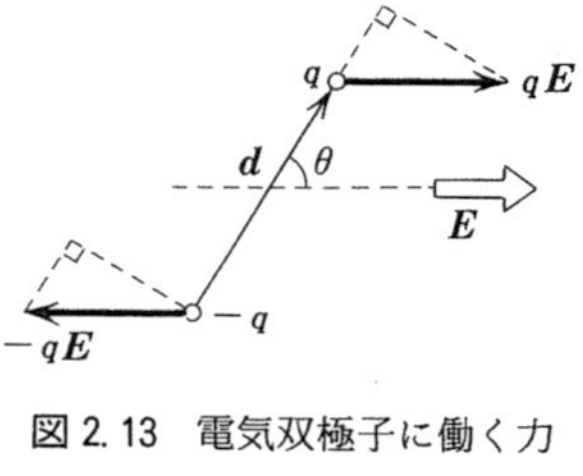

図 2.13　電気双極子に働く力

$$\boldsymbol{T}=\boldsymbol{d}\times q\boldsymbol{E}$$

であり，双極子モーメント $\boldsymbol{p}$ を用いれば次のように表せる．

$$\boldsymbol{T}=\boldsymbol{p}\times\boldsymbol{E}\ \text{〔N・m〕}\tag{2.38}$$

上の例では $\boldsymbol{E}$ が一定の場合を考えたが，電界が不均一のときには回転力のほかに，電気双極子を全体的に移動させる併進運動の力 $\boldsymbol{F}$ も発生する．位置 $\boldsymbol{r}'$ にある負電荷に働く力は

$$\boldsymbol{F}_- = -q\boldsymbol{E}(\boldsymbol{r}')$$

であり，位置 $\boldsymbol{r}'+d\boldsymbol{r}'(d\boldsymbol{r}'=\boldsymbol{d})$ にある正電荷に働く力は

$$\boldsymbol{F}_+ = q\boldsymbol{E}(\boldsymbol{r}'+d\boldsymbol{r}') \simeq q\{\boldsymbol{E}(\boldsymbol{r}')+(d\boldsymbol{r}'\cdot\nabla)\boldsymbol{E}(\boldsymbol{r}')+\cdots\}$$

となる．よって双極子全体に働く合成力は，次式のように求められる．

$$\boldsymbol{F} = \boldsymbol{F}_+ + \boldsymbol{F}_- \simeq q(d\boldsymbol{r}'\cdot\nabla)\boldsymbol{E} = (\boldsymbol{p}\cdot\nabla)\boldsymbol{E} \quad 〔\mathrm{N}〕 \tag{2.39}$$

2.5.2 電気二重層

正電荷の層と負電荷の層とがとなりあって存在しているとき，これを電気二重層（electric double layer）と呼び，半導体の pn 接合面などに実際に現れる．図 2.14 のように，面密度 $\pm\omega$ の正負の面状電荷が，厚さ t の薄い面の両側に存在する電気二重層を考えよう．点 Q (ξ, η, ζ) にある面素 dS 上の電荷 $\pm\omega dS$ は，正負の点電荷の対からなる電気双極子とみなすことができる．この微小双極子のモーメントは $\omega dS\cdot t\boldsymbol{n}=(\omega t)\boldsymbol{n}dS$ であり，二重層の強さを $\tau=\omega t$ と定義すれば，二重層がつくる電位は，式（2.33）より面 S 上の双極子モーメントを積分して

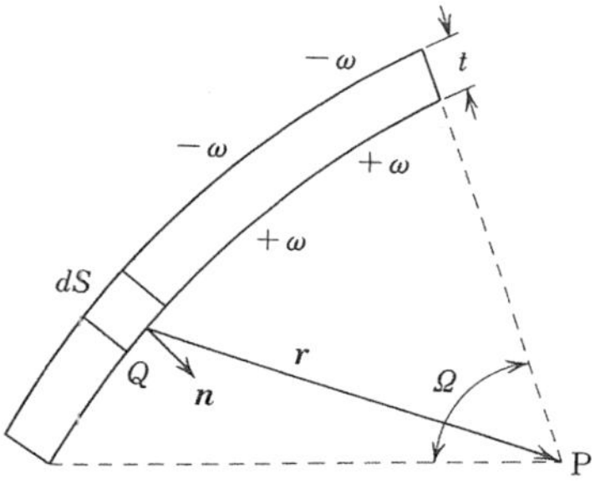

図 2.14 電気二重層

$$\phi(x, y, z) = \frac{1}{4\pi\varepsilon_0}\int_S \tau\frac{\boldsymbol{r}\cdot\boldsymbol{n}}{r^3}dS \quad 〔\mathrm{V}〕 \tag{2.40}$$

と与えられる．τ が面 S 上で一定のときは，面素 dS が点 P に張る立体角が

$$d\Omega = \frac{dS}{r^2}\frac{\boldsymbol{rn}}{r} \quad 〔\mathrm{sr}〕$$

であることを使えば，S が点 (x, y, z) に張る立体角 Ω を用いて

$$\phi(x, y, z)=\frac{\tau}{4\pi\varepsilon_0}\Omega \text{〔V〕} \tag{2.41}$$

と書ける．すなわち，点Pの電位ϕは，電気二重層の強さτと立体角Ωで決まり，もし，それさえ一定ならば，電気二重層の位置と形状には全く無関係である．

2.6　ポアソンの方程式とラプラスの方程式

2.6.1　ポアソンの方程式

体積密度ρで電荷が分布している真空中の電界の強さ$\boldsymbol{E}$は，ガウスの法則の微分表示，式(2.18) $\nabla\cdot\boldsymbol{E}=\rho/\varepsilon_0$で与えられる．また静電界では，電界の強さ$\boldsymbol{E}$と電位$\phi$との間に式(2.31) $\boldsymbol{E}=-\nabla\phi$という関係が成り立つ．この二つの式から，$\nabla\cdot\boldsymbol{E}=\nabla\cdot(-\nabla\phi)=-\nabla^2\phi=\rho/\varepsilon_0$となる．ここに$\nabla^2$は式(1.48)のラプラシアンである．このようにして，体積密度ρをもって電荷が分布している真空中の電位ϕは，次の微分方程式を解くことによって求めることができる．

$$\boxed{\nabla^2\phi=-\frac{\rho}{\varepsilon_0}} \tag{2.42}$$

これを**ポアソンの方程式**（Poisson's equation）という．

電荷のない真空中では，ポアソンの方程式に$\rho=0$を代入して

$$\nabla^2\phi=0 \tag{2.43}$$

となる．これをとくに**ラプラスの方程式**（Laplace's equation）という．

2.6.2　電界の唯一性

ラプラスの方程式から，その解として定まる電位について，つぎの一般的性質を導くことができる．

(1)　電位は，電荷のないところでは極大，極小にならない．

一般に関数ϕが極値をとる点では，その1次微係数が0になり，2次微

係数$\nabla^2\phi \neq 0$である．電位ϕは，電荷のない点ではラプラスの方程式(2.43) $\nabla^2\phi = 0$に従うから，逆にいえばϕは極値をとらないことが分かる

(2) ある領域の内部に電荷がなく，領域の境界で$\phi = \phi_0$(一定) の境界条件が与えられているときには，電位は領域内のすべての点で$\phi = \phi_0$となる．

電位が境界で一定値をとり，かつ領域内で空間変化をしているとすれば，ϕは領域内のどこかの点で最大または最小になる．しかし，領域内に電荷がなく，また(1)によれば電荷のない点で電位は最大最小になりえない．したがって電位は空間変化することはありえず，領域内のすべての点で$\phi = \phi_0$となることが分かる．

この性質を用いると，ポアソンの方程式の解について次の重要な結論を導くことができる．

電荷分布と境界条件が与えられたとき，ポアソンの方程式の解は，ただ一つに決まる．

この証明は3.5.2項で述べる．

2.7 導体系の静電界

2.7.1 帯電導体の性質

電気をよく伝える金属などの物体，すなわち，導体をミクロにみると，その内部には多量の自由に動ける電子（伝導電子）が存在する．導体を静電界中にもってくると，伝導電子が電界の力を受けて移動し，導体表面に帯電して電界分布が変化する．この変化は**導体内部の電界$\boldsymbol{E}$が0になるまで続き**，短時間のうちに$\boldsymbol{E} = 0$となって終了する．このとき**導体内部には電荷が存在しない．** なぜなら，導体内部にガウスの法則，式（2.16）を適用すれば，$\boldsymbol{E} = 0$だから明らかに左辺は0で，導体内部では電荷密度$\rho = 0$であることが分かる．

内部に電荷が存在しえないから，導体が帯電したとき，その**電荷は表面に分**

布する．この表面電荷分布による電界は，外部電荷のつくる電界をちょうど打ち消すように発生する．また，導体の内部で電界が 0 であることは，電位と電界の関係，式（2.31）$\boldsymbol{E}=-\nabla\phi$ から分かるように，**導体内部ではいたるところ電位が一定である**ことを意味する．したがって，導体の表面でも電位は一定である．このことから直ちに，導体の外部の**電界 $\boldsymbol{E}$ は導体の表面に垂直であること**が結論できる．なぜなら 2.4 節で示したように，電界は等電位面に垂直であり，導体の表面は一つの等電位面になっているからである．

2.7.2　導体表面の電界

導体表面の電界 $\boldsymbol{E}$ の面に平行な成分を E_t，垂直な成分を E_n とするとき，これらと導体表面の面電荷密度 ω〔C/m²〕との間には，次のような簡単な関係が成り立つ．

$$E_n=\frac{\omega}{\varepsilon_0},\quad E_t=0 \tag{2.44}$$

電界の接線成分 $E_t=0$ であることは，すぐ上で示した通りである．垂直成分 E_n に関する式を求めるため，導体表面に図 2.15 のように小さな領域を仕切る．その面積 $\varDelta S$ が十分小さければ，この表面の一部を平面とみなせる．そこで，この面と平行な底面と上面をもち，側面が垂直な柱の立体を仮想し，この立体の表面を閉曲面 S として，ガウスの法則，式（2.16）を適用する．導体表面の面電荷密度を ω とすると，閉曲面 S の内部に含まれる電荷は $\omega\varDelta S$ である．電界の面積分は，導体内部で $\boldsymbol{E}=0$ だから，閉面曲 S のうち導体の外にでた部分だけを考えればよい．また，$\boldsymbol{E}$ は導体表面に垂直だから，側面の部分では $\boldsymbol{E}\cdot d\boldsymbol{S}=0$ となる．結局，積分が残るのは上面部分だけであり，電界の強さを E_n（ただし，電界が導体から外に

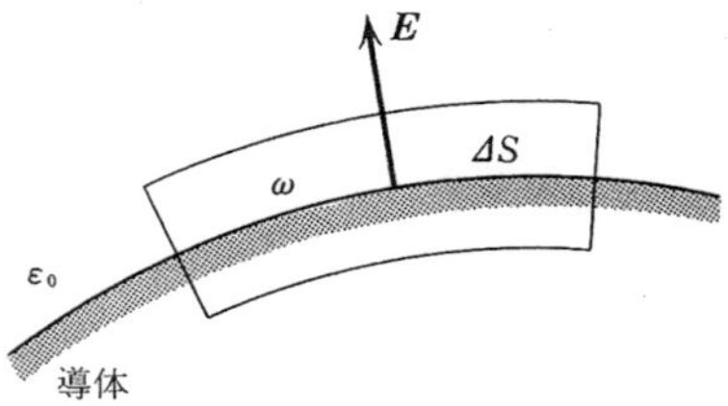

図 2.15　導体表面の断面図

向く方向を正とする）とすると

$$\int_S \boldsymbol{E}\cdot d\boldsymbol{S}=E_n\,\Delta S=\frac{1}{\varepsilon_0}\omega\,\Delta S$$

となり，この式から式（2.44）の関係がでる．

2.7.3　境界値問題

電荷の分布が与えられたとき，それによって生じる電界を求めるには，ポアソンの方程式（2.42）を解けばよい．しかし，導体がある場合には，導体表面にどのような電荷分布が生じるかは，あらかじめ分かっていることではない．そこで，導体表面で電位がある一定の値をとることを境界条件として用いて，ポアソンの方程式を解く．この解として得られる電位から電界を求め，式（2.44）の関係から，導体表面の電荷分布を求めることができる．なお，2.6節で示したように一般的結論［与えられた境界条件のもとでポアソンの方程式の解はただ一つしか存在しない］ということが，導体系の境界値問題でも成り立つことは明らかであろう．これを**導体系の電界の唯一性**という．

2.7.4　相 反 定 理

図2.16に示すようなn個の導体(1),(2),…,(n)に，それぞれ電荷$Q_1, Q_2, \cdots, Q_n$を与えたときのそれぞれの導体の電位を$\Phi_1, \Phi_2, \cdots, \Phi_n$とし，また，$Q_1', Q_2', \cdots, Q_n'$を与えたときの電位を$\Phi_1', \Phi_2', \cdots, \Phi_n'$とする．このとき，これらの間に次の関係

$$\sum_{i=1}^{n} Q_i\Phi_i'=\sum_{i=1}^{n} Q_i'\Phi_i \qquad (2.45)$$

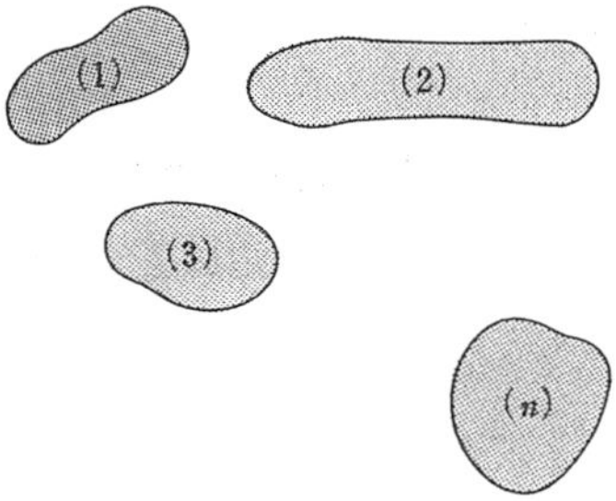

図2.16　n個の導体からなる導体系

が成り立つ．これを**グリーンの相反定理**という．

［証明］　はじめにすべての電荷は点電荷q_jであると仮定して，導体(1)以外の点電荷によってできる電界の(1)の点における電位をΦ_1とすれば，$r_{12}, r_{13}, \cdots,$

r_{1n} をそれぞれ点電荷 (2), (3), …, (n) と (1) との間の距離として,

$$\Phi_1=\frac{1}{4\pi\varepsilon_0}\left(\frac{q_2}{r_{12}}+\frac{q_3}{r_{13}}+\cdots+\frac{q_n}{r_{1n}}\right)$$

また

$$\Phi_2=\frac{1}{4\pi\varepsilon_0}\left(\frac{q_1}{r_{21}}+\frac{q_3}{r_{23}}+\cdots+\frac{q_n}{r_{2n}}\right)$$

同様にして $\Phi_3, \cdots, \Phi_n$ をつくる．さらに，$q_1', q_2', \cdots, q_n'$ によってできる電位 $\Phi_1', \Phi_2', \cdots, \Phi_n'$ についても同様な関係式を得る．これらの式を用いれば，容易に式 (2.45) と同形の式

$$\sum_{i=1}^{n} q_i\Phi_i' = \sum_{i=1}^{n} q_i'\Phi_i \qquad (2.46)$$

が成り立つことが分かる．次にこの結果を用いて，各導体上の電荷 Q は，十分多くの点電荷の集まりとみなせば，一般の電荷 Q と電位 Φ に対して式 (2.45) が成り立つことは明らかである．

つぎに，特別な場合として，Q_1, Q_2' 以外の電荷がすべて 0 で，$Q_1=Q_2'$ ならば，式 (2.45) より $\Phi_1'=\Phi_2$ となる．すなわち，導体 (1) に電荷 Q_1 を与えたときの導体 (2) の電位 Φ_{21} と，導体 (2) に電荷 Q_1 を与えたときの導体 (1) の電位 Φ_{12} とは相等しいことが分かる．

2.7.5 重ね合せの原理

式 (2.45) の両辺に $\sum_{i=1}^{n} Q_i\Phi_i$ を加えれば，

$$\sum_{i=1}^{n} Q_i(\Phi_i+\Phi_i') = \sum_{i=1}^{n}(Q_i+Q_i')\Phi_i$$

となる．すなわち，導体 (i) ($i=1, 2, 3, \cdots, n$) に電荷 (Q_i+Q_i') を与えたときの導体 (i) の電位は，Q_i を与えたときの電位 Φ_i と Q_i' を与えたときの電位 Φ_i' との和 ($\Phi_i+\Phi_i'$) に等しい．ゆえに，**導体の電荷量が k 倍になれば，電位もまた k 倍になる．**このことは，また，ポアソンの方程式 $\nabla^2\phi=-\rho/\varepsilon_0$ からも明らかである．これを，静電界の電荷量と電位に関する**重ね合せの原理**とい

う．

2.7.6　導体系の電荷と電位の関係

図2.16のように，位置の固定されたn個の導体(1)，(2)，…，(n)からなるある導体系を考え，それらの電荷と電位の間の一般的関係について調べよう．いま，導体(i)だけに電荷Q_iを与えて他の導体はすべて0電荷のままにしておいたとき，それによって生じる各導体の電位をそれぞれ$p_{1i}Q_i, p_{2i}Q_i$，…，$p_{ni}Q_i$とすれば，導体(1)，(2)，…，(n)にそれぞれ電荷$Q_1, Q_2, \cdots, Q_n$を同時に与えたとき，それによって生じる各導体電位$\Phi_1, \Phi_2, \cdots, \Phi_n$は，重ね合せの原理より

$$\left.\begin{aligned}
\Phi_1 &= p_{11}Q_1 + p_{12}Q_2 + \cdots + p_{1n}Q_n \\
\Phi_2 &= p_{21}Q_1 + p_{22}Q_2 + \cdots + p_{2n}Q_n \\
&\cdots\cdots\cdots\cdots \\
\Phi_n &= p_{n1}Q_1 + p_{n2}Q_2 + \cdots + p_{nn}Q_n
\end{aligned}\right\}$$

あるいは

$$\boxed{\Phi_i = \sum_{k=1}^{n} p_{ik}Q_k \quad (i = 1, 2, \cdots, n) \quad \text{〔V〕}} \tag{2.47}$$

を得る．ここで比例係数p_{ik}を電位係数という．前に示した相反定理より

$$p_{ik} = p_{ki} \tag{2.48}$$

の関係がある．

つぎに，式(2.47)を$Q_1, Q_2, \cdots, Q_n$について解けば

$$\left.\begin{aligned}
Q_1 &= q_{11}\Phi_1 + q_{12}\Phi_2 + \cdots + q_{1n}\Phi_n \\
Q_2 &= q_{21}\Phi_1 + q_{22}\Phi_2 + \cdots + q_{2n}\Phi_n \\
&\cdots\cdots\cdots\cdots \\
Q_n &= q_{n1}\Phi_1 + q_{n2}\Phi_2 + \cdots + q_{nn}\Phi_n
\end{aligned}\right\}$$

あるいは

$$Q_i=\sum_{k=1}^{n} q_{ik}\Phi_k \quad (i=1,2,\cdots,n) \quad \text{〔C〕} \tag{2.49}$$

を得る．ここで比例係数は，$i=k$ のとき q_{ii} のことを導体（i）の**容量係数**といい，$i \neq k$ のときには，導体（k）の電荷によって導体（i）上に静電誘導されるという意味から，$q_{ik}(i \neq k)$ を**誘導係数**と呼ぶ．

【例題 2.6】

導体 1 が中空の導体 2 の中にあって，その他の導体はすべて導体 2 より外にある場合には，導体 1 の電位 Φ_1 は Φ_2 と Q_1 のみで定まり，その他の導体の状態に影響されないことを示せ．

［解］　図 2.17 のように導体 2 の外に導体 3，4 がある場合を考える．式

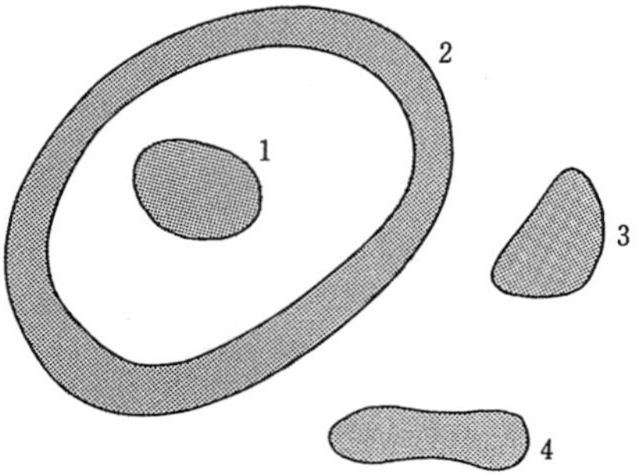

図 2.17　静電遮へい

(2.47) より

$$\Phi_1=p_{11}Q_1+p_{12}Q_2+p_{13}Q_3+p_{14}Q_4 \quad ①$$

$$\Phi_2=p_{21}Q_1+p_{22}Q_2+p_{23}Q_3+p_{24}Q_4 \quad ②$$

と書ける．$Q_1=0$ のとき，ガウスの法則から導体 2 の内部の空胴にも電荷が存在しないことが分かる．このとき，導体 1 を含む導体 2 の内部の全領域において等電位であるから $\Phi_1=\Phi_2$ であり，式①，②の両辺の差をとれば，

$$(p_{12}-p_{22})Q_2+(p_{13}-p_{23})Q_3+(p_{14}-p_{24})Q_4=0$$

を得る．この式は Q_2，Q_3，Q_4 のいかんにかかわらず成立するので

$$p_{12}=p_{22},\quad p_{13}=p_{23},\quad p_{14}=p_{24} \qquad ③$$

の関係が成り立つ．これを用いて式①，②の両辺の差をとれば，

$$\Phi_1-\Phi_2=(p_{11}-p_{21})Q_1 \qquad ④$$

すなわち，導体1，2の電位差は，外の導体3，4に無関係であること（静電遮へいと呼ぶ）が証明された．

2.7.7 静電容量

重ね合せの原理から，導体系における電荷と電位は比例関係にあることを前に述べた．その比例係数は，与えた電荷や電位に無関係であって，導体の形や大きさや位置などの幾何学的な量で決まるもので，これを**静電容量**（electrostatic capacity）または電気容量（capacitance）と呼ぶ．十分に広い空間に一つの導体が孤立して存在する場合，その導体の静電容量 C は，導体のもつ電荷 Q と電位 Φ との比として，$C=Q/\Phi$ と定義される．たとえば，半径 a の導体球の静電容量は，例題2.3から電位 $\Phi=Q/4\pi\varepsilon_0 a$ と計算されるので，$C=4\pi\varepsilon_0 a$ と与えられる．また，近くの導体が無視できない場合には，考えている導体以外の導体を全部接地して，それらの電位を0にしたときに，着目している導体がもつ電荷 Q と電位 Φ の比で，その導体の静電容量が定義される．この値は，式（2.49）に表れた容量係数 q_{ii} にほかならない．

一方，図2.18のように二つの導体が互いにあい対して存在し，それぞれが等量反符号の電荷をもつとき，両者は**コンデンサ**（蓄電器，キャパシタともいう）を形成しているという．コンデンサの一方の導体を1，他方を2と名付け，1の電荷 Q および電位 Φ_1，2の電荷 $-Q$ および電位 Φ_2 に対して，両導体間の電位差 $V=\Phi_1-\Phi_2$ を用いて，このコンデンサの静電容量 C は

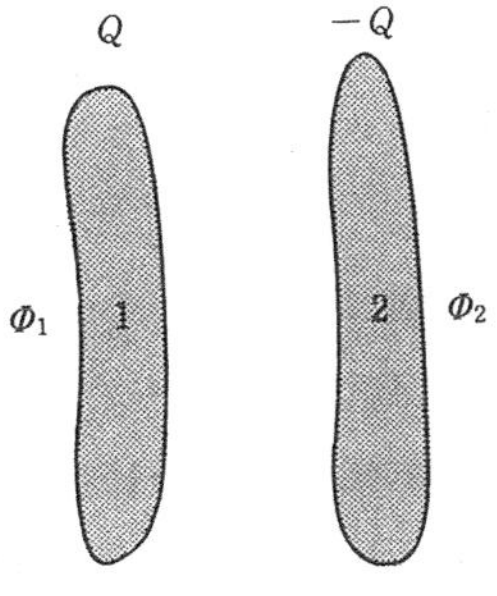

図2.18 一対の導体がつくるコンデンサ

$$\boxed{C=\frac{Q}{V}=\frac{Q}{\Phi_1-\Phi_2}\quad〔\mathrm{F}〕}\tag{2.50}$$

と定義される．静電容量の単位はファラド〔F〕であり，コンデンサの両導体にそれぞれ±1Cの電荷を与えて，両導体に1Vの電位差が生じるとき1Fと定義するので，単位の関係は$1\,\mathrm{F}=1\,\mathrm{C}\cdot\mathrm{V}^{-1}$となる．前に述べた孤立導体の静電容量は，コンデンサの一方の導体が無限遠にある場合と考えることができる．

【例題2.7】

図2.19に示すような平行板形コンデンサ，円筒形コンデンサ，球形コンデンサの静電容量をそれぞれ計算せよ．

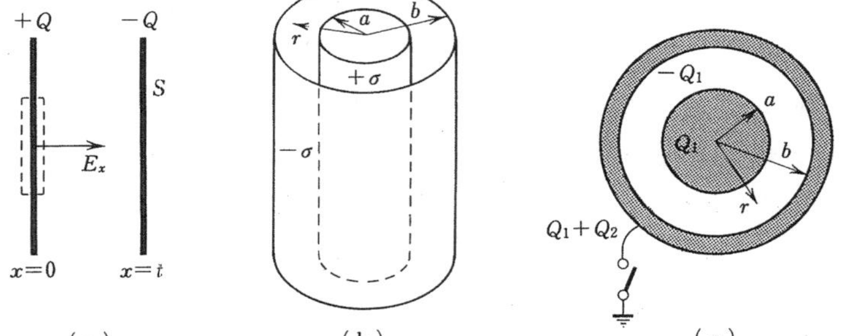

（a）　　（b）　　（c）

図2.19　代表的なコンデンサ

［解］（1）平行板形コンデンサ

面積S，間隔tの十分広い2枚の平行導体板に電荷$\pm Q$を与えたとき，それらは面密度$\omega=\pm Q/S$で一様に分布する．図2.19（a）に破線で示すように，導体板を平行に挟むような閉曲面にガウスの法則を適用すれば，式(2.44)のように，導体板に垂直な電界が$E_x=\omega/\varepsilon_0=Q/\varepsilon_0 S$と求まる．したがって，両板間の電位差$V$は

$$V=-\int_t^0 E_x\,dx=E_x\cdot t=\frac{Qt}{\varepsilon_0 S}\quad〔\mathrm{V}〕$$

となり，このコンデンサの静電容量 C は

$$C=\frac{Q}{V}=\frac{\varepsilon_0 S}{t} \quad \text{[F]} \tag{①}$$

(2) 円筒形コンデンサ

内円筒 a，外円筒 b の十分長い同軸円筒導体に，単位長当たりに電荷 $\pm\sigma$ を与える．両円筒の間に半径 r の単位長同軸円筒面を仮想し，これにガウスの法則を適用すると，

$$\oint \boldsymbol{E}\cdot d\boldsymbol{S}=E_r\cdot 2\pi r\cdot 1=\sigma/\varepsilon_0$$

すなわち

$$E_r=\frac{\sigma}{2\pi\varepsilon_0 r} \quad (a<r<b) \quad \text{[V/m]}$$

が得られる．ゆえに，両円筒間の電位差は

$$V=-\int_b^a E_r\,dr=\frac{\sigma}{2\pi\varepsilon_0}\int_a^b\frac{dr}{r}=\frac{\sigma}{2\pi\varepsilon_0}\log\frac{b}{a} \quad \text{[V]}$$

となり，静電容量は単位長当たり

$$C=\frac{\sigma}{V}=\frac{2\pi\varepsilon_0}{\log\dfrac{b}{a}} \quad \text{[F]} \tag{②}$$

(3) 球形コンデンサ

半径 a，半径 b の同心導体球の内球に電荷 Q_1 を与えると，それはその球面全体に一様に分布し，全電気力線は外側球殻の内面に一様に終わり，そこに電荷 $-Q_1$ の一様面分布を生じる．半径 r が $a<r<b$ の範囲の電界は，例題 2.3 のようにガウスの法則を用いて，$E_r=Q_1/(4\pi\varepsilon_0 r^2)$ と求められるから，両導体間の電位差は

$$V=-\int_b^a E_r\,dr=\frac{Q_1}{4\pi\varepsilon_0}\left(\frac{1}{a}-\frac{1}{b}\right) \quad \text{[V]}$$

となる．このとき，外球の外側の面に他の電荷 Q_2 が存在しても，これから出

る電気力線は決して内側には入らないから，電位差 V は変わらない（例題2.6参照）．しかし，外球の外面には，内球の電荷 Q_1 による誘導電荷が現れるから，電荷 Q_1+Q_2 が存在することになる．したがって，もし外球を接地すれば，これらの電荷は無限遠にのがれ去り，外球は $-Q_1$ のみが残ることになる．このとき，両球は等量反符号の電荷をもつコンデンサを形成し，その静電容量は次のようになる．

$$C=\frac{Q_1}{V}=\frac{4\pi\varepsilon_0 ab}{b-a} \quad \text{〔F〕} \qquad ③$$

2.8　静電界のエネルギー

2.8.1　静電界をつくるためのエネルギー

ある点における電位 ϕ は，単位電荷（1 C）を無限遠点からその点まで運ぶのに要する仕事であるとして，式（2.25）で定義した．しかし，実際に1 C を導体系の中に持ち込むと静電誘導が起こり，電界と電位の分布が乱れてしまう．そこで，電界を乱さないような微小電荷 δq を運ぶのに要する仕事を δW とするとき，

$$\phi=\lim_{\delta q\to 0}\left(\frac{\delta W}{\delta q}\right) \quad \text{〔V〕} \qquad (2.51)$$

によって電位を定義する．いま，一つの導体が電荷 q，電位 $\phi=pq$ に帯電して孤立して存在する場合を考える．ただし，p はこの導体の形状で決まる電位係数である．この状態にさらに電荷 dq を無限遠点から運んでくるのに要する仕事は，$\phi dq=pqdq$ である．したがって，電荷0の状態から電荷 Q，電位 Φ の状態までもってくるのに必要とされる仕事，すなわち，その導体に蓄えられるエネルギー U は

$$U=\int_0^Q pqdq=\frac{1}{2}pQ^2=\frac{1}{2}\Phi Q \quad \text{〔J〕} \qquad (2.52)$$

となる．電界のエネルギー U の単位は，仕事の単位と等しくジュール〔J〕で

ある．

つぎに，n 個の導体があって，i 番目の導体の電荷が Q_i，電位が Φ_i で与えられる系がもつエネルギーを考えよう．電荷 0 の状態から最終の電荷分布になるまで無限遠点から電荷を運ぶのに，一つ一つの導体に順番に最終値まで電荷を運ぶやり方がある．ここでは計算を簡単にするために，同時にすべての導体に少しずつ運ぶことにし，その際に各導体の電荷分布の比は常に一定に保って，比例的に運ぶものとする．すなわち，各導体の電荷は $kQ_1, kQ_2, \cdots, kQ_n$ であり，電位は $k\Phi_1, k\Phi_2, \cdots, k\Phi_n$ であるようにして，k を 0 から 1 まで増大させることを考える．このとき，各導体に微小電荷 $dq_1 = Q_1 dk, dq_2 = Q_2 dk, \cdots, dq_n = Q_n d_k$ をもってくるのに要する仕事 dW は

$$\begin{aligned} dW &= k\Phi_1 dq_1 + k\Phi_2 dq_2 + \cdots + k\Phi_n dq_n \\ &= (\Phi_1 Q_1 + \Phi_2 Q_n + \cdots + \Phi_n Q_n) k dk \end{aligned}$$

である．したがって，無電状態から最終の帯電状態まで電荷を運ぶのに必要な仕事，すなわち，この導体系がもつエネルギーは

$$\begin{aligned} U &= \int dW = \int_0^1 (\Phi_1 Q_1 + \Phi_2 Q_2 + \cdots + \Phi_n Q_n) k dk \\ &= \frac{1}{2} \sum_{i=1}^{n} \Phi_i Q_i \quad \text{〔J〕} \end{aligned} \tag{2.53}$$

となる．さらに，導体の間の空間の電位が ϕ で，そこに体積密度が ρ で電荷が分布するとき，この静電界がもつ全エネルギーは

$$U = \frac{1}{2} \sum_{i=1}^{n} \Phi_i Q_i + \frac{1}{2} \int_V \rho \phi dv \quad \text{〔J〕} \tag{2.54}$$

と与えられる．この右辺第 2 項は，式 (2.53) の導出と同様に，微小電荷 $d\rho = \rho dk$ を無限遠から運ぶと考えて容易に得られる．

式 (2.53) に式 (2.47) を代入し，Q_i で偏微分をすれば

$$\frac{\partial U}{\partial Q_i} = \Phi_i \quad (i = 1, 2, \cdots, n) \tag{2.55}$$

を得る．また，式 (2.53) に式 (2.49) を代入し，

$$\frac{\partial U}{\partial \Phi_i}=Q_i \quad (i=1,2,\cdots,n) \tag{2.56}$$

となる．とくに，導体が二つだけで，それらがコンデンサを形成しているときには，$Q_1=-Q_2=Q>0$ とすれば，コンデンサに蓄えられるエネルギー U は，式（2.53）により

$$U=\frac{1}{2}(Q_1\Phi_1+Q_2\Phi_2)=\frac{1}{2}(\Phi_1-\Phi_2)Q$$

$$=\frac{1}{2}QV=\frac{CV^2}{2}=\frac{Q^2}{2C} \quad \text{〔J〕} \tag{2.57}$$

となる．ただし，C はコンデンサの静電容量である．

2.8.2　空間に蓄えられる電界のエネルギー

上に述べてきた静電エネルギーの計算は，電荷の間に働くクーロン力による位置エネルギーという見方に基づいている．すなわち，遠隔作用の立場に立っている．近接作用の立場では，電荷によって真空に一種のひずみが生じ，そのひずみがもとになって電荷の間に力が働くと考える．真空がひずんで電界ができるとき，空間の電界そのものにエネルギーが蓄えられるとみることができる．これを数式で表現してみよう．i 番目の導体の表面 S_i について面電荷密度 ω を積分すれば電荷 Q_i を得るから，導体の表面から内側へ向かう方向に法線ベクトル $\boldsymbol{n}$ をとって面積分を行うと，式（2.44）と式（2.31）を用いて

$$Q_i=\oint_{S_i}\omega dS=\varepsilon_0\oint_{S_i}(-E_n\boldsymbol{n})\cdot\boldsymbol{n}dS=\varepsilon_0\oint_{S_i}\frac{\partial\phi}{\partial n}dS \quad \text{〔C〕} \tag{2.58}$$

となる．また，式（2.42）より $\rho=-\varepsilon_0\nabla^2\phi$ であるから，式（2.54）の Q_i と ρ を ϕ で表せば

$$U=\frac{1}{2}\sum_{i=1}^{n}\Phi_i\varepsilon_0\oint_{S_i}\frac{\partial\phi}{\partial n}dS+\frac{1}{2}\int_V(-\varepsilon_0\nabla^2\phi)\phi dv$$

$$=\frac{\varepsilon_0}{2}\oint_S\phi\frac{\partial\phi}{\partial n}dS-\frac{\varepsilon_0}{2}\int_V\phi\nabla^2\phi dv \quad \text{〔J〕}$$

となる．ただし，右辺第1項は，すべての導体の表面 S に関する面積分であ

る．一方，グリーンの定理，式（1.49）において $\phi=\phi$ とおけば

$$\oint_S \phi \frac{\partial \phi}{\partial n} dS=\int_V \{\phi \nabla^2 \phi+(\nabla \phi)^2\} dv$$

となるから，これを代入して

$$U=\frac{\varepsilon_0}{2}\int_V |\nabla \phi|^2 dv=\int_V \frac{\varepsilon_0 E^2}{2} dv \quad \text{〔J〕} \tag{2.59}$$

と表される．この式から，一般に電界 $\boldsymbol{E}$ をもつ空間の単位体積当たりの静電エネルギーは

$$u=\frac{\varepsilon_0 E^2}{2} \quad \text{〔J/m}^3\text{〕} \tag{2.60}$$

であることが分かり，このエネルギー密度を体積積分することによって，真空中の静電界の全エネルギー U が得られる．

2.8.3 導体に働く力

導体表面に帯電している電荷は，クーロン力によって面に垂直な力を受ける．しかし，ふつう電荷は導体面を自由に出入りすることはできず，導体表面に固定されているとみなされるので，表面電荷に作用する力は導体全体に働く力になる．平行板コンデンサを例にとって，導体に働く静電気力を求めてみよう．面積 S の 2 枚の平面板の上の電荷 Q と $-Q$ は引き合うから，静電気力 $\boldsymbol{F}$ は図 2.20 に示すように働き，これと反対向きに外力 $\boldsymbol{K}$ が加わってバランスしている．平板に垂直に x 軸をとるとき，x 方向の力 F_x に抗して，δx だけ平板を引き離したときの静電エネルギーの変化 δU は，平板を移動するのに要した機械的な仕事 δW_{mec} と等しい．この移動をする際に，板の電荷 Q を一定に保ったままで行ったとき，静電エネル

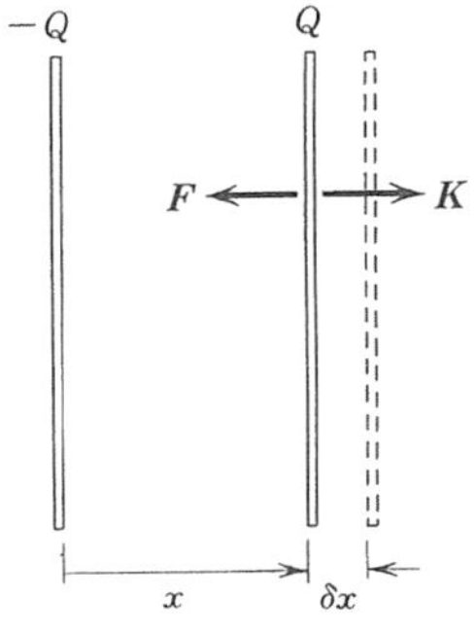

図 2.20　平行板コンデンサに働く力

ギーの変化は

$$\delta U_{Q=一定}=\delta W_{mec}=K_x\delta x=-F_x\delta x$$

となる．これにより

$$F_x=-\left(\frac{\partial U}{\partial x}\right)_{Q=一定}\quad \text{〔N〕}\tag{2.61}$$

と導かれる．ここで，式（2.57）の $U=Q^2/2C$ と例題2.7で求めた $C=\varepsilon_0 S/x$ を用いて，単位面積当たりの力 $f_x=F_x/S$ は

$$f_x=-\frac{1}{2}\frac{1}{\varepsilon_0}\left(\frac{Q}{S}\right)^2=-\frac{\varepsilon_0 E^2}{2}\quad \text{〔N/m}^2\text{〕}\tag{2.62}$$

となる．ここで，式（2.44）より $E=(Q/S)/\varepsilon_0$ を用いた．

次に両極板を，電圧 V の電池に結んだままで δx 移動させたときを考える．このように電位差 $V=$一定の場合，電荷が δQ 変化して電池が電気的仕事をし，その量は $\delta W_e=V\delta Q$ であるから

$$\delta U_{V=一定}=\delta W_{mec}+\delta W_e\quad \text{〔J〕}\tag{2.63}$$

となる．一方，式（2.57）$U=VQ/2$ より

$$\delta U_{V=一定}=\frac{V}{2}\delta Q=\frac{\delta W_e}{2}$$

であり，これと式（2.63）から δW_e を消去すれば

$$\delta W_{mec}=-\delta U_{V=一定}=-F_x\delta x$$

となる．これより次式を得る．

$$F_x=\left(\frac{\partial U}{\partial x}\right)_{V=一定}\quad \text{〔N〕}\tag{2.64}$$

一般に，n 個の導体からなる系の i 番目の導体に働く力を考えると，式（2.61），式（2.64）と同様な式が成り立つ．すなわち，座標 x の代わりに一般の直交曲線座標 u_j を用いて，導体に働く力の u_j 成分は式（2.65）と与えられる．

$$\left.\begin{aligned} F_{uj} &= -\left(\frac{\partial U}{\partial u_j}\right)_{Q_1,Q_2,\cdots,Q_n=\text{一定}} \\ F_{uj} &= \left(\frac{\partial U}{\partial u_j}\right)_{\Phi_1,\Phi_2,\cdots,\Phi_n=\text{一定}} \end{aligned}\right\} \text{〔N〕} \qquad (2.65)$$

[演 習 問 題]

[2.1] 点 $(0, 0, p_1)$ に点電荷 q，$(0, 0, p_2)$ に点電荷 $-(p_2/p_1)^{1/2}q$ があるとき，$\phi=0$ の面は $(0, 0, 0)$ を中心とする半径 $(p_1p_2)^{1/2}$ の球面であることを示せ.

[2.2] 次のそれぞれの場合について，生じる電界を求めよ.

(i) 半径 a の輪の上に線密度 λ〔C/m〕で電荷が一様に分布しているとき，輪の中心を通り輪の面に垂直な直線上の電界.

(ii) 半径 a の円板上に面密度 ω〔C/m²〕で電荷が一様に分布しているとき，円板の中心を通り円板に垂直な直線上の電界.

(iii) 無限に広い平面上に電荷が一様に分布しているとき，空間の任意の点に生じる電界.

[2.3] 長さ 2ℓ，線密度 λ である十分細い直線状電荷 AB の中点 O を通り，これに垂直な平面上の点 O から距離 a にある点 P における電位 ϕ を求めよ.

[2.4] 無限長の 1 本の直線上に一様な線密度 λ で電荷が分布しているとき，この直線から r の距離における電界を求めよ.

[2.5] 無限長の 2 本の直線の一方に $+\lambda$〔C/m〕，他方に $-\lambda$ の一様な線密度で電荷が分布している．2 直線とも z 軸に平行で，それぞれ点 $(a, 0, 0)$ と点 $(-a, 0, 0)$ を通るとして，電界 $\boldsymbol{E}$ と電位 ϕ を x，y の関数として求めよ.

[2.6] 半径 r_1，r_2 の無限に長い二つの円筒が軸を一致させておかれている．両円筒の側面に電荷がそれぞれ面密度 ω_1，ω_2 で一様に分布しているとき，生じる電界を求めよ.

[2.7] 電荷 Q が一様に半径 a の球の内部に分布しているとき，電界と電位を求めよ.

[2.8] 正の定数 α に対して，電位 ϕ が半径 r の関数として

$$\phi(r)=\frac{A}{r}\exp(-\alpha r)$$

と与えられる.

(i) 原点以外の空間に分布する電荷密度を求めよ.

(ii) 電位が原点で無限大になることは，原点に点電荷があることを意味している.

その点電荷の大きさを求めよ．

(iii)　原点以外に分布する全電荷が，原点の点電荷と大きさが等しく符号が逆であることを示せ．

[2.9]　内球 A の半径が a，外球殻 B の内外半径がそれぞれ b，c である帯電同心導体球がある．(i) 内球 A に電荷 Q を与えた場合，(ii) 内球 A に電荷 Q，外球殻 B に Q' を与えた場合，のそれぞれについて，A，B の電位を求めよ．

[2.10]　内球の半径が a，外球殻の内外半径がそれぞれ b，c である同心導体球がある．内球を接地したときの外球の静電容量 C を求めよ．

[2.11]　内外半径がそれぞれ a，r_1 である同心導体球コンデンサの外径を r_1 から r_2 に変化させるときになされる仕事 W を，電荷 Q が一定，あるいは電位 V が一定の場合について計算せよ．ただし，外球は接地されている．

[2.12]　面積 S，間隔 t の平行板コンデンサの極板 A，B の間に，面積 S，厚さ d の導体板 D が A，B に平行に入れられている．D に電荷 Q を与えるとき，D に働く力 $\boldsymbol{F}$ を，A とそれに向かう D 面との間の距離 x の関数として表せ．ただし，両極 A，B は，接地されて固定されているとする．

3　誘電体を含む静電界

3.1　誘電体と誘電分極

導体内では，電界によって自由に動くことのできる自由電子（free electron）があるのに対し，絶縁体（insulator）内では，電荷は拘束を受けて自由に動くことができない．この絶縁体は，外部電界があると内部に電荷が誘導されるため，**誘電体**（dielectric）と呼ばれる．すなわち，誘電体は正の電荷を有する原子核と，その周囲に拘束された負の電荷を有する電子とから構成されており，図3.1(a)に示すように，通常は正電荷と負電荷の中心が一致しているため，それぞれの原子は双極子モーメントを持たない．

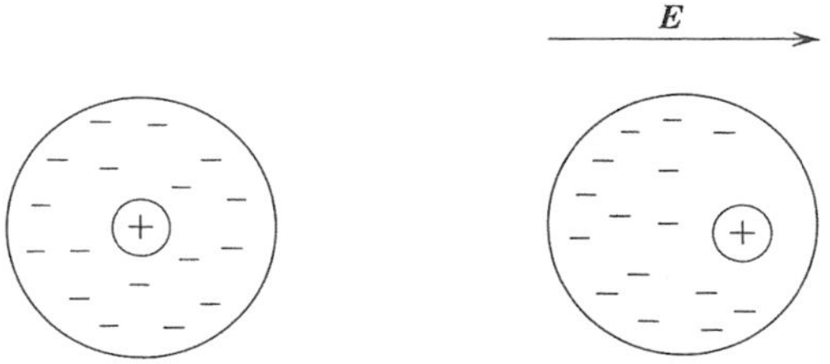

（a）外部電界のない場合　　（b）外部電界$\boldsymbol{E}$がかかった場合

図3.1　誘電体内の原子の分極（電子分極）

しかし，外部電界$\boldsymbol{E}$が印加されると，同図(b)に示すように，正電荷は電界$\boldsymbol{E}$の方向へ，電子はその反対方向へ動き，その結果双極子モーメントが誘起される．このような電荷の動きは**分極**（polarization）と呼ばれる．

分極には，水のような有極性分子が外部電界によって電界の方向に回転する，配向分極（双極子分極）(orientational polarization, dipole polarization) のほか，無極性分子でも，電界をかけたときに原子核が電界方向に移動し，電子がその反対方向に移動する電子分極（electronic polarization)，正に帯電した原子と，負に帯電した原子との相対位置関係に基づく原子分極（atomic polarization）などがある．

誘電体は多数の原子や分子からなっており，その中の一つの双極子モーメントを $\boldsymbol{p}$〔C・m〕とすると，誘電体の単位体積当たりの電気双極子モーメント $\boldsymbol{P}$ は，単位体積当たりの原子や分子の数を N として，

$$\boldsymbol{P}=N\boldsymbol{p} \quad 〔\mathrm{C/m^2}〕 \tag{3.1}$$

となる．これが分極を表しており等方性物質においては，分極ベクトル $\boldsymbol{P}$ は $\boldsymbol{E}$ に比例し，異方性物質においては，$\boldsymbol{P}$ と $\boldsymbol{E}$ の方向は一致せず，また非線形関係となる誘電体もある．

ここで図 3.2 に示すように真空コンデンサ内に誘電体を入れ，両電極に電位を与えたとしよう．電位によって電界が生じ，分極 $\boldsymbol{P}$ が発生する．その結果，誘電体の正極性の電極側には負電荷，負極性の電極側には正電荷が誘起される．すなわち，誘導体表面の外向き法線ベクトルを $\boldsymbol{n}$ として，

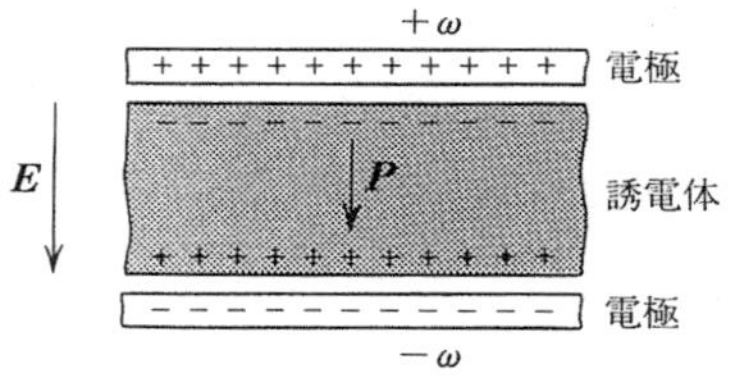

図 3.2　コンデンサにおける分極電荷

$$\omega_P=\boldsymbol{P}\cdot\boldsymbol{n} \quad 〔\mathrm{C/m^2}〕 \tag{3.2}$$

で与えられる面電荷 ω_P が現れ，これを**分極電荷**（polarization charge）と呼ぶ．この分極による電荷 ω_P は一般には電界に比例し，印加電位を除去すると 0 となり，また正負の電荷に分離して誘電体から外に取り出すことができないものである．これに対して，電子やイオンのように自由に取り出せる電荷を真電荷（true charge）という．

誘電体の単位体積当たりに現れる分極電荷の体積密度を ρ_P とし，分極による体積 V 内の電荷を Q_P とすると，

$$Q_P = \int_V \rho_P \, dv = -\oint_S \boldsymbol{P} \cdot d\boldsymbol{S} \quad \text{〔C〕} \tag{3.3}$$

となる．これに，ガウスの定理をあてはめると，

$$\oint_S \boldsymbol{P} \cdot d\boldsymbol{S} = \int_V \nabla \cdot \boldsymbol{P} dv \tag{3.4}$$

となる．したがって，

$$\rho_P = -\nabla \cdot \boldsymbol{P} \quad \text{〔C/m}^3\text{〕} \tag{3.5}$$

が得られる．ここでベクトル$\boldsymbol{P}$は，負の分極電荷から正の分極電荷の方向へ向い，したがって電界$\boldsymbol{E}$を表す電気力線の場合とは逆向きとなる．

3.2　誘電体を含む系の電界

3.2.1　電束密度とガウスの法則

図3.3のように，誘電体の中にある任意の閉曲面Sで囲まれた領域Vをとり，閉曲面S内に存在する総電荷をQ_fとする．Q_fはその内部の真電荷Qと，分極電荷Q_Pとの和（$Q+Q_P$）で与えられ，さらに式（3.3）を用いて，

$$Q_f = Q + Q_P = Q - \oint_S \boldsymbol{P} \cdot d\boldsymbol{S} \quad \text{〔C〕} \tag{3.6}$$

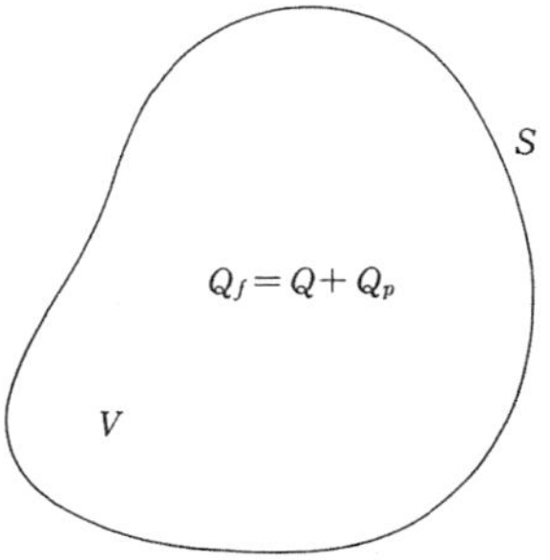

図3.3　任意の閉曲面に含まれる総電荷Q_f

と表される．したがって，S上における電界を$\boldsymbol{E}$とすると，分極電荷Q_Pを考えるということは，誘電体を取り除いてその領域を真空とみなすことにほかならないから，真空中のガウスの法則，式（2.16）より，

$$\oint_S \boldsymbol{E} \cdot d\boldsymbol{S} = \frac{1}{\varepsilon_0} Q_f = \frac{1}{\varepsilon_0}(Q + Q_P) = \frac{1}{\varepsilon_0}\left(Q - \oint_S \boldsymbol{P} \cdot d\boldsymbol{S}\right) \tag{3.7}$$

したがって，

$$\int_S (\varepsilon_0 \boldsymbol{E}+\boldsymbol{P})\cdot d\boldsymbol{S}=Q \quad \text{[C]} \tag{3.8}$$

となるので,

$$\boxed{\boldsymbol{D}=\varepsilon_0\boldsymbol{E}+\boldsymbol{P} \quad [\mathrm{C/m^2}]} \tag{3.9}$$

とおいて整理すると，式（3.7）はQを閉曲面Sの囲む真電荷の総量として,

$$\boxed{\oint_S \boldsymbol{D}\cdot d\boldsymbol{S}=Q \quad \text{[C]}} \tag{3.10}$$

となる．これは，**誘電体中におけるガウスの法則**と呼ばれる．

ここで定義された$\boldsymbol{D}$は単位面積当たりの電束を表し，**電束密度**（dielectric flux density）または**電気変位**（electric displacement）と呼ばれるものである．ここで，真空中においては,

$$\boldsymbol{P}=0 \tag{3.11}$$

であるので,

$$\boldsymbol{D}=\varepsilon_0\boldsymbol{E} \tag{3.12}$$

となり，電束密度$\boldsymbol{D}$の分布と電界$\boldsymbol{E}$の分布とはまったく同一となる．

この電束密度を用いると，式(3.10)で示された誘電体中のガウスの法則は**任意の閉曲面Sを横切って外方面へ向かう電束密度の総和，すなわち$\oint_S \boldsymbol{D}\cdot d\boldsymbol{S}$は，$S$内に含まれる真電荷の総量$Q$に等しい**と表現することができる．

真空中のガウスの法則の場合と同様に，この誘電体中におけるガウスの法則も微分形で表すことができる．すなわち,

$$\nabla\cdot\varepsilon_0\boldsymbol{E}=\rho+\rho_P \tag{3.13}$$

$$\rho_P=-\nabla\cdot\boldsymbol{P} \tag{3.14}$$

$$\nabla\cdot(\varepsilon_0\boldsymbol{E}+\boldsymbol{P})=\rho \tag{3.15}$$

$$\nabla\cdot\boldsymbol{D}=\rho \tag{3.16}$$

となる．また，分極電荷も真電荷と同様に静電界を形成するのであるから，式(2.23）の関係

$$\nabla\times\boldsymbol{E}=0 \tag{3.17}$$

という基本式はやはり成り立つ．

ここで，電束密度 $\boldsymbol{D}$ と電界 $\boldsymbol{E}$ との関係について考えてみよう．まず，分極ベクトル $\boldsymbol{P}$ は一般に電界 $\boldsymbol{E}$ の関数であり，$\boldsymbol{P}=f(\boldsymbol{E})$ となる．特に，等方性の誘電体においては，$\boldsymbol{P}$ は $\boldsymbol{E}$ に比例するので，

$$\boxed{\boldsymbol{P}=\varepsilon_0\chi\boldsymbol{E}\quad〔\mathrm{C/m^2}〕} \tag{3.18}$$

と書くことができる．ここで，χ は誘電体の**分極率**（polarizability）あるいは**電気感受率**（electric susceptibility）と呼ばれ，外部の電界によって，材料の内部にどれだけの電荷が誘起されるかを示す誘電体固有の無次元の正の定数である．したがって，以下となる．

$$\begin{aligned}\boldsymbol{D}&=\varepsilon_0\boldsymbol{E}+\boldsymbol{P}=\varepsilon_0(1+\chi)\boldsymbol{E}=\varepsilon_0\varepsilon_S\boldsymbol{E}\\&=\varepsilon\boldsymbol{E}\quad〔\mathrm{C/m^2}〕\end{aligned} \tag{3.19}$$

ここで $\varepsilon_S=(\varepsilon/\varepsilon_0)$ であり，ε は**誘電率**(dielectric constant ; permittivity)，ε_S は**比誘電率**（relative permittivity ; specific dielectric constant）と呼ばれ，材料に特有の値を有している．表3.1にいくつかの材料の比誘電率の値を示す．誘電率の単位はこれより，ファラド／メートル〔F/m〕となる．

表3.1　おもな誘電体の比誘電率 ε_S の値

物　質	ε_S	物　質	ε_S
水素	1.000272	アルミナ	8.5
空気	1.000586	磁器	5.0〜6.5
酸素	1.000547	酸化チタン磁器	30〜80
窒素	1.000606	ガラス	3.5〜8.0
炭酸ガス	1.000985	液体酸素	1.51
変圧器油	2.2〜2.4	液体窒素	1.45
メチルアルコール	32.6	液体ヘリウム	1.048
エチルアルコール	25.8	木材	2〜3
蒸留水	81.07	紙	1.2〜2.6
ニトロベンゼン	34.8	チタン酸バリウム	250〜4500
生ゴム	2.3〜2.6	ロッシェル塩	200

式（3.17）より

$$\boldsymbol{E}=-\nabla\phi\quad〔\mathrm{V/m}〕 \tag{3.20}$$

この式と式 (3.19) を式 (3.16) に代入すると，ρを真電荷の体積密度として，真空中の式 (2.42) に対応して

$$\boxed{\nabla^2\phi=-\left(\frac{\rho}{\varepsilon}\right)} \tag{3.21}$$

となり，**誘電体中のポアソンの方程式**が得られる．ポアソンの方程式は，誘電体を含む静電界の解法において，最も基本的な役割をする重要な式の一つである．

【例題 3.1】

真空中におかれた半径 a，誘電率 ε である誘電体球内に，電荷 Q が体積密度 ρ で一様に分布しているとする．この時，任意の点の電位 ϕ，電界 $\boldsymbol{E}$，電束密度 $\boldsymbol{D}$，分極 $\boldsymbol{P}$ を求めよ．

［解］　誘電体球の内部と外部について分けて考える．

(1)　誘電体球の外部

球の中心 O より距離 r ($r \geqq a$) の点の電束密度 $\boldsymbol{D}$ は，O を中心とする半径 r の球面にガウスの法則を適用すれば，電束密度 $\boldsymbol{D}$ のその球面上における外向き半径 (r) 方向成分を D_r として，

$$4\pi r^2 D_r=Q \tag{3.22}$$

すなわち，

$$D_r=\frac{Q}{4\pi r^2} \tag{3.23}$$

となる．したがって，電界 $\boldsymbol{E}$ は，半径 r 方向の単位ベクトルを $\boldsymbol{r}_0$ として，式 (3.12) より，

$$\boldsymbol{E}=\frac{\boldsymbol{D}}{\varepsilon_0}=\frac{Q}{4\pi\varepsilon_0 r^2}\boldsymbol{r}_0 \tag{3.24}$$

また，電位 ϕ は例題 2.3 と同様にして，

$$\phi=\frac{Q}{4\pi\varepsilon_0 r} \tag{3.25}$$

となり，分極 $\boldsymbol{P}$ は式 (3.9) より，次式となる．

$$\boldsymbol{P}=\boldsymbol{D}-\varepsilon_0\boldsymbol{E}=0 \tag{3.26}$$

(2)　誘電体球の内部

同様に，球の中心Oから距離 r の球面にガウスの法則を適用すれば，

$$4\pi r^2 D_r = \frac{4}{3}\pi r^3 \rho = \frac{r^3}{a^3} Q \tag{3.27}$$

したがって，

$$D_r = \frac{Qr}{4\pi a^3} \tag{3.28}$$

となるので，電界 $\boldsymbol{E}$ は式（3.19）より，

$$\boldsymbol{E} = \frac{\boldsymbol{D}}{\varepsilon} = \frac{Qr}{4\pi\varepsilon a^3}\,\boldsymbol{r}_0 \tag{3.29}$$

となる．電位 ϕ は，

$$\phi = -\int_\infty^a E_r\,dr - \int_a^r E_r\,dr = \frac{Q}{4\pi}\left(\frac{1}{\varepsilon_0 a} + \frac{a^2 - r^2}{2\varepsilon a^3}\right) \tag{3.30}$$

分極 $\boldsymbol{P}$ は以下のように求められる．

$$\boldsymbol{P} = \boldsymbol{D} - \varepsilon_0 \boldsymbol{E} = \left(1 - \frac{\varepsilon_0}{\varepsilon}\right)\frac{Qr}{4\pi a^3}\,\boldsymbol{r}_0 \tag{3.31}$$

このように，誘電体球面上では，電界 $\boldsymbol{E}$ は不連続に変化するが，電位 ϕ は連続につながる．これを図3.4に示す．

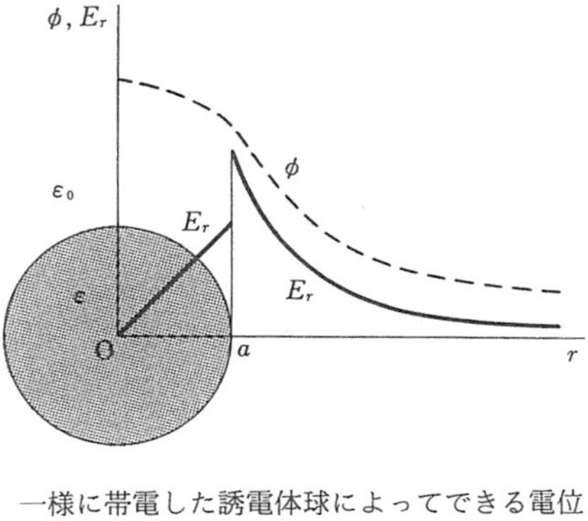

図3.4　一様に帯電した誘電体球によってできる電位と電界

3.2.2　誘電体の界面における境界条件

これまでに誘電体内部において成立する基本式を考えてきたが，二つの誘電体の境界面では，電界が不連続に変化するので，その間の関係を決めておく必要がある．

まず，誘電率がそれぞれε_1，ε_2である2種類の誘電体(1)，(2)の相接する境界面について考え，図3.5のようにその境界面Sを，これに垂直にきわめて薄い，ごく小さな長方形$ABCD$で取り囲み，これに沿って静電界の保存性を与える式(2.22)

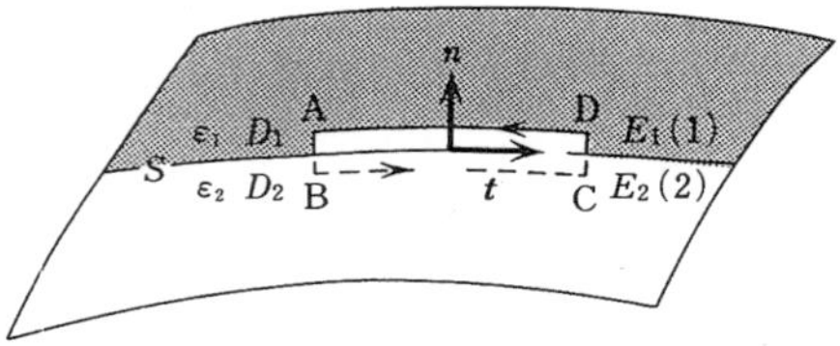

図3.5　異なる誘電体境界面における電界の接線成分に関する境界条件

$$\oint \boldsymbol{E}\cdot d\boldsymbol{l}=0 \tag{3.32}$$

を適用してみよう．媒質(1)中の境界面S上における電界，電束密度をそれぞれ$\boldsymbol{E}_1$，$\boldsymbol{D}_1$，同様に媒質(2)中のそれらを$\boldsymbol{E}_2$，$\boldsymbol{D}_2$とし，境界面$\boldsymbol{S}$に対する単位接線ベクトルを$\boldsymbol{t}$，S上において媒質(2)から(1)へ立てた単位法線ベクトルを$\boldsymbol{n}$とすれば，$\overline{AB}$，$\overline{CD}$は$\overline{BC}$，$\overline{DA}$に比べて充分小さいこと，および電界$\boldsymbol{E}$はAB，CD上で有界であることから，AB，CD上の積分を無視して，

$$\oint_{ABCDA} \boldsymbol{E}\cdot d\boldsymbol{l}=\boldsymbol{E}_2\cdot\boldsymbol{t}\,\overline{BC}-\boldsymbol{E}_1\cdot\boldsymbol{t}\,\overline{DA}=0 \tag{3.33}$$

であり，$\overline{BC}=\overline{DA}$であるので，

$$(\boldsymbol{E}_2-\boldsymbol{E}_1)\cdot\boldsymbol{t}\,\overline{DA}=0 \tag{3.34}$$

となり，

$$\boxed{\boldsymbol{E}_2\cdot\boldsymbol{t}=\boldsymbol{E}_1\cdot\boldsymbol{t}} \tag{3.35}$$

が得られる．すなわち，**二つの誘電体の境界面 S 上における電界 E_1，E_2 の接線成分 $E_1 \cdot t$，$E_2 \cdot t$ は相等しい**．

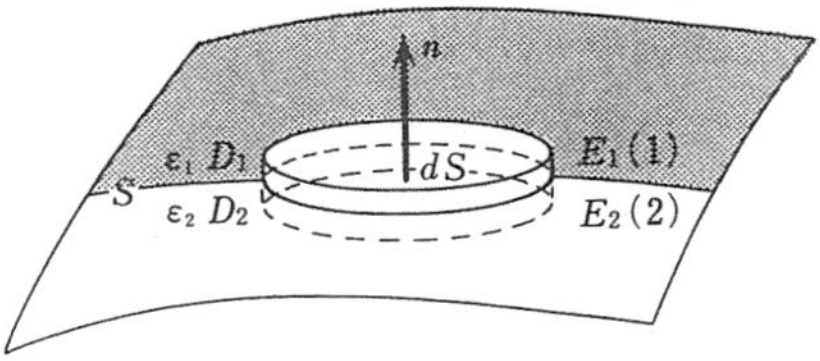

図 3.6　異なる誘電体境界面における電束密度の法線成分に関する境界条件

次に図 3.6 に示すように，境界面 S を，これに垂直に底面積が dS であるきわめて薄い仮想円筒で取り囲み，これにガウスの法則を適用すると，側面が底面に比べて充分小さいこと，および電束密度 $\boldsymbol{D}$ が側面上で有界であり，上下面 dS 上では一定とみなされることから，側面上の積分を無視して，

$$\oint \boldsymbol{D} \cdot d\boldsymbol{S} = \boldsymbol{D}_1 \cdot \boldsymbol{n} dS - \boldsymbol{D}_2 \cdot \boldsymbol{n} dS$$
$$= \omega dS \qquad (3.36)$$

となる．ただし，ω は境界面 S 上における面電荷密度である．したがって，

$$(\boldsymbol{D}_2 - \boldsymbol{D}_1) \cdot \boldsymbol{n} = -\omega \qquad (3.37)$$

すなわち，境界面 S 上における電束密度 $\boldsymbol{D}_1$，$\boldsymbol{D}_2$ の法線成分 $\boldsymbol{D}_1 \cdot \boldsymbol{n}$，$\boldsymbol{D}_2 \cdot \boldsymbol{n}$ の差，$(\boldsymbol{D}_2 - \boldsymbol{D}_1) \cdot \boldsymbol{n}$ は境界面 S 上における面電荷密度 ω に負符号をつけたものに等しい．

二つの誘電体の界面に電荷がなく，$\omega = 0$ の場合，

$$(\boldsymbol{D}_2 - \boldsymbol{D}_1) \cdot \boldsymbol{n} = 0 \qquad (3.38)$$

となる．したがって，

$$\boxed{\boldsymbol{D}_2 \cdot \boldsymbol{n} = \boldsymbol{D}_1 \cdot \boldsymbol{n}} \qquad (3.39)$$

となり，**誘電体境界面 S 上における電束密度 $\boldsymbol{D}_2$，$\boldsymbol{D}_1$ の法線成分 $\boldsymbol{D}_2 \cdot \boldsymbol{n}$，$\boldsymbol{D}_1 \cdot \boldsymbol{n}$ は相等しい**．ここで，特に媒質 (2) が導体であるとすると，$\boldsymbol{D}_2 = 0$ であることより，

$$\boldsymbol{D}_1 \cdot \boldsymbol{n} = D_{1n} = \omega \qquad (3.40)$$

すなわち，真空中では，$\boldsymbol{E}=(\omega/\varepsilon_0)$ となり，式（2.44）に対応している．

【例題 3.2】

図3.7に示すように，誘電率 ε_1，ε_2 の二つの誘電体が電荷のない界面で接しており，点Pにおいて誘電体（1）側の電界が E_1 で，その法線方向のなす角度が θ_1 であるとする．この時，点Pにおける誘電体（2）側の電界 E_2 と法線方向のなす角度 θ_2 を求めよ．

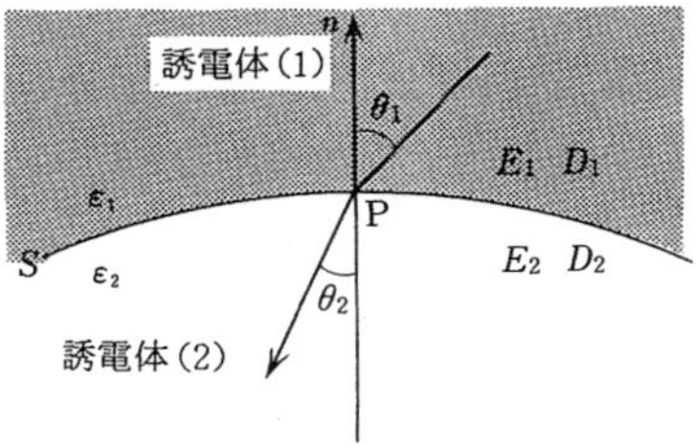

図3.7 異なる誘電体境界面における電気力線の屈折

［解］ 図3.7から式（3.35），および式（3.39）を適用して，

$$\left.\begin{aligned} E_1\sin\theta_1 &= E_2\sin\theta_2 \\ \varepsilon_1 E_1\cos\theta_1 &= \varepsilon_2 E_2\cos\theta_2 \end{aligned}\right\} \tag{3.41}$$

この両式より

$$\frac{\tan\theta_1}{\tan\theta_2}=\frac{\varepsilon_1}{\varepsilon_2} \tag{3.42}$$

となる．したがって，$\varepsilon_1>\varepsilon_2$ であるとき，$\theta_1>\theta_2$，また，上式より，$\theta_2>\theta_1$ ならば，$E_1>E_2$，$D_1<D_2$．すなわち，電界が誘電率の小さな誘電体から大きな誘電体に入ると，屈折角は大きくなり，電界 $\boldsymbol{E}$ は小さくなるが，逆に電束密度 $\boldsymbol{D}$ は大きくなる．ここで，誘電体(2)側の電界 $\boldsymbol{E}_2$ の大きさは，以下となる．

$$\begin{aligned} E_2 &= \sqrt{E_{2t}{}^2+E_{2n}{}^2} \\ &= \sqrt{(E_2\sin\theta_2)^2+(E_2\cos\theta_2)^2} \\ &= [(E_1\sin\theta_1)^2+((\varepsilon_1/\varepsilon_2)E_1\cos\theta_1)^2]^{1/2} \\ &= E_1[\sin^2\theta_1+((\varepsilon_1/\varepsilon_2)\cos\theta_1)^2]^{1/2} \end{aligned} \tag{3.43}$$

3.2.3 誘電体を含む場の電界

誘電体中に真空の空隙がある場合について考えてみる．まず，図3.8に示す

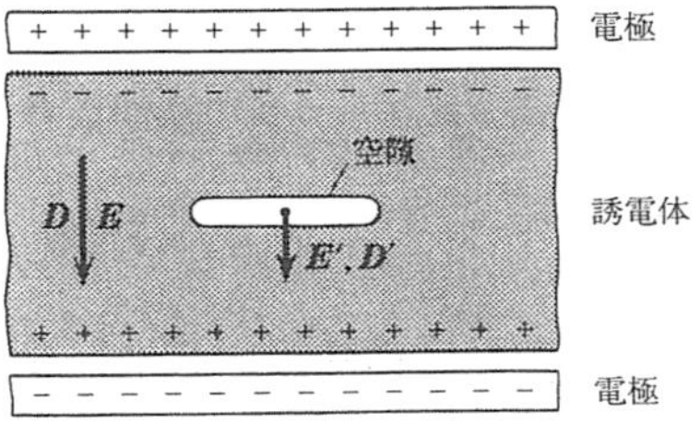

図 3.8 誘電体中の空隙の電界（電界に空隙が垂直な場合）

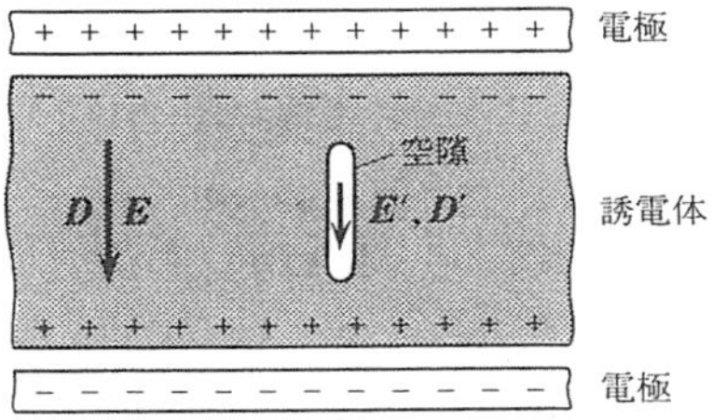

図 3.9 誘電体中の空隙の電界（電界に空隙が平行な場合）

ように薄い空隙が，誘電体中に電界 $\boldsymbol{E}$ の方向と直角にあるとする．式（3.39）の境界条件を適用とすると，空隙の内外で電束密度 $\boldsymbol{D}$ が等しくなるので，空隙内の電界 $\boldsymbol{E}'$ は，以下のようになる．

$$\boldsymbol{D}'=\boldsymbol{D} \tag{3.44}$$

$$\boldsymbol{E}'=(\varepsilon/\varepsilon_0)\boldsymbol{E} \tag{3.45}$$

すなわち，空隙内の電界は誘電率の比だけ大きくなる．一方，この空隙が図3.9に示すように電界$\boldsymbol{E}$の方向と平行にあるとすると，やはり境界条件，式（3.35）を用いて空隙内外の電界が等しくなるので，

$$\boldsymbol{E}'=\boldsymbol{E} \tag{3.46}$$

$$\boldsymbol{D}'=(\varepsilon_0/\varepsilon)\boldsymbol{D} \tag{3.47}$$

となる．すなわち，空隙内の電界は外部電界に等しく，電束密度は誘電率の比だけ小さくなる．

【例題 3.3】

誘電率 ε_1 の誘電体で満たされている平等電界 $\boldsymbol{E}_1$ 中の半径 a の球状誘電体（誘電率 ε_2）の電界を求めよ．

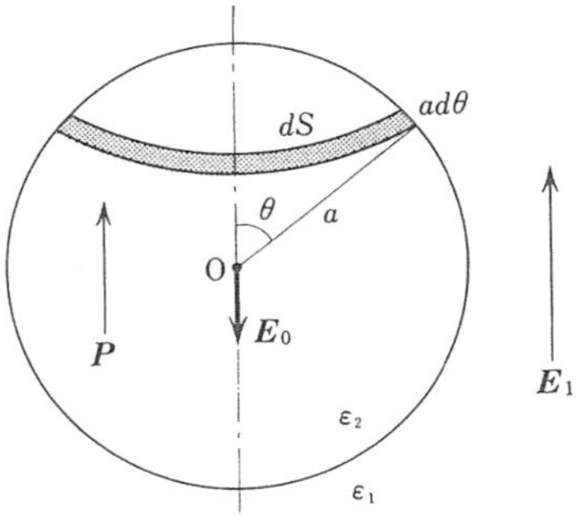

図 3.10 平等電界中に置かれた誘電体球

［解］ 図 3.10 に示した球面上のリング面積要素 $dS\,(=2\pi a^2 \sin\theta\, d\theta)$ に生じる分極電荷は，分極を $\boldsymbol{P}$ として，

$$P\cos\theta dS = P\cos\theta\ 2\pi a^2 \sin\theta d\theta \tag{3.48}$$

であり，この分極電荷が球の中心Oにつくる電界 dE_0 はクーロンの法則より，

$$dE_0 = \frac{P\cos\theta dS}{4\pi\varepsilon_0 a^2}\cos\theta = \frac{P\cos^2\theta\sin\theta d\theta}{2\varepsilon_0} \tag{3.49}$$

となる．したがって，球面上の全分極電荷による点Oの電界 E_0 は式（3.49）を θ について0から π まで積分して，

$$E_0 = \frac{\mathrm{P}}{2\varepsilon_0}\int_0^{\pi}\cos^2\theta\sin\theta d\theta = \frac{P}{3\varepsilon_0} \tag{3.50}$$

で与えられる．一方，分極電荷による電界 E_0 は外部電界 E_1 に対して逆の方向の電界となるので，点Oの電界 E は，

$$E = E_1 - E_0 = E_1 - \frac{P}{3\varepsilon_0} \tag{3.51}$$

となる．ここで分極 P は，分極率 χ が $\chi = (\varepsilon_2/\varepsilon_1) - 1$ で与えられることから，

$$P = \varepsilon_0\left(\frac{\varepsilon_2}{\varepsilon_0} - 1\right)E \tag{3.52}$$

となる．したがって，点Oの電界 E は，

$$E = E_1 - \frac{1}{3}\left(\frac{\varepsilon_2}{\varepsilon_1} - 1\right)E \tag{3.53}$$

これより，

$$E = \frac{3}{\dfrac{\varepsilon_2}{\varepsilon_1} + 2}E_1 \tag{3.54}$$

が得られる．すなわちこの式より，誘電体球の誘電率が大きいほど，内部の電界は小さくなることが分かる．また，これと逆に，誘電体中（比誘電率 ε_S）に球形の空隙（ボイド）がある場合では，式（3.53）において $\varepsilon_1 = \varepsilon_0\varepsilon_S$，$\varepsilon_2 = \varepsilon_0$ と置いて，

$$E = \frac{3\varepsilon_S}{2\varepsilon_S + 1}E_1 \tag{3.55}$$

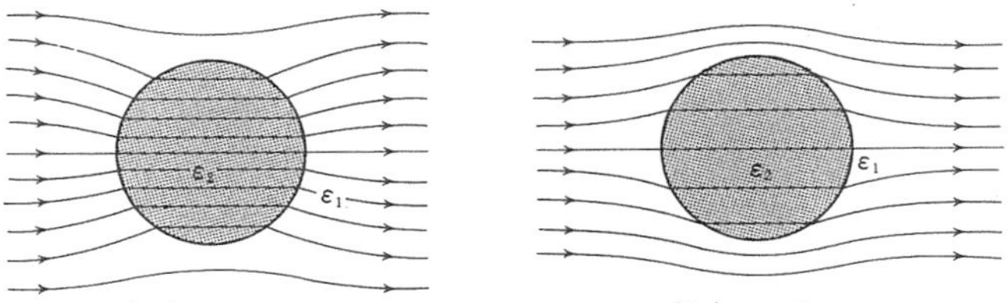

図 3.11　平等電界中に置かれた誘電体球の電束線

となり，空隙中の電界は外部電界 E_1 よりも大きくなる．図 3.11 に $\varepsilon_1 > \varepsilon_2$ および $\varepsilon_1 < \varepsilon_2$ のそれぞれの場合における電束線の様子を示す．

3.3　誘電体中に蓄えられるエネルギー

3.3.1　エネルギーとエネルギー密度

いくつかの帯電された導体と誘電体の存在する系に蓄えられる電界のエネルギーについて考えてみよう．導体表面上には面密度 ω，誘電体内には体積密度 ρ で電荷が分布しているとする．この時の電位を ϕ として，電位 ϕ にある導体表面の面素 dS，誘電体の体積素 dv の電荷密度をそれぞれ $d\omega$，$d\rho$ だけ増すのに必要な仕事 dW は，これらの電荷が有限な領域内に分布しているものとして無限遠点の電位を 0 とすれば，

$$dW = \phi d\omega dS + \phi d\rho dv \quad [\mathrm{J}] \tag{3.56}$$

である．したがって，系全体の導体表面上の面電荷密度，誘電体内の体積電荷密度をそれぞれ $d\omega$，$d\rho$ だけ増すのに必要とされる仕事 dW は，導体の個数を m として，

$$dW = \sum_{i=1}^{m} \oint_{S_i} \phi d\omega dS + \int_{V_\infty} \phi d\rho dv \quad [\mathrm{J}] \tag{3.57}$$

したがって，電界 $\boldsymbol{E}$，電束密度を $\boldsymbol{D}$ として，

$$\rho = \nabla \cdot \boldsymbol{D}$$

$$\boldsymbol{E} = -\nabla \phi$$

およびベクトル公式，

$$\nabla\cdot(\phi \boldsymbol{D})=\nabla\phi\cdot\boldsymbol{D}+\phi\nabla\cdot\boldsymbol{D}=-\boldsymbol{E}\cdot\boldsymbol{D}+\phi\rho$$

を考慮して，ρ を $d\rho$，$\boldsymbol{D}$ を $d\boldsymbol{D}$ とおいて変形すれば，

$$dW=\sum_{i=1}^{m}\oint_{S_i}\phi d\omega dS+\int_{V_\infty}[\nabla\cdot(\phi d\boldsymbol{D})+\boldsymbol{E}\cdot d\boldsymbol{D}]dv$$

$$=\sum_{i=1}^{m}\oint_{S_i}\phi d\omega dS+\sum_{i=1}^{m}\oint_{S_i}\phi d\boldsymbol{D}\cdot d\boldsymbol{S}$$

$$+\oint_{S_\infty}\phi d\boldsymbol{D}\cdot d\boldsymbol{S}+\int_{V_\infty}\boldsymbol{E}\cdot d\boldsymbol{D}dv \quad \text{〔J〕} \tag{3.58}$$

となる．ここで，$d\omega=-d\boldsymbol{D}\cdot\boldsymbol{n}$ より右辺第 1 項，第 2 項は相殺し，第 3 項はその大きさを無限遠点にまでひろげると面積分が 0 となるので，この式は，

$$dW=\int_{V_\infty}\boldsymbol{E}\cdot d\boldsymbol{D}dv \quad \text{〔J〕} \tag{3.59}$$

と簡単になる．すなわち，いま考えている全系の導体表面の面電荷密度を $d\omega$，誘電体内の体積電荷密度を $d\rho$ だけ増すことによって，系の単位体積当たりに蓄えられる電界のエネルギー du は，

$$du=\boldsymbol{E}\cdot d\boldsymbol{D} \quad \text{〔J/m}^3\text{〕} \tag{3.60}$$

となる．したがって，電界 $\boldsymbol{E}$，電束密度 $\boldsymbol{D}$ である誘電体内に蓄えられる電界の全エネルギー U_e は，V を誘電体の体積として，

$$U_e=\int_V\int_0^D\boldsymbol{E}\cdot d\boldsymbol{D}dv \quad \text{〔J〕} \tag{3.61}$$

と得られる．誘電体が等方媒質の時には，誘電体の誘電率を ε とすれば，$\boldsymbol{D}=\varepsilon\boldsymbol{E}$ より $d\boldsymbol{D}=\varepsilon d\boldsymbol{E}$ であるから，

$$\boxed{U_e=\frac{1}{2}\varepsilon\int_V\boldsymbol{E}^2dv=\frac{1}{2\varepsilon}\int_V\boldsymbol{D}^2dv=\frac{1}{2}\int_V\boldsymbol{E}\cdot\boldsymbol{D}dv \quad \text{〔J〕}} \tag{3.62}$$

となる．したがって，単位体積当たりに蓄えられる電界のエネルギー u_e は，

$$u_e=\frac{1}{2}\boldsymbol{E}\cdot\boldsymbol{D}=\frac{\varepsilon}{2}\boldsymbol{E}^2=\frac{\boldsymbol{D}^2}{2\varepsilon} \quad \text{〔J/m}^3\text{〕} \tag{3.63}$$

となる．この式によれば，**空間に蓄えられているエネルギー密度は，その点の**

電界の2乗に比例し，また同じ電界なら，誘電体の誘電率が大きいほど多くのエネルギーを蓄えていることになる．

【例題 3.4】

誘電率 ε の誘電体中に半径 a の帯電球導体がある．このとき，導体の電位を V，静電容量を C とするとき，この導体の持つ静電エネルギーについて次式が成立することを示せ．

$$\frac{1}{2}CV^2=\int_V \frac{1}{2}\varepsilon E^2 dv \quad \text{〔J〕} \tag{3.64}$$

［解］ 導体の電荷を Q とするとき，導体中心から距離 r（$>a$）の点における電界 E は，

$$E=\frac{Q}{4\pi\varepsilon r^2} \tag{3.65}$$

で表され，体積要素 dv を半径 r，厚さ dr の球殻にとると，$dv=4\pi r^2 dr$ であるので，

$$\int_V \frac{1}{2}\varepsilon E^2 dv=\frac{1}{2}\varepsilon\int_a^\infty\left(\frac{Q}{4\pi\varepsilon r^2}\right)^2 dv$$

$$=\frac{Q^2}{8\pi\varepsilon}\int_a^\infty \frac{1}{r^2}dr=\frac{Q^2}{8\pi\varepsilon a} \tag{3.66}$$

となる．ここで，$V=(Q/4\pi\varepsilon a)$，$Q=CV$ を代入して，次式となる．

$$\int_V \frac{1}{2}\varepsilon E^2 dv=\frac{1}{2}QV=\frac{1}{2}CV^2$$

3.3.2　トムソンの定理（Thomson's theorem）

トムソンの定理：電束密度 *D* は，誘電体中に蓄えられる電界のエネルギーが最小になるような分布をする．

このトムソンの定理は以下のように証明される．図 3.12 のような帯電された m 個の導体と，それらをとりまく誘電体とからなる系において，導体（i）

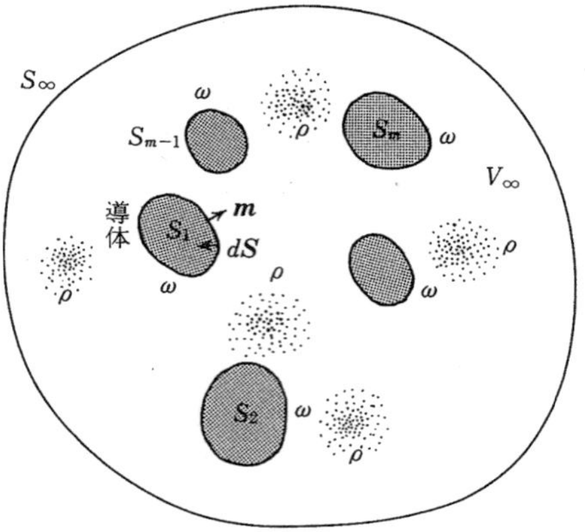

図 3.12　帯電した導体と誘電体からなる系

の表面上の全面電荷を Q_i とすれば，$\boldsymbol{D}$ をそこの電束密度として式(3.10)より，

$$Q_i = \oint_{S_i} \boldsymbol{D} \cdot d\boldsymbol{S} \quad (i=1, 2, \cdots m) \tag{3.67}$$

となる．また，誘電体内においては式 (3.16)，(3.19) より，

$$\nabla \cdot \boldsymbol{D} = \rho \tag{3.68}$$

$$\boldsymbol{D} = \varepsilon \boldsymbol{E} \tag{3.69}$$

であり，また静電界 $\boldsymbol{E}$ に対してはさらに，

$$\boldsymbol{E} = -\nabla \phi \tag{3.70}$$

$$\nabla \times \boldsymbol{E} = 0 \tag{3.71}$$

が成立し，導体表面では電位 ϕ =一定である．

ここで，$\boldsymbol{E}'$，$\boldsymbol{D}'$ を上の式(3.67)，(3.68)，(3.69) は満足するが，式(3.70)，(3.71) は満足しない仮想的な電界として，

$$\boldsymbol{E}'' = \boldsymbol{E}' - \boldsymbol{E} \tag{3.72}$$

$$\boldsymbol{D}'' = \boldsymbol{D}' - \boldsymbol{D} \tag{3.73}$$

とおけば，式 (3.67)，(3.68)，(3.69) よりそれぞれ，

$$\oint_{S_i} \boldsymbol{D}'' \cdot d\boldsymbol{S} = 0 \quad (i=1, 2, \cdots m) \tag{3.74}$$

$$\nabla\cdot\boldsymbol{D}''=\nabla\cdot\boldsymbol{D}-\nabla\cdot\boldsymbol{D}'=\rho-\rho=0 \tag{3.75}$$

$$\boldsymbol{D}''=\varepsilon\boldsymbol{E}'' \tag{3.76}$$

となる．したがって，電界$\boldsymbol{E}'$により系に蓄えられる電界のエネルギーをU'，同様に$\boldsymbol{E}$，$\boldsymbol{E}''$の持つ電界のエネルギーをそれぞれU，U''とすれば，

$$U'=\frac{1}{2}\int\boldsymbol{E}'\cdot\boldsymbol{D}'\,dv=\frac{1}{2}\int(\boldsymbol{E}+\boldsymbol{E}'')\cdot(\boldsymbol{D}+\boldsymbol{D}'')\,dv$$

$$=\frac{1}{2}\int\boldsymbol{E}\cdot\boldsymbol{D}dv+\frac{1}{2}\int\boldsymbol{E}''\cdot\boldsymbol{D}''dv+\frac{1}{2}\int(\boldsymbol{E}\cdot\boldsymbol{D}''+\boldsymbol{E}''\cdot\boldsymbol{D})dv \tag{3.77}$$

ここで，$\boldsymbol{E}\cdot\boldsymbol{D}''+\boldsymbol{D}\cdot\boldsymbol{E}''=\boldsymbol{E}\cdot\boldsymbol{D}''+\varepsilon\boldsymbol{E}\cdot\boldsymbol{D}''/\varepsilon=2\boldsymbol{E}\cdot\boldsymbol{D}''$であるから，

$$U'=U+U''+\int\boldsymbol{E}\cdot\boldsymbol{D}''dv$$

しかしながら，式（3.70），（3.71），（3.75），（3.76）を用い，また導体（i）の表面上では静電界$\boldsymbol{E}$の持つ電位ϕ_iが一定であることを考慮して変形すると，ガウスの定理，式（1.32）より，この系を取り囲む十分大きな閉曲面をS_∞として，

$$\int\boldsymbol{E}\cdot\boldsymbol{D}''dv=-\int\nabla\cdot(\phi\boldsymbol{D}'')dv=-\sum_{i=1}^{m}\oint_{S_i}\phi\boldsymbol{D}''\cdot d\boldsymbol{S}-\oint_{S_\infty}\phi\boldsymbol{D}''\cdot d\boldsymbol{S}$$

$$=-\sum_{i=1}^{m}\phi_i\oint_{S_i}\boldsymbol{D}''\cdot d\boldsymbol{S}-\oint_{S_\infty}\phi\boldsymbol{D}''\cdot d\boldsymbol{S} \tag{3.78}$$

となる．ここで，式（3.74）によれば，上式右辺第1項は0で，また第2項も式（3.58）の右辺の第3項と同じで0となるから，

$$U'=U+U'' \tag{3.79}$$

一方，

$$U''=\frac{1}{2}\int\varepsilon\boldsymbol{E}''^2dv>0 \tag{3.80}$$

であり，したがって，

$$U'>U \tag{3.81}$$

これより，静電界の持つ電界のエネルギーUは，他の仮想的な電界$\boldsymbol{E}'$の持つ

電界のエネルギー U' よりもつねに小さい．すなわち，**静電界とは，それの持つ電界のエネルギーが最小であるような電荷分布をしたものである**ということができる．

3.4　誘電体の境界面に働く静電力

3.4.1　電界が境界面に垂直に作用する時

図3.13に示すように，誘電率 ε_1，ε_2 の2種類の充分広い誘電体の境界面に垂直に電界が作用する場合では，電界 $\boldsymbol{E}$ および電束密度 $\boldsymbol{D}$ は，境界面を直進する．誘電体界面に働く力を**仮想変位の方法**で求めるため，まず図3.13のように，力を受けて境界面が Δx だけ電界の方向に変位したとする．境界面の単位面積当たりのエネルギーの変化 ΔU は，誘電体の境界条件より，

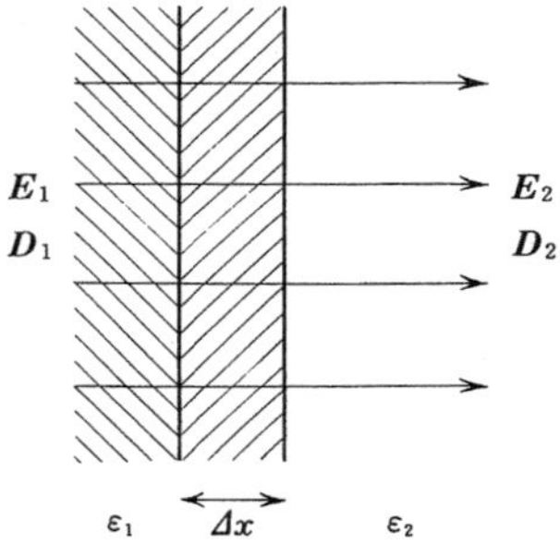

図3.13　電界が誘電体境界面に垂直に作用する時

$$D = D_1 = D_2$$

であることを考慮して，

$$\Delta U = \frac{1}{2}(E_1 D_1 - E_2 D_2)\Delta x = \frac{1}{2}\left(\frac{1}{\varepsilon_1} - \frac{1}{\varepsilon_2}\right)D^2 \Delta x \quad \text{〔J〕} \qquad (3.82)$$

となる．境界面の単位面積当たりに働く力を F とすると，電荷一定の場合の式（2.61）より，

$$F = -\frac{\Delta U}{\Delta x} = \frac{1}{2}\left(\frac{1}{\varepsilon_2} - \frac{1}{\varepsilon_1}\right)D^2 \quad \text{〔N〕} \qquad (3.83)$$

となる．すなわち，ここで $\varepsilon_1 > \varepsilon_2$ ならば $F > 0$ となり，誘電率の大きい方の誘電体が，小さい方に引きこまれるような力が作用することが分かる．

3.4.2　電界が境界面に平行に作用する時

図3.14に示すように，充分広い平行平板導体間に誘電率ε_1，ε_2の2種類の誘電体があり，電界が誘電体の境界面に平行に働く場合について考えてみよう．やはり，仮想変位の方法を用いる．この場合も境界面において式(3.82)が成立するが，境界条件より，

$$E = E_1 = E_2$$

とおくと，

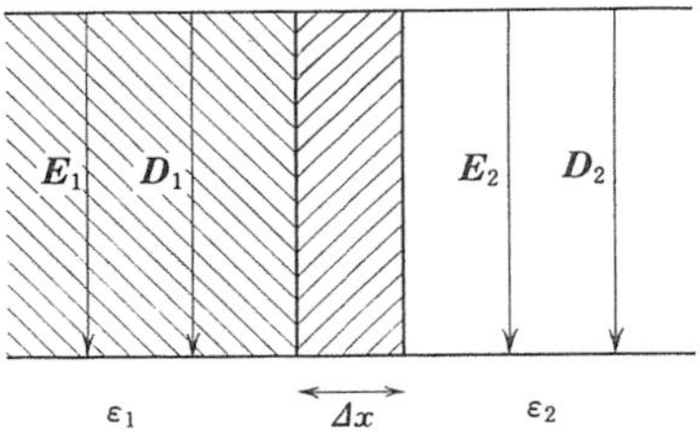

図3.14　電界が誘電体境界面に平行に作用する時

$$\Delta U = \frac{1}{2}(E_1 D_1 - E_2 D_2)\Delta x$$

$$= \frac{1}{2}(\varepsilon_1 - \varepsilon_2)E^2 \Delta x \quad \text{〔J〕} \qquad (3.84)$$

となり，したがって，単位面積当たりの力Fは，電位差一定の式(2.64)より，

$$F = \frac{\Delta U}{\Delta x} = \frac{1}{2}(\varepsilon_1 - \varepsilon_2)E^2 \quad \text{〔N〕} \qquad (3.85)$$

と得られる．この場合についても同様に，もし$\varepsilon_1 > \varepsilon_2$ならば$F > 0$となり，誘電率の大きい方の誘電体が，小さい方に引きこまれるような力が作用することが分かる．

【例題3.5】

図3.15に示すように，平行平板コンデンサの中に誘電体（誘電率ε）が部分的に長さxだけ挿入されている場合に働く力を求めよ．

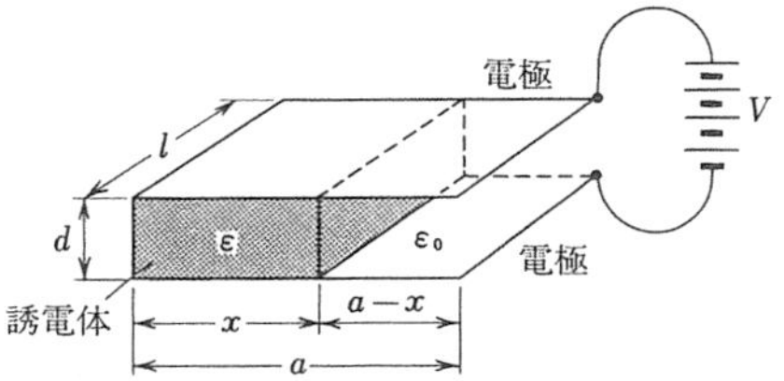

図3.15　誘電体の挿入された平行平板コンデンサ

［解］　ここでも仮想変位の方法で水平方向に働く力 F を求めてみよう．まず，図 3.15 で示したコンデンサの静電容量 C は，

$$C=\frac{\varepsilon l x}{d}+\frac{\varepsilon_0 l(a-x)}{d}$$

$$=\frac{l}{d}\{x\varepsilon+(a-x)\varepsilon_0\}\quad \text{〔F〕} \tag{3.86}$$

となる．このときのエネルギー W は，$W=(1/2)CV^2$ となり，したがって誘電体に働く力 F は，印加電圧 V を一定として，

$$F=\frac{\partial W}{\partial x}=\frac{1}{2}\frac{d}{dx}(CV^2)=\frac{V^2}{2}\frac{dC}{dx}$$

$$=\frac{V^2}{2}\frac{l}{d}(\varepsilon-\varepsilon_0)\quad \text{〔N〕} \tag{3.87}$$

すなわち，$\varepsilon>\varepsilon_0$ として，$F>0$ となり，誘電率 ε の物質が誘電率の小さい物質（ε_0）の方へ引きこまれる力が働くことになる．式（3.87）は，電荷 Q を一定としても求めることができる．

3.4.3　マックスウェルの応力

二つの点電荷 $+q$，$-q$ の間に図 3.16 のような 1 本の電気力線管をとって考

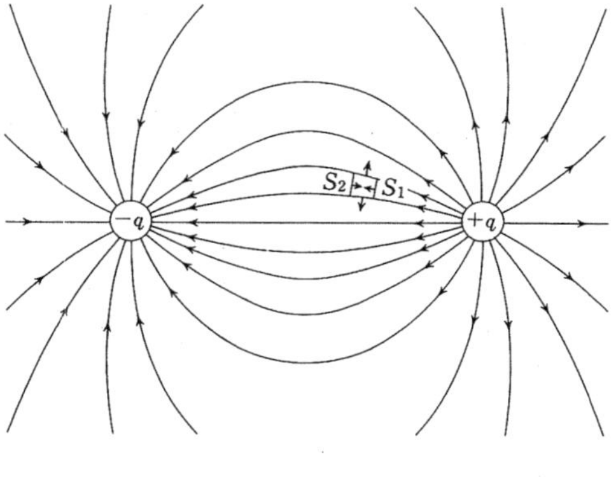

図 3.16　二つの点電荷間の電気力線管に働くひずみ力

える．ガウスの法則によれば電束線は，$+q$ の電荷から発して $-q$ の電荷に到達する．その間の電束線は連続であり，電気力線管の中ではどの断面をみても，電束線の数は一定となっている．その電気力線管の一つの断面 S_1 には，点電荷 $-q$ が $+q$ を引っ張ろうとする力が，また他の断面 S_2 には，点電荷 $+q$ が $-q$ を引っ張ろうとする力が働く．

一方，電気力線管の側面には互いに隣合う電気力線管を押しつけるような力が作用し，平衡状態が保たれている．このような応力を**マックスウェルの応力** (Maxwell's stress) という．この力は3次元的なテンソル応力解析で求められるもので，いずれも単位面積当たり（$\boldsymbol{E}\cdot\boldsymbol{D}/2$）である．この力によっても 3.4.1，3.4.2 項で示した力 F を求めることができる．

3.5 静電界の解法

3.5.1 基 本 式

静電界を決定している基本式は，次のポアソンの方程式である．

$$\nabla^2\phi = -\rho/\varepsilon \tag{3.88}$$

ここで，ϕ は電位，ρ は真電荷密度，ε は誘電率である．真電荷密度がない，すなわち $\rho=0$ の領域においては，次のラプラスの方程式が成立する．

$$\nabla^2\phi = 0 \tag{3.89}$$

ポアソン，あるいはラプラスの方程式を与えられた境界条件のもとで解くことによって電位 ϕ が得られ，電界 $\boldsymbol{E}$ は，

$$\boldsymbol{E} = -\nabla\phi \tag{3.90}$$

によって求めることができる．

一方，境界条件としては次の二つを満たす必要がある．

（i） 導体の電位はそれぞれ一定である．

（ii） 誘電体の境界面においては，電界の接線方向成分と電束密度の法線方向成分がそれぞれ連続である．

静電界の解法においては，この式（3.88），（3.89）で表されるポアソンやラ

プラスの方程式をいかに解くかが問題となる．ラプラシアン∇^2が直角座標系，円筒座標系，球座標系でどのような形で表されるかについては，式（1, 48)，(1. 60)，（1. 66）に示してある．これらを解析的に解く手法としては，座標変換，影像法，等角写像法などがあるが，いずれも解が得られるのは特殊な場合に限られている．したがって，一般的にこれを解くためには，数値解析手法を用いることになる．

以下においては，解の唯一性について述べた後，解析的手法の中で比較的よく用いられる影像法と，汎用的に用いられている数値解析法について説明する．

3. 5. 2　解の唯一性

2. 6. 2 項で述べたように，ポアソン，ラプラスの方程式は，与えられた境界条件のもとではただ一つの解をもつ．この解の唯一性を証明しよう．

まず，ポアソンの方程式を満たす解がϕ_1，ϕ_2と二つあったとしよう．したがって，

$$\nabla^2\phi_1=-\frac{\rho}{\varepsilon} \tag{3.91}$$

$$\nabla^2\phi_2=-\frac{\rho}{\varepsilon} \tag{3.92}$$

となり，境界S上で同じ値$\phi_1=\phi_2$をとるものとする．

上の 2 式の差をとれば，二つの解の差$\phi_d=\phi_1-\phi_2$はラプラスの方程式を満足し$\nabla^2\phi_d=0$，また，S上では境界条件$\phi_d=0$を満たすことが分かる．ここでベクトル公式から，

$$\nabla\cdot(\phi_d \boldsymbol{A})=\phi_d\nabla\cdot\boldsymbol{A}+\boldsymbol{A}\cdot\nabla\phi_d \tag{3.93}$$

であり，$\boldsymbol{A}=\nabla\phi_d$を入れ，$\nabla^2\phi_d=0$を用いると，

$$\nabla\cdot(\phi_d\nabla\phi_d)=\phi_d\nabla^2\phi_d+|\nabla\phi_d|^2=|\nabla\phi_d|^2 \tag{3.94}$$

となる．したがって，領域全体Vについてこれを積分し，S上で$\phi_d=0$を用いると，

$$\int_V \nabla\cdot(\phi_d \nabla\phi_d)dv=\oint_S \phi_d \nabla\phi_d\cdot d\boldsymbol{S}=\int_V |\nabla\phi_d|^2 dv=0 \tag{3.95}$$

すなわち，領域内のいたるところで $\nabla\phi_d=0$ でなければならない．つまり，ϕ_d は一定値を示し，かつ S 上で $\phi_d=0$ であるので，結局この領域内いたるところで $\phi_d=0$ となる．これより，

$$\phi_1=\phi_2 \tag{3.96}$$

したがって，解は唯一に決定することになる．

3.5.3 影　像　法

導体や誘電体がある特別な形状をしているときには，以下で述べる**影像法** (method of images) と呼ばれる解析手段がきわめて有効である．まず図3.17に示すように，無限大の接地平面 BB' から距離 a にある正の点電荷 $+q$ を考える．この場合の $x>0$ における任意の点の電位は，ラプラスの方程式を解かなくても，影像法を用いて次のように容易に解を得ることができる．

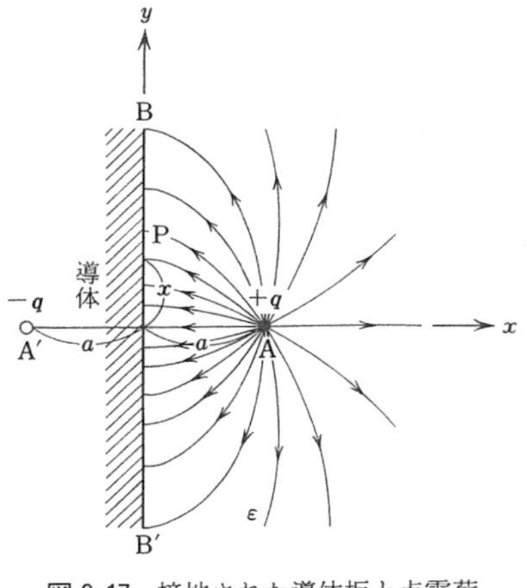

図 3.17 接地された導体板と点電荷

境界条件としては，平板（$x=0$）は接地されているから，

$$\phi(0,y,z)=0 \quad 〔\mathrm{V}〕 \tag{3.97}$$

でなければならない．これを満たす解を求めるため，接地導体板を取り去って，$x=-a$（点A′）に $-q$ の負電荷をおく．この電荷は，$x=a$（点A）における正電荷 $+q$ と鏡像の関係にあるので，影像電荷と呼ばれる．これらの電荷によって誘起される合成の電位 ϕ は，

$$\phi(x,y,z)=\frac{q}{4\pi\varepsilon_0}\left\{\frac{1}{\sqrt{(x-a)^2+y^2+z^2}}-\frac{1}{\sqrt{(x+a)^2+y^2+z^2}}\right\} \quad 〔\mathrm{V}〕 \tag{3.98}$$

となり，これより平面（$x=0$）では電位が0を満足する．したがって，$x>0$ における式（3.98）の電位は解の唯一性から，接地導体面があるときの電位とまったく同一である．

そして電界 $\boldsymbol{E}$ は，

$$\boldsymbol{E}=-\nabla\phi \quad \text{〔V/m〕} \tag{3.99}$$

によって求められる．

以下代表的な事例について影像法による解法を試みる．

(a)　接地された角にある点電荷による電位

図3.18に示すように，十分広い直交接地導体板の間の1点A（$a, b, 0$）に点電荷 q がおかれているとき，q を含み導体板と直交する xy 平面上の x，y 軸上に誘起される誘導面電荷の面密度を求めてみよう．

導体板 Ox，Oy に関して面対称な点Aの影像電荷を図3.18のようにB, C, Dにおくと，それぞれの電荷は $-q, q, -q$ となる．したがって，四つの点A, B, C, Dからそれぞれ r_1, r_2, r_3, r_4 の距離にある xy 平面上の点Pの電位 ϕ は，空間の誘電率を ε として，

$$\phi=\frac{q}{4\pi\varepsilon}\left(\frac{1}{r_1}-\frac{1}{r_2}+\frac{1}{r_3}-\frac{1}{r_4}\right) \quad \text{〔V〕} \tag{3.100}$$

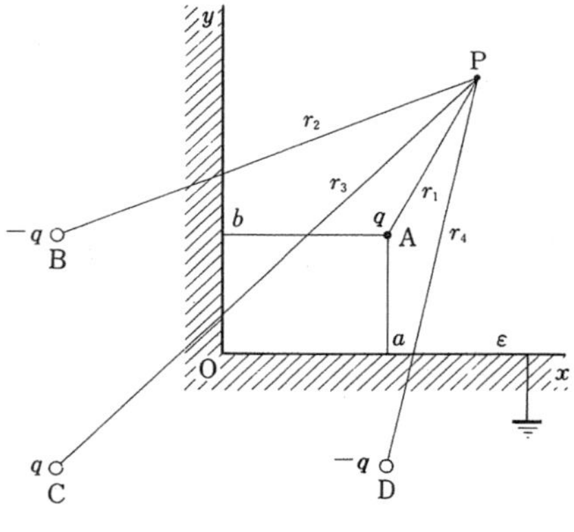

図3.18　接地された導体角にある点電荷による電位

となる．この式から分かるように，Ox 面上では，$r_1=r_4$，$r_2=r_3$ で電位 $\phi=0$，また，Oy 面上では，$r_1=r_2$，$r_3=r_4$ で電位 $\phi=0$ となるから，点Aを含む第一象限内の電界は，導体板を取り去って点電荷 q とこれらの三つの影像電荷によって生じる電界でおきかえることができる．

xOy 上の面電荷密度を求めるため，xy 平面内の電界のみについて考えれば，Oy 上の面電荷密度 ω_y は式（3.40）より，

$$\boldsymbol{D}_1\cdot\boldsymbol{n}=D_{1n}=\omega \quad 〔\mathrm{C/m^2}〕 \tag{3.101}$$

したがって，

$$\omega_y=-\varepsilon\left(\frac{\partial\phi}{\partial x}\right)_{x=0}=-\frac{aq}{2\pi}\left(\frac{1}{r_1^3}-\frac{1}{r_3^3}\right) \quad 〔\mathrm{C/m^2}〕 \tag{3.102}$$

と求めることができる．同様に Ox 上の面電荷密度 ω_x は，式(3.103)となる．

$$\omega_x=-\varepsilon\left(\frac{\partial\phi}{\partial y}\right)_{y=0}=-\frac{bq}{2\pi}\left(\frac{1}{r_1^3}-\frac{1}{r_2^3}\right) \quad 〔\mathrm{C/m^2}〕 \tag{3.103}$$

(b) 接地された導体球と点電荷

図3.19に示すように，半径が a である接地導体球の中心Oから距離 d にある点Aに，点電荷 q がおかれている場合の電界 E を求めてみよう．

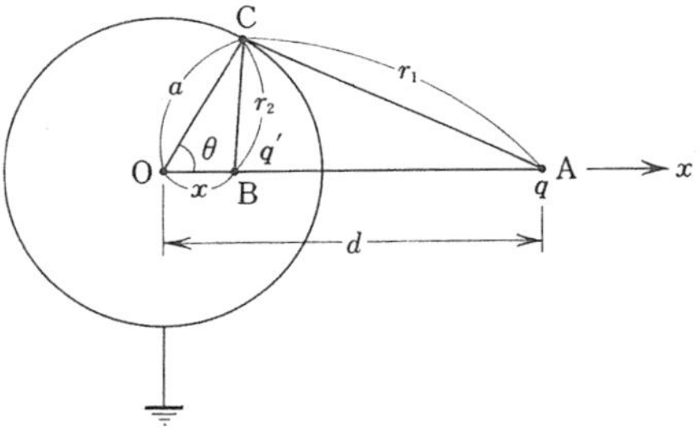

図3.19 接地された導体球と点電荷

まず，Ox 軸上でOから x の距離の点Bに影像電荷 q' をおくことを考える．球面上で電位 $\phi=0$ を満足するように影像電荷の q' および x を決定すればよい．ここで，図3.19のように球面上の任意の点Cをとり，距離 CA，CB をそれぞれ r_1，r_2 とすると，点Cにおける電位 ϕ_C は，次の式（3.104）を満たす必要がある．

$$\phi_C=\frac{1}{4\pi\varepsilon_0}\left(\frac{q}{r_1}+\frac{q'}{r_2}\right)=0 \quad 〔\mathrm{V}〕 \tag{3.104}$$

ここで，$\angle AOC$ を θ とすると上記の条件は，

$$\frac{q}{\sqrt{d^2+a^2-2ad\cos\theta}}+\frac{q'}{\sqrt{a^2+x^2-2ax\cos\theta}}=0 \tag{3.105}$$

となり，$\theta=0$ および $\theta=\pi$ において，

$$\frac{q}{d-a}+\frac{q'}{a-x}=0, \quad \frac{q}{d+a}+\frac{q'}{a+x}=0$$

となる．これより，

$$q'=-\frac{a}{d}q, \quad x=\frac{a^2}{d} \tag{3.106}$$

と得られるので，このような q とそれに対する影像電荷 q' を，

$$x=\frac{a^2}{d} \quad \text{〔m〕} \tag{3.107}$$

の位置におくことによって，球導体を取り除くことができる．

(c)　帯電導体球と接地平板

図 3.20 に示すように，帯電した導体球が広い接地平板に面しているときを考える．ここでは影像法の繰り返しによって解いてみよう．まず，電荷 q_0 が

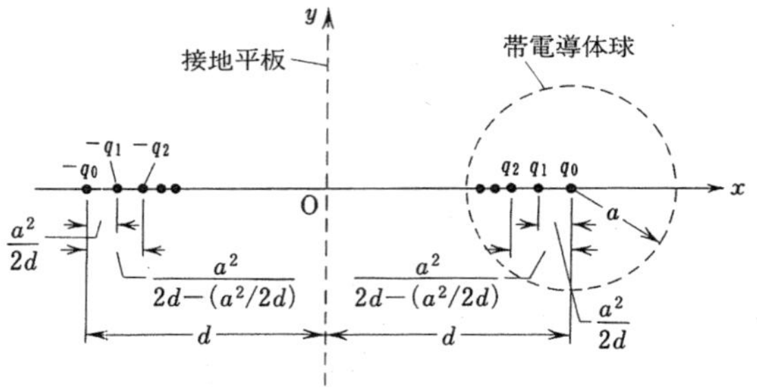

図 3.20　帯電導体球と接地平板

球の中心にあるとする．ここで q_0 とその影像電荷である $-q_0$ とによって，導体球および接地平板の両者をつくることを考える．

しかしながら，yz 面から d，$-d$ 離れた距離におかれた q_0，$-q_0$ の二つの電荷では，接地平板の等電位性は満たされるが，球の等電位性は崩れる．したがって，式 (3.107) より，球電極内の $(d-(a^2/2d),\ 0)$ の位置に新たに電荷 $q_1=(a/2d)q_0$ をおく．すると，この影像電荷として，$(-d+(a^2/2d),\ 0)$ に $-q_1$ の電荷がおかれる．このようにして，影像法が連続的に適用され，球電

極内に $(q_1, q_2, q_3, \cdots)$ という一つの電荷群ができ，一方，影像電荷群として，$(-q_1, -q_2, -q_3, \cdots)$ ができる．ここに，

$$q_1 = \frac{a}{2d} q_0 \quad \text{〔C〕} \tag{3.108}$$

$$q_2 = \frac{a}{2d - \dfrac{a^2}{2d}} q_1 \quad \text{〔C〕} \tag{3.109}$$

ここで，$\gamma = (a/2d)$ とおくと，

$$q_1 = \gamma q_0$$

$$q_2 = \gamma^2/(1-\gamma^2) q_0$$

と得られ，球電極内の全電荷 q は，式(3.110)となる．

$$\begin{aligned} q &= q_0 + q_1 + q_2 + \cdots \\ &= q_0 \left(1 + \gamma + \frac{\gamma^2}{1-\gamma^2} + \cdots\right) \quad \text{〔C〕} \end{aligned} \tag{3.110}$$

3.5.4　数値解法（numerical method）

コンピュータの発達とともに数値電界解析手法の開発も進められ，いまでは 2 次元・軸対称場の複雑な電界解析が，ほぼ完全に行えるまでになっている．一般の 3 次元場については，未知数が多くなるため，コンピュータメモリ制限から十分な精度ではないが，いくつかの手法が提案されている．

2 次元や軸対称 3 次元場で用いられる数値解析法には，**有限要素法**（finite element method）や**電荷重畳法**（charge simulation method）などの手法があり，それぞれがそれぞれの有する計算原理に基づいた特徴を持っている．

したがって，これらの適用に当たっては，特徴に適合した使用法をすることが望ましく，誤差の発生要因などについても充分な理解が必要である．また，これらの特徴は絶対的なものではなく，対象場によってもいくらかは影響を受け，一概にはいえない部分もあるが，ごく一般的にまとめると表 3.2 に示すようになる．

表 3.2　数値電界解析法の種類と特徴

		領域計算法		境界計算法	
		差分法 (FDM)	有限要素法 (FEM)	電荷重畳法 (CSM)	表面電荷法 (SCM)
計算上の特徴	計算原理	全体場を格子点に分割し，各格子点の電位をテーラー展開し，差分方程式に直してラプラスの方程式を解く	全体場を有限個の要素に分割し，エネルギー最小原理を用いて等価的にラプラス方程式を解く	電極内あるいは誘電体内に置いた仮想電荷により誘起される電位を重畳し境界条件と併せて解く	電極あるいは誘電体境界面上に置いた表面電荷により誘起される電位を重畳し，境界条件で解く
	未知数	全体場の格子点電位	全体場の要素の各節点電位	仮想電荷量	表面電荷密度
	未知数の数	数 100〜数 10000		数 10〜約 1000	
	係数マトリクス	ほとんどの項が 0		非対称でほとんどの項が 0 でない	
	方程式の解法	直接法，元数が多い時は反復法		直接法	
	電界強度の計算	電位を数値微分	電位近似関数の微分	電荷量および電界係数より解析的に計算	電位の数値微分か電荷より計算
用いる場の特徴	部分場および開いた空間	不向	不向	適している	適している
	多媒質場	適用できるが形状によっては不向	適している	2 媒質まで	適している
	薄い電極場あるいは薄い誘電体場	適している	適している	内部に仮想電荷を置く必要があり不向	適している
	空間電荷場	不向	適している	不向	不向
	非均質あるいは非線形場	不向	適している	不向	不向

表 3.2 においては，有限要素法のように対象とする計算領域全体を分割して計算する必要のある**領域計算法**と，電荷重畳法のように境界のみを分割して計算することのできる**境界計算法**とに分けることができる．ここでは，実際に多く用いられている使用範囲の広い有限要素法と，原理が簡単で精度が優れている電荷重畳法について説明しよう．

(a)　有限要素法

有限要素法は表 3.2 にみられるように，差分法などとともに，計算対象の領域全体を分割して計算する手法であり，領域計算法と呼ばれている．有限要素法においては，計算対象領域全体を三角形や四角形などのある大きさの要素に分割し，その要素内で電位を簡単な関数で近似し，全体領域について重ね合わせ，境界条件を満足するように各要素の節点の電位を決定する手法である．その過程においては，領域内のエネルギー最小原理を利用し，等価的にポアソンの方程式やラプラスの方程式を解くものである．

すなわち，境界面においてϕが与えられている時，微分方程式，

$$\frac{\partial}{\partial x}\left(k_x\frac{\partial \phi}{\partial x}\right)+\frac{\partial}{\partial y}\left(k_y\frac{\partial \phi}{\partial y}\right)+\frac{\partial}{\partial z}\left(k_z\frac{\partial \phi}{\partial z}\right)+\rho=0 \tag{3.111}$$

を考える．ここで，ϕを電位，ρを空間電荷密度，k_x，k_y，k_zを誘電率におきかえると，ポアソンの方程式（3.88）になる．これを解くということは，変分原理を利用して，与えられた境界条件下で次のエネルギー汎関数F，

$$F=\int_V\left\{\frac{1}{2}\left[k_x\left(\frac{\partial \phi}{\partial x}\right)^2+k_y\left(\frac{\partial \phi}{\partial y}\right)^2+k_z\left(\frac{\partial \phi}{\partial z}\right)^2\right]-\rho\phi\right\}dv \tag{3.112}$$

を最小にすることと等価である．したがって，解くべき領域についてエネルギー汎関数Fを求め，それを最小とする条件，

$$\frac{\partial F}{\partial \phi}=0 \tag{3.113}$$

によって，各要素の節点の電位を求めることができる．式（3.113）を求めると最終的には，全節点数だけの元数を有した多元連立1次方程式が得られる．このとき，方程式の係数マトリクスは，関連節点に対応する成分だけが零でなく，ほかはすべて零の帯行列（バンドマトリクス）となる．

要素内で成立する電位近似関数としては，処理の容易さからn次多項式が用いられることが多い．図3.21に示すように，1次多項式を用いる時には3節点三角形要素を用い，2次多項式を用いる場合には6節点三角形要素を用いる．多項式の次数が高いほど精度は向上するが，プログラムが複雑になる．

ここでは，2次元場における最も単純な1次多項式を用いた例を示そう．図3.21の3節点三角形要素内において電位近似関数ϕが次の1次多項式で表されるとしよう．

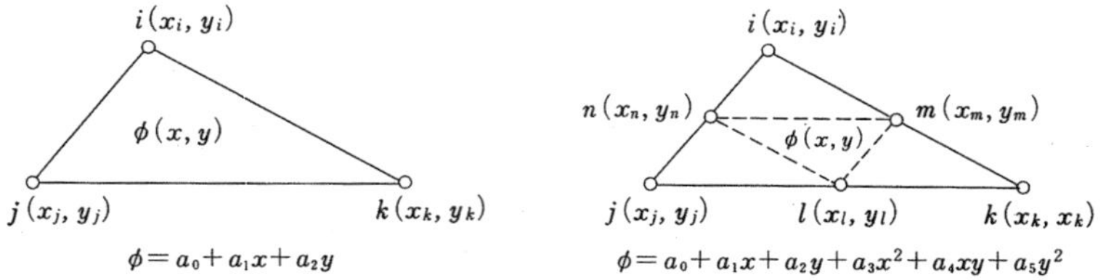

（a）　三角形3節点要素　　　　（b）　三角形6節点要素

図 3.21　有限要素法における三角形要素

$$\phi = a_0 + a_1 x + a_2 y = [1 \quad x \quad y]\begin{bmatrix} a_0 \\ a_1 \\ a_2 \end{bmatrix} \tag{3.114}$$

これを各節点上の電位 ϕ_e で表すと，

$$\phi = [1 \quad x \quad y]\,[C_e]^{-1}(\phi_e) \tag{3.115}$$

となる．ここに，

$$[C_e] = \begin{bmatrix} 1 & x_1 & y_1 \\ 1 & x_2 & y_2 \\ 1 & x_3 & y_3 \end{bmatrix} \tag{3.116}$$

である．ここに，x_1, y_1 …などは三角形要素の節点座標である．したがって，電界 $\boldsymbol{E}$ は，

$$\boldsymbol{E} = -\nabla\phi = -\begin{bmatrix} \dfrac{\partial\phi}{\partial x} \\ \dfrac{\partial\phi}{\partial y} \end{bmatrix} = -\begin{bmatrix} 0 & 1 & 0 \\ 0 & 0 & 1 \end{bmatrix}[C_e]^{-1}(\phi_e) \tag{3.117}$$

となる．これらを式 (3.112)，(3.113) に代入してエネルギー最小条件を入れて，最終的に，

$$[T]\cdot[\phi] = [B] \tag{3.118}$$

という，多元連立1次方程式が得られる．ここに，$[T]$ は各要素マトリクスを合成した合成係数マトリクス，$[B]$ は定数ベクトルである．

これに境界条件を入れて解くと各節点の電位 $[\phi_i]$ が得られ，その結果，式(3.115)，(3.117) によって任意の点の電位，電界が得られることになる．

有限要素法においては，電位値を与えない境界が自動的に境界条件として組み込まれるいわゆる自然境界になり，自然境界をうまく利用することによって効率的な計算ができる反面，無限遠点に開放された空間などの解法には向かないという特徴がある．

一方，一般3次元においては未知数が増加するのでコンピュータメモリの制限を受けやすく，有限要素法は適していない．しかし，有限要素法は各要素ごとに媒質を変えられるなど複雑な場の計算には適しており，多くの特長を有している．

図3.22に高電圧大容量変圧器内の有限要素法による電界解析の例を示す．ここでは電極電位が分布しているほか，多くの絶縁物が入り組んで配置されており，有限要素法が効果的である．この場合上下合わせて38000節点を用いており，計算で得られた等電位面が示されている．

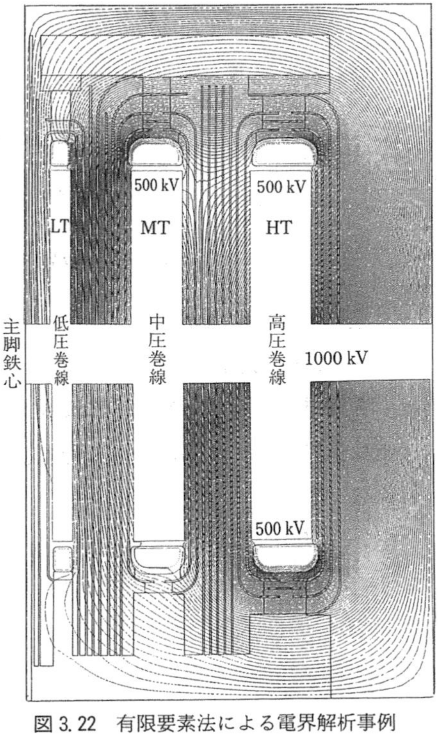

図3.22　有限要素法による電界解析事例（高電圧大容量変圧器内の等電位面解析）

(b)　電荷重畳法

電荷重畳法は有限要素法などとは異なり，電極などの境界形状のみで計算ができるいわゆる境界計算法の中の一つである．電荷重畳法は，電極内に配置した複数の電荷（仮想電荷と呼ぶ）の描く等電位面を重ね合わせ，対象とする電極形状の輪郭に一致させるように電荷の大きさを決定し，電極外部の電位，電

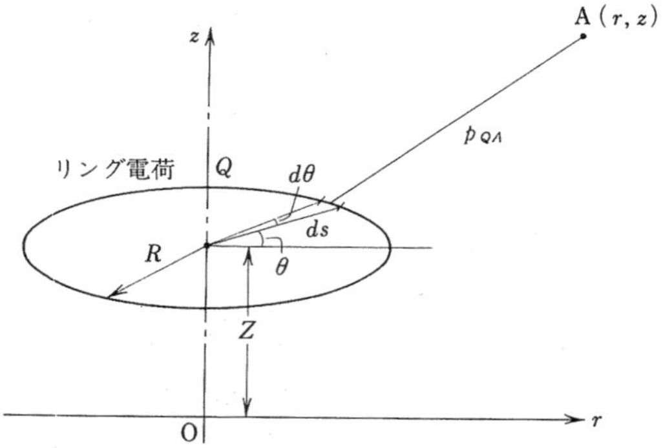

図 3.23　リング電荷によって誘起される電位

界を求めるものである．

たとえば図 3.23 のように，リング状の電荷 Q が与える任意の点 A での電位は，2 章でみた電位係数 p_{QA} によって計算できる．

電荷重畳法では n 個の電荷を配置し，n 個の輪郭点を用いると $(n\times n)$ の電位係数マトリクス (P) を有した，次の n 元連立 1 次方程式が得られる．

$$(P)\cdot(Q)=(\phi) \tag{3.119}$$

ここで，(Q) は未知電荷ベクトル，(ϕ) は輪郭点上の既知電位ベクトルである．

これを解くことによって n 個の電荷の値が求められ，得られた電荷の値を用いて任意の点の電位，電界が計算できる．

用いる電荷としては，2 次元では無限長線電荷，軸対称では点電荷，リング電荷，有限長線電荷などがある．リング電荷の場合の電位係数 p を図 3.23 に従って求めると，

$$p=\frac{1}{2\pi^2\varepsilon_0}\left\{\frac{K(k_1)}{\sqrt{(r+R)^2+(z-Z)^2}}\right\}$$

$$k_1=\sqrt{\frac{4rR}{(r+R)^2+(z-Z)^2}} \tag{3.120}$$

となる．ここに，$K(k)$ は，第一種完全楕円積分である．

特徴的なことは，有限要素法と違って電荷重畳法の場合には，電位はこれらの電位係数 p_{ij} によって，電界は同様に電界係数 f_{ijx}，f_{ijy} によって電荷と直接的に結びついており，解析的に求められるので，特に電界の計算精度が極めて高いことである．

また，電荷は無限遠点では電位が零であるという条件が自然に導入されているのが電荷重畳法の大きな特徴であり，したがって開放空間の解析にも適している．

このように，電荷重畳法は原理が簡単で高精度計算が高速で行えるなどの特徴から，各分野で多用されている．電荷重畳法によって計算した電界ベクトル図の例を図 3.24 に示す．この例では，球電極内に 6 個，平板電極内に 6 個のリング電荷を配置して計算している．このように，少ない数の電荷で簡単に電界解析ができるのが電荷重畳法の特徴である．

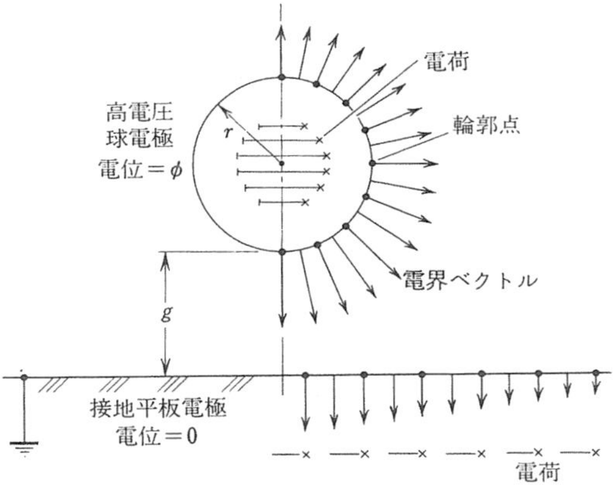

図 3.24　電荷重畳法による電界解析事例
（球-平板電極系の計算）

電荷重畳法の欠点は，電荷を電極内部に配置する必要性から，薄い電極の計算が不利となること，電荷の電極内での配置方法に経験的要素が必要なこと，2 媒質までの計算に限定されることなどである．

また，電極表面などの界面に電荷を配置して，電荷重畳法とほぼ同じ原理で電界解析を行う表面電荷法も開発されている．表面電荷法では，電荷を電極表面や誘電体境界面上に配置し，したがって，電荷上の電位電界計算を行う必要があり，いわゆる特異点解析となり，これを効果的に行うための多くの改良手法が開発されている．

さらに，電荷重畳法においても電荷配置や電荷の分布に非対称性をもたせることにより，非対称一般3次元解析も可能である．

［演 習 問 題］

［3.1］　誘電体の分極の種類をあげよ．

［3.2］　内外半径が a, b，長さ l の同軸円筒導体の間に誘電率 ε の誘電体をいれ，これに電位差 V を与えたときの電界 E と静電容量 C を求めよ．また，円筒座標系のラプラスの方程式を解くことによって電界 E を求め，同じ結果となることを確認せよ．

［3.3］　極板面積 S の平行平板コンデンサがある．それぞれの極板に $+Q$，$-Q$ の電荷を与えた後，極板間に誘電率 ε の誘電体を入れたときの誘電体内部の電界 E を求めよ．

［3.4］　円軸円筒コンデンサの円筒間の電界の強さを平等にしたい．円筒間に入れる誘電体の誘電率を中心からの半径 r の関数として表せ．

［3.5］　面積 S の平行平板内間に誘電率が ε_1，ε_2，厚さが d_1，d_2 の2種類の誘電体を有するコンデンサがある．電極間に電圧 V を印加するとき，各誘電体中の電界を求めよ．

［3.6］　半径 a, b の同心球コンデンサの両電極間に誘電率 ε の誘電体を入れ，内球に電荷 Q を与えたときに，静電容量 C と蓄えられるエネルギー W とを求めよ．

［3.7］　誘電率 ε_2 の一様電界 E_0 中に，半径 a，誘電率 ε_1 の誘電体球をおいたとき，球の内外の電界をラプラスの方程式を解くことにより求めよ．

［3.8］　接地された2枚の無限平面導体 A, B の間に両導体板よりそれぞれ，a，b の距離に点電荷をおくとき，点電荷に働く力 f を求めよ．

［3.9］　一様な電界 E_0 中に半径 a の導体球をおいたとき，外部の電界を影像法を用いて求めよ．

［3.10］　数値電界解析の代表的な手法をあげ，その適用に関する特徴を述べよ．

［3.11］　2次元で誘電体が多数ある，複雑な電極形状の電界解析を行いたい．どの数値電界解析手法を選べばよいか．

4　静磁界と磁性体

永久磁石（permanent magnet）の両端には，N極とS極の**磁極**（magnetic pole）があり，N極同士，S極同士の間に斥力が，N極とS極との間に引力が働くことはすでに知っている．また，もともとは磁石でない鉄片に磁石を近づけると，鉄片もまた磁石の性質を持つようになり，永久磁石に引き寄せられる．さらに，鉄心に導線を巻き付け，導線に電流を流すと，電磁石となって永久磁石や鉄片との間に力を及ぼし合う．一方，静止した磁石と電荷との間には，力は働かないから，磁石の間に働く力は静電的な力とは別のもので，磁気的な作用によるものである．

本章では，磁石の間に働く力に関する法則から出発して，磁気的現象の基本法則について説明し，静電気学における誘電体に相当する**磁性体**（magnetic substance）の性質についても簡単に述べる．

4.1　磁荷に対するクーロンの法則

2章，3章でみてきたように，静電気学はクーロンの法則だけを基本法則として，これを空間の性質ととらえる近接作用の考え方に基づき，ベクトル解析という数学的手法を用いて体系的に整理することにより構築された．したがって，もし磁気的な力に関して同様な法則が成り立つならば，静電気学と同じ考え方で磁気現象について議論することができる．

実際，クーロン（Coulomb）は，磁極近辺に**磁荷**（magnetic charge）または**磁極の強さ**（intensity of magnetic pole）と呼ばれる磁気的な力の源があり，磁荷の間に力が働くものと考えて，細長い2本の棒磁石の磁極間に働く力を測定することにより，電荷に対するものと同じ形の実験法則を導いた．すなわち，二つの磁荷 q_{m1}，q_{m2} の間に働く力は磁荷を結ぶ直線に沿った方向を持ち，その大きさは q_{m1} と q_{m2} の積に比例し，距離 r の 2 乗に反比例する．これを式に表すと，q_{m1} が q_{m2} に及ぼす力 $\boldsymbol{F}$ は，q_{m1} から q_{m2} に向かうベクトルを $\boldsymbol{r}$ として，

$$\boldsymbol{F} \propto \frac{q_{m1} q_{m2}}{r^2} \frac{\boldsymbol{r}}{r} \tag{4.1}$$

と書ける．これを，**磁荷に対するクーロンの法則**という．磁荷の符号は N 極の磁荷を正，S 極の磁荷を負と定める．$q_{m1} q_{m2} > 0$ のとき斥力，$q_{m1} q_{m2} < 0$ のとき引力となる．

磁荷の単位を決めれば，式（4.1）の比例定数が定まる．SI 単位系では，磁荷の単位をウェーバ〔Wb〕という．これは，真空中に 1 m 離しておいた等量の点磁荷が互いに $\dfrac{10^7}{(4\pi)^2}$ N の力を及ぼし合うとき，その磁荷を 1 Wb と定めたものである．このとき，式（4.1）は次のように書ける．

$$\boxed{\boldsymbol{F} = \frac{q_{m1} q_{m2}}{4\pi\mu_0 r^2} \frac{\boldsymbol{r}}{r} \quad \text{〔N〕}} \tag{4.2}$$

ここで，$\mu_0 = 4\pi \times 10^{-7}$〔H/m〕を真空の**透磁率**（magnetic permeability of vacuum）と呼ぶ[注1)]．

このように，電荷に対するクーロンの法則と同じ形の法則が磁荷についても成り立つことから，電気の場合と同じ方法で理論を展開できる．電気との違いは，真電荷に相当する**真磁荷**（true magnetic charge）が存在しないことである．永久磁石を例に取れば，N 極だけ，あるいは S 極だけを分離して取り出すことはできない．もし，磁石を図 4.1 のように途中で切ったとしても，切った面の付近に磁極が発生し，一つの磁石には必ず等量の正負の磁荷が発生する．このような現象は，誘電体に生ずる分極電荷の場合と同じであるから，磁荷には分極電荷に相当する**分極磁荷**（polarization magnetic charge）のみがある

注 1）　単位〔H〕=〔kg・m²/C²〕は，後の章で学ぶインダクタンスの単位で，ヘンリーと読む．また，〔Wb〕を〔C〕を用いて表せば，〔Wb〕=〔kg・m²/(C・s)〕．

ことになる.

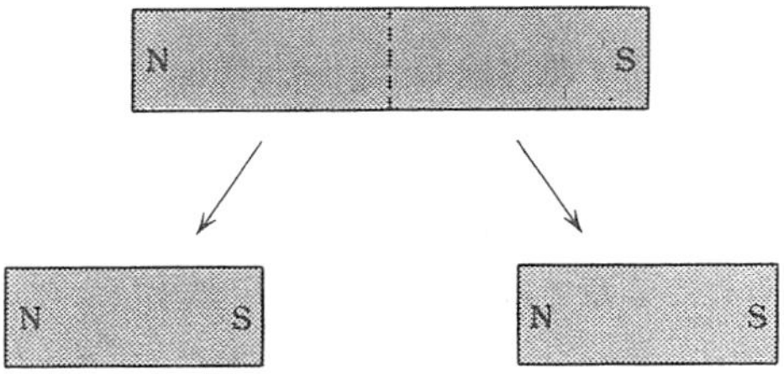

図 4.1 棒磁石の磁極

後の章でみるように，今日では磁気現象は電流に関連していることが分っている．また，物質のもつ磁性は本来原子・分子の性質であり，量子力学によってはじめて正確な記述が可能となるものであるが，等価的には微小な電流ループを磁性の根源とみなすモデルが受け入れられている．つまり，磁荷という概念は仮想的なものである．しかし，磁荷に対するクーロンの法則から導かれた理論は，様々な磁気現象を矛盾なく説明するから，磁気現象の理解を助ける便利な概念として磁荷を認めることにすれば，電気に関連して定義された物理量や，それらの関係をそのまま対応する磁気的量で置き換えることができる．そこで，以下の節では，静磁気学の関係式を改めて導くことはせず，電気的諸量と磁気的諸量を対応づける形で静磁気現象を説明する．

4.2 磁界と磁気双極子

4.2.1 磁界と磁位

磁荷に対するクーロンの法則は，磁荷と磁荷との間に働く力を規定するものであった．しかし，2章で電界を考えたときと同様に，一つの磁荷がまわりの空間に力の界を生じ，他の磁荷がそれを感じることにより力を受けるものと考えることができる．ある点に 1 Wb の磁荷を置いたときに，その磁荷が受ける力を，その点での**磁界**（magnetic field）といい，$\boldsymbol{H}$ で表す．磁界の単位は

〔A/m〕である[注2]．磁界中に置いた磁荷 q_m に働く力は，

$$\boldsymbol{F} = q_m \boldsymbol{H} \quad \text{〔N〕} \tag{4.3}$$

である．電気力線に対応して**磁力線**（magnetic line of force）を定義すれば，磁界の空間分布を図的に表すことができる．

静電界は渦なし（$\nabla \times \boldsymbol{E} = 0$）であり，そのスカラポテンシャルとして電位を定義することができた．2章でみてきたのと同じ議論により，磁荷に対するクーロンの法則が成り立つためには，静磁界もまた渦なし（$\nabla \times \boldsymbol{H} = 0$）でなければならない．このとき，電位に対応して**磁位**（magnetic potential）ϕ_m を

$$\boldsymbol{H} \equiv -\nabla \phi_m \tag{4.4}$$

により定義できる．しかし，電流によって生ずる磁界に関しては磁位は一意に定まらず，磁位の概念は本質的に必要なものではない．

4.2.2　磁気双極子と磁化

磁石を鉄片に近づけるとき，N極，S極のどちらを近づけても鉄片は磁石に引きつけられる．この現象は，鉄片が磁石の磁界によって分極を起こし，近づけた磁極と逆の極性の磁荷が，磁石に近い側に誘導されるために起こるものと解釈できる．このように，磁界中に置かれた物質に分極磁荷が生ずる現象を，静電誘導に対して**磁気誘導**（magnetic induction）という．また，磁気誘導の起こる物質を磁性体という．磁性体内では，誘電体中での電気双極子と同様に，正負の等量の磁荷が1対となった**磁気双極子**（magnetic dipole）が形成されている．

図4.2に示すように，磁気双極子の磁荷 $-q_m$ から $+q_m$ へ向かい，大きさが磁荷の間の距離に等しいベクトルを $\boldsymbol{d}$ としたとき，**磁気モーメント**（magnetic moment）$\boldsymbol{m}$ を

$$\boxed{\boldsymbol{m} \equiv \frac{1}{\mu_0} q_m \boldsymbol{d} \quad \text{〔A·m}^2\text{〕}} \tag{4.5}$$

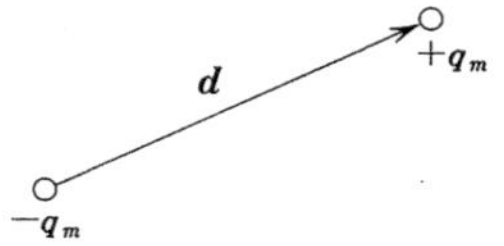

図4.2　磁気双極子

注2）　単位〔A/m〕は，国際単位系（SI）ではアンペア〔A〕を基本単位として用いること，および式（6.1）から出ている．

と定義する．この式で，$1/\mu_0$という係数が，静電界における電気双極子モーメントとの対称性を損なっているようにみえるが，このように定義するのは，電流ループによって生ずる磁気モーメントを簡潔に表現でき，微小電流ループを磁気の根源とするモデルとの整合性がよいからである．この$1/\mu_0$の係数分だけの違いを考慮にいれれば，$\boldsymbol{m}$がつくる磁界や$\boldsymbol{m}$に働く力などは，電気双極子モーメントに対する式を流用することができる．すなわち，$\boldsymbol{m}$がつくる磁界は，式（2.35）に対応して，

$$\boldsymbol{H}=\frac{1}{4\pi}\left\{\frac{3(\boldsymbol{m}\cdot\boldsymbol{r})\boldsymbol{r}}{r^5}-\frac{\boldsymbol{m}}{r^3}\right\} \quad \text{〔A/m〕} \tag{4.6}$$

であり，磁界から受ける回転力のモーメントは式（2.38）より，

$$\boldsymbol{T}=\mu_0\boldsymbol{m}\times\boldsymbol{H} \quad \text{〔N·m〕} \tag{4.7}$$

平行力は式（2.39）より，

$$\boldsymbol{F}=(\mu_0\boldsymbol{m}\cdot\nabla)\boldsymbol{H} \quad \text{〔N〕} \tag{4.8}$$

となる．磁荷は必ず磁気双極子の形で存在するから，これらの式は点磁荷に関する関係式より重要である．

磁性体の微小体積Δvが，磁界中で磁気モーメント$\Delta\boldsymbol{m}$を生ずるとき，電気分極$\boldsymbol{P}$に対応して，**磁化**（magnetization）$\boldsymbol{M}$を，

$$\boxed{\boldsymbol{M}\equiv\lim_{\Delta v\to 0}\frac{\Delta\boldsymbol{m}}{\Delta v} \quad \text{〔A/m〕}} \tag{4.9}$$

と定義する．このとき，磁性体中での分極磁荷の体積密度は，分極電荷の体積密度を導いたのと同様の議論により，

$$\rho_m=-\nabla\cdot(\mu_0\boldsymbol{M}) \quad \text{〔Wb/m}^3\text{〕} \tag{4.10}$$

磁性体表面と真空との境界に現れる分極磁荷の面密度は，

$$\omega_m=\mu_0\boldsymbol{M}\cdot\boldsymbol{n} \quad \text{〔Wb/m}^2\text{〕} \tag{4.11}$$

となる．ただし，$\boldsymbol{n}$は磁性体表面の外向き単位法線ベクトルである．

【例題 4.1】

図4.3のように，磁気双極子が一様な層状に並んだものを板磁石という．板磁石の単位面積当たりの磁気モーメントの大きさをτ_mとし，点Pから板磁石

の周囲を見た立体角をΩとしたとき，板磁石がPにつくる磁位を求めよ．

［解］　式（2.41）の$\dfrac{\tau}{\varepsilon_0}$を$\tau_m$で置き換えればよいから，

$$\phi_m = \frac{\tau_m}{4\pi}\Omega \qquad (4.12)$$

ただし，Ωは板磁石の正の磁極側から見たときを正とする．

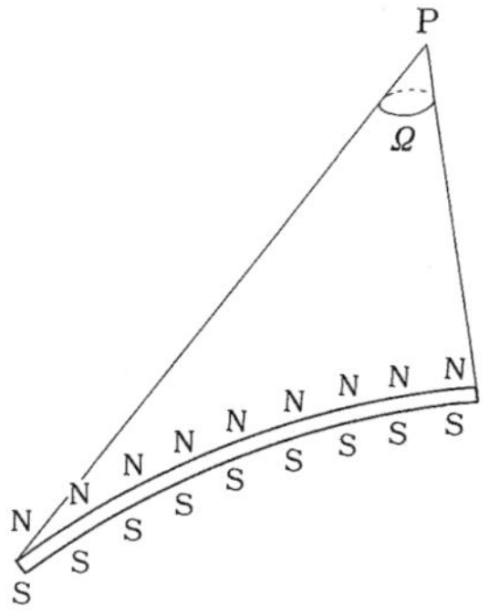

図4.3　板磁石

4.3　電気的量と磁気的量

磁気的な基本的諸量を，対応する電気的量とともに表4.1に示す．

電気の場合の電束密度に対応するものとして，**磁束密度**（magnetic flux density）を次のように定義する．

$$\boxed{\boldsymbol{B} = \mu_0(\boldsymbol{H}+\boldsymbol{M})^{\text{注3)}}} \qquad (4.13)$$

磁束密度の単位はテスラ〔T〕であり，〔T〕=〔Wb/m^2〕となる．このとき，電束に対応して**磁束**（magnetic flux）を考えることができる．ある面Sを貫く磁束は，磁束密度をSについて面積分した量となり，次式のように表される．

$$\Phi = \int_S \boldsymbol{B}\cdot d\boldsymbol{S} \quad \text{〔Wb〕} \qquad (4.14)$$

磁化が磁界と同じ向きに，磁界の強さに比例して発生するとき，その比例定数を**磁化率**（magnetic susceptibility）という．これは，電気の場合の電気感受率に対応するものである．また**透磁率**（magnetic permeability），比透磁率（specific permeability）は表4.1に示すように定義する．

静磁界の基礎方程式は，静電界の場合とは真電荷に対応する真磁荷が存在し

注3）磁化を$\boldsymbol{M}'=\mu_0\boldsymbol{M}$によって定義する場合もある．このとき，磁束密度は$\boldsymbol{B}=\mu_0\boldsymbol{H}+\boldsymbol{M}'$と表され，$\boldsymbol{M}'$の単位は〔T〕となる．

表 4.1　電気的量と磁気的量の対応

電気的量		磁気的量		
記号		記号		単位
E	電界	H	磁界	A/m
p	電気双極子モーメント	m	磁気モーメント	A•m²
P	電気分極	M	磁化	A/m
D	電束密度 $D=\varepsilon_0 E+P$	B	磁束密度　$B=\mu_0(H+M)$	T
Φ	電束　$\Phi=\int_S D\cdot dS$	Φ	磁束　$\Phi=\int_S B\cdot dS$	Wb
χ_e	電気感受率 $P=\chi_e\varepsilon_0 E$	χ_m	磁化率　$M=\chi_m H$	無次元
ε	誘電率 $\varepsilon=\varepsilon_0(1+\chi_e)$ $D=\varepsilon E$	μ	透磁率 $\mu=\mu_0(1+\chi_m)$ $B=\mu H$	H/m
ε_s	比誘電率　$\varepsilon_s=1+\chi_e$	μ_s	比透磁率　$\mu_s=1+\chi_m$	無次元

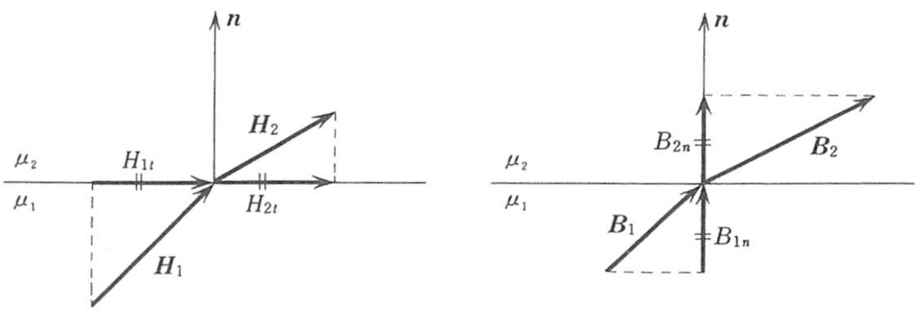

図 4.4　境界条件

ない点だけが異なるから，積分形式では，

$$\oint_C H\cdot dl=0 \tag{4.15}$$

$$\oint_S B\cdot dS=0 \tag{4.16}$$

微分形式では，

$$\nabla\times\boldsymbol{H}=0 \tag{4.17}$$

$$\nabla\cdot\boldsymbol{B}=0 \tag{4.18}$$

となる．特に，式（4.16）または式（4.18）は，磁束密度の湧き出しや吸い込みがなく，したがって，**磁束は必ず閉じていて終端がない**ことを意味している．

磁性体の透磁率が図4.4のように，ある面で不連続に変わるとき，その面に対する磁界の接線方向成分と，磁束密度の法線方向線分はともに保存される．すなわち，透磁率がμ_1である物質とμ_2である物質との境界面の両側での磁界を$\boldsymbol{H}_1$，$\boldsymbol{H}_2$，磁束密度を$\boldsymbol{B}_1(=\mu_1\boldsymbol{H}_1)$，$\boldsymbol{B}_2(=\mu_2\boldsymbol{H}_2)$としたとき，境界条件は次式で与えられる．

$$\boldsymbol{H}_1\times\boldsymbol{n}=\boldsymbol{H}_2\times\boldsymbol{n}\quad \text{または}\quad H_{1t}=H_{2t} \tag{4.19}$$

$$\boldsymbol{B}_1\cdot\boldsymbol{n}=\boldsymbol{B}_2\cdot\boldsymbol{n}\quad \text{または}\quad B_{1n}=B_{2n} \tag{4.20}$$

ただし，$\boldsymbol{n}$は境界面の単位法線ベクトルである．

【例題4.2】

図4.5のように比透磁率μ_s，内径$2a$，外径$2b$の磁性体球殻を一様な磁界$\boldsymbol{H}_0$の中に置いた．$r\leqq a$，$a\leqq r\leqq b$，$r\geqq b$の領域での磁界の強さを求めよ．

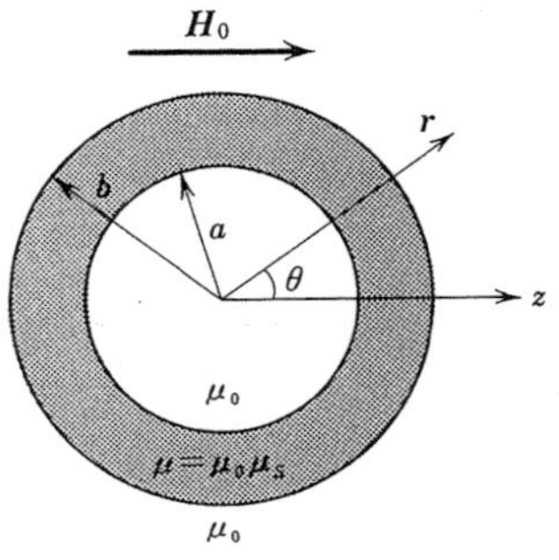

図4.5　一様磁界中の磁性体球殻

［解］　このような系では，磁界は一様磁界と磁気双極子による磁界の組み合せとなる．そのような磁界は基礎方程式（4.17），（4.18）を満たすから，境界条件が満足されることを示せばよい．いま，

① 空洞$r\leqq a$で一様磁界$\boldsymbol{H}_2$

② 磁性体球殻内$a\leqq r\leqq b$で，一様磁界$\boldsymbol{H}_1$と球の中心にある磁気モーメント$\boldsymbol{m}_1$による磁界の合成

③ $r\geqq b$で一様磁界$\boldsymbol{H}_0$と球の中心にある磁気モーメント$\boldsymbol{m}_0$による磁界の

合成

となるものと仮定する．ただし，磁界や磁気モーメントの方向はすべて $\boldsymbol{H}_0$ の方向に取る．球の中心を原点とし，$\boldsymbol{H}_0$ の方向を z 軸とする球座標を用いて，z 軸方向を向いた磁気モーメント $\boldsymbol{m}$ の磁気双極子による磁界を表すと，式 (4.6) より，

$$H_r = \frac{m\cos\theta}{2\pi r^3}, \quad H_\theta = \frac{m\sin\theta}{4\pi r^3}, \quad H_\phi = 0 \quad \text{〔A/m〕} \tag{4.21}$$

となる．したがって，式 (4.19) の境界条件は，$r = a$ と $r = b$ の面でそれぞれ，

$$-H_2 \sin\theta = -H_1 \sin\theta + \frac{m_1 \sin\theta}{4\pi\mu_s a^3}$$

$$-H_1 \sin\theta + \frac{m_1 \sin\theta}{4\pi\mu_s b^3} = -H_0 \sin\theta + \frac{m_0 \sin\theta}{4\pi b^3}$$

式 (4.20) は，

$$\mu_0 H_2 \cos\theta = \mu_0\mu_s H_1 \cos\theta + \frac{\mu_0 m_1 \cos\theta}{2\pi a^3}$$

$$\mu_0\mu_s H_1 \cos\theta + \frac{\mu_0 m_1 \cos\theta}{2\pi b^3} = \mu_0 H_0 \cos\theta + \frac{\mu_0 m_0 \cos\theta}{2\pi b^3}$$

となる．両辺の θ に関する項はすべて消えるから，この連立方程式を解いて H_1，H_2，m_0，m_1 が求められ，式 (4.21) を用いて各々の領域での磁界を計算することができる．特に，$r \leqq a$ の領域での磁界は，

$$H_2 = \frac{\mu_s}{\mu_s + \dfrac{2}{9}(\mu_s - 1)^2\left(1 - \dfrac{a^3}{b^3}\right)} H_0 \quad \text{〔A/m〕}$$

となる．もし $\mu_s \gg 1$ かつ $b \gg a$ であれば，すなわち透磁率の高い磁性体で厚く囲んだときには，$H_2 \ll H_0$ となって，磁性体で囲まれた空洞への外部磁界の影響は小さくなる．このことを**磁気遮蔽**（へい）(magnetic shield) という．ただし，電気の場合の導体に相当するものが磁気にはない（自由磁荷がない）ため，磁

気遮蔽は完全でない.

4.4 物質の磁気的性質

4.4.1 磁気的性質による物質の分類

自然界には,鉄,コバルト,ニッケルおよびそれらの合金のように磁石に引き寄せられる**強磁性体**(ferromagnetic substance)と呼ばれる物質がある.これらの物質では,磁化率 χ_m は 10^3～10^6 にも達する.その一方で,多くの物質はまったく磁界に感じないようにみえる.しかし,そのような磁性を持たない非磁性体とみなされる物質も,よく調べてみると磁化率は0ではなく,表4.2に示すように,多くの場合 10^{-3} 以下程度の磁化率で,わずかながら磁性を持っている.このようなわずかに磁性を持つ物質は,さらに $\chi_m>0$ である**常磁性体**(paramagnetic substance)と $\chi_m<0$ である**反磁性体**(diamagnetic substance)に分類される.誘電体では必ず電気感受率 $\chi_e \geqq 0$ であったのと比べると,反磁性の存在は物質の磁気的性質の特徴である.このように物質によって磁気的性質が大きく異なるのは,後述するように,物質中でいかにして磁気モーメントが発生するかという機構に関係している.

表4.2 反磁性体と常磁性体の磁化率の例(常温)

物　質	磁化率 χ_m
銅	-9.4×10^{-6}
水	-8.3×10^{-6}
ビスマス	-1.7×10^{-6}
水素	-2.1×10^{-9}
空気	3.7×10^{-7}
酸素	1.8×10^{-6}
アルミニウム	2.1×10^{-5}
白金	2.9×10^{-4}
液体酸素	3.5×10^{-3}

強磁性体の中には,ある種の金属の亜鉄酸塩(たとえば $MnFe_2O_4$)であるフェライトと総称される化合物のように,**フェリ磁性体**(ferrimagnetic substance)と呼ばれるものがある.また,常磁性体の中には,**反強磁性体**(antiferromagnetic substance)と呼ばれるものが含まれる.これらはそれぞれ強磁性体,常磁性体と似通った性質を示すが,磁化率の温度特性などが異なっている.このような磁気的性質の違いは物質の構造の違いに由来しており,こ

の本の範囲を越えるので深くは立ち入らないが，実用上非常に重要である強磁性体の性質と，磁性の根源となる原子，あるいは分子の磁気モーメントについて，以下で簡単に触れることにする．

4.4.2 強 磁 性 体

強磁性体は単に透磁率が高いというだけでなく，複雑な磁気的性質を持つ．たとえば，強磁性体でできた永久磁石は，外部磁界がなくても自ら磁化しており，磁石内部の磁束密度は，$\boldsymbol{B}=\mu\boldsymbol{H}$ のような関係で単純に書き表すことはできない．外部磁界がないときの**自発磁化**を $\boldsymbol{M}_0$ として，$\boldsymbol{B}=\mu\boldsymbol{H}+\mu_0\boldsymbol{M}_0$ と分けて書いたとしても，透磁率 μ は一定ではなく，$\boldsymbol{H}$ によって変化する．また，最終的に同じ $\boldsymbol{H}$ に到達した場合でも，その $\boldsymbol{H}$ の値に達するまでにどのように磁界を増減させたかによって，μ も $\boldsymbol{M}_0$ も異なった値を取る（**ヒステリシス現象**）．したがって，強磁性体の磁化や磁束密度と磁界との関係を定性的に理解するには，数式を用いるよりも，図 4.6 や図 4.7 に示すような**磁化曲線**（magnetization curve）を用いるのが便利である．

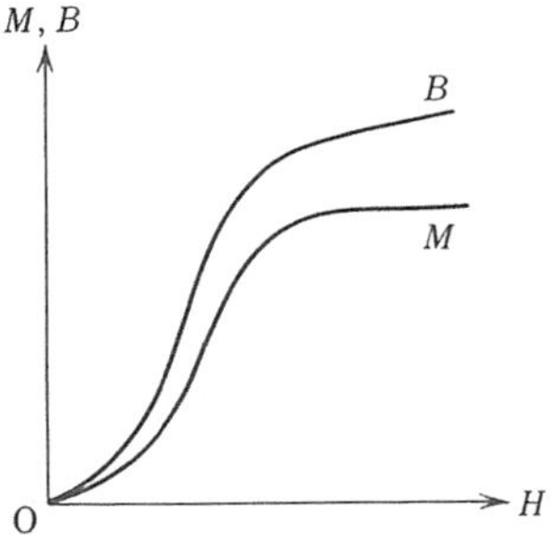

図 4.6 強磁性体の初期磁化曲線

磁化曲線では，横軸に磁界の強さ H，縦軸に磁化の強さ M または磁束密度の大きさ B をとる．はじめ，$H=0$ で $M=0$ であったとして，H を増加させると M は，H が比較的小さいときには小さな傾きで増加し，ある程度 H が大きくなると大きな傾きで増加する．さらに H を増すとやがて M の増加率は減少し，一定の値に近づく．このように M が頭打ちとなる現象を**磁気飽和**（magnetic saturation）という．磁束密度は $\boldsymbol{B}=\mu_0(\boldsymbol{H}+\boldsymbol{M})$ であるから，M が飽和した後も傾き μ_0 で増加し続ける．このように，$H=B=0$ の状態から磁気飽和に達するまでの磁化曲線を**初期磁化曲線**という．

磁界の強さをある値 $+H_m$ と $-H_m$ の間で往復させると，磁界の強さが増加するときと減少するときで，磁束密度は異なった経路を通って変化し，図4.7に示すようなループをつくる．これを**ヒステリシスループ**（hysteresis loop）という．このループの上で磁界を零にしても磁束密度は零にならず，大きさB_rの磁束密度が残る．これを**残留磁気**（residual magnetism または remanence）という．磁束密度を零にするためには，H_Cの磁界を逆向きにかける必要がある．このH_Cを**保磁力**（coercive force）という．ヒステリシス特性は物質によって様々であるが，残留磁気や保持力が比較的大きいものを**硬質磁性材料**（hard magnetic material）または**永久磁石**，小さいものを**軟質磁性材料**（soft magnetic material）と大別している．

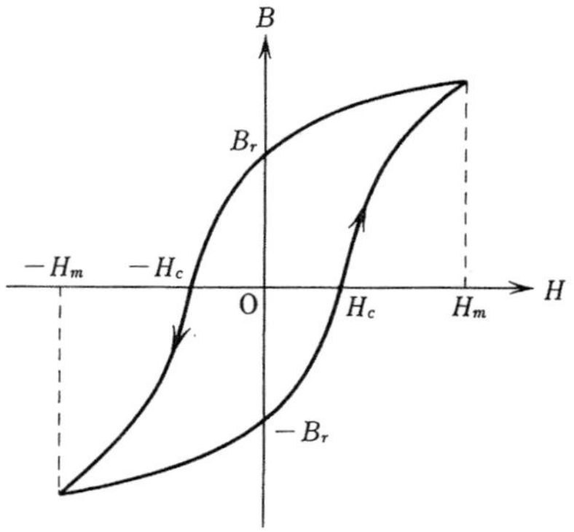

図 4.7　ヒステリシスループ

4.4.3　物質の磁気モーメント

物質の磁性の根源である磁気モーメントは，物質を構成する原子・分子の持つ性質である．そのような微視的な現象は，量子力学によらなければ正確に記述することはできないので，ここでは，その手がかりを簡単に述べるにとどめる．

磁気モーメントの原因となるのは次の三つである．

① 分子や原子の持っている電子の軌道運動による磁気モーメント

② 電子の自転（スピン）による磁気モーメント

③ 核のスピンによる磁気モーメント

このうち③は他の二つに比べて1/1000程度と小さいので，普通はこれを無視して差し支えない．①と②の磁気モーメントを分子全体で和を取ったものを，分子の磁気モーメントと呼ぶことにする．分子単位で考えたとき，電子スピンの正負が相殺されて磁気モーメントが零になっている場合と，打ち消されずに分子自身が小さな磁石とみなせる場合がある．前者が反磁性体となり，後者は場合によって常磁性体となったり，強磁性体となったりする．

反磁性体では，磁界のないときには分子の磁気モーメントは零である．しかし，磁界をかけると電子の軌道が影響を受け，図4.8に示すように磁界と逆向きの磁気モーメントを生じる．

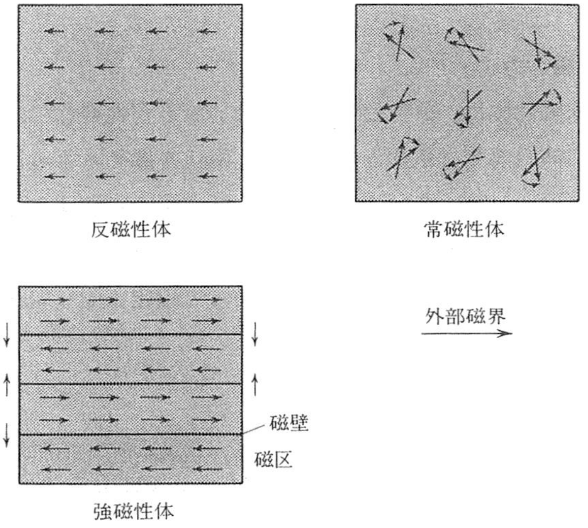

図4.8　いろいろな磁性体の磁化の様子

常磁性体では分子自身が磁気モーメントを持っているが，分子の熱運動により無秩序な並びとなっていて，分子の磁気モーメントは全体として相殺され，自発磁化はない．しかし，個々の分子は小さな磁石であるから，磁界のもとでは磁気モーメントが磁界の向きをとろうとする傾向が生じて，これと無秩序な熱運動との平衡により，物質全体としての平均的な磁気モーメントが決まる．

強磁性体では，磁気モーメントを持った分子が，ある微小な領域内で互いに磁気モーメントが平行になるように配列している．この領域を**磁区**（magnetic domain）といい，磁区の境界を**磁壁**（domain wall）という．残留磁気のない状態では，個々の磁区は特定の向きの磁気モーメントを持っているが，全体としてそれらが相殺されている．ここに磁界を加えると磁壁が移動し，磁界と同じ向きの磁気モーメントを持った磁区の体積が増加して，強い磁化を生ずる．外部磁界を取り去っても磁壁は完全にはもとの位置に戻らないため，残留磁気を生ずる．強磁性体の温度を上げていくと熱運動が激しくなり，**キュリー温度**（Curie temperature）と呼ばれる温度で急激に透磁率が低下して常磁性体となる．

4.4.4　減　磁　力

磁化された強磁性体は，外部磁界を取り除いても自発磁化により磁界が残る．この磁界は磁性体内部では磁化と逆向きで，磁化を弱めるように作用する．たとえば棒磁石の場合，図4.9に示すように，磁力線は磁性体の外部でも内部でもN極から発生してS極に向かう．一方，前節で述べたように磁束は閉じた曲線となるから，磁性体内部では磁界と逆向きで磁化と同じ向きになる．

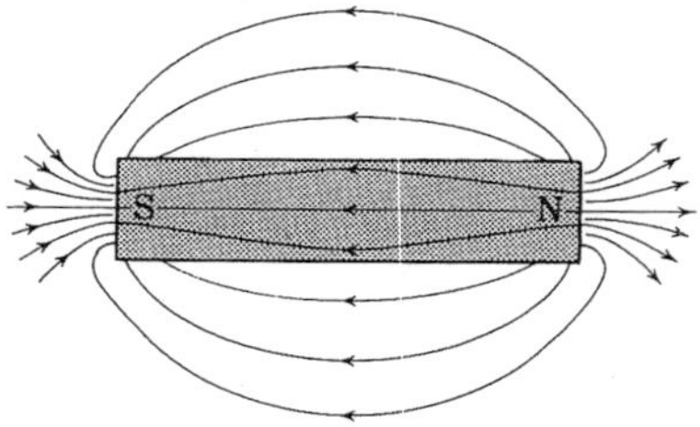

（a）磁力線の分布

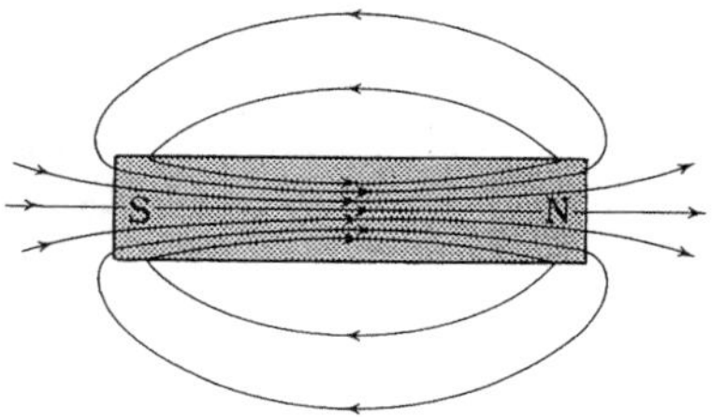

（b）磁束の分布

図4.9　棒磁石の磁力線と磁束

一般に，一様な磁界 $\boldsymbol{H}_0$ の中にある磁性体の内部では，磁化がつくる磁界 $\boldsymbol{H}_1$ の分だけ磁界が弱められ，$\boldsymbol{H}_0-\boldsymbol{H}_1$ となる．この $\boldsymbol{H}_1$ を減磁力（demagnetizing force）という．また，このときの減磁力 H_1 と磁化の強さ M_1 の比 $|H_1/M_1|$ を減磁率（demagnetizing factor）という．減磁率は磁性体の形状のみで決まる．

【例題4.3】

図4.10のように，磁化の強さ M_1 で，一様に磁化された半径 a の磁性体球を真空中においたときの磁界を求めよ．

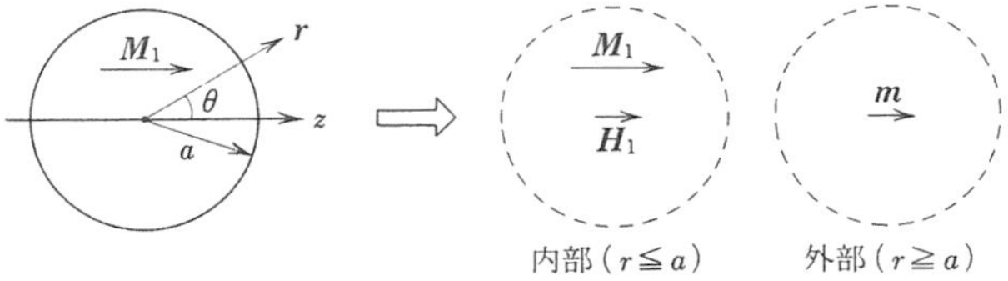

図 4.10 一様に磁化された磁性体球がつくる磁界の影像法による解法

［解］ 影像法を用いる．磁性体球の内部は一様磁界 $\boldsymbol{H}_1$，外部では球の中心においた磁気モーメント $\boldsymbol{m}$ による磁界 $\boldsymbol{H}_2$ とし，$\boldsymbol{H}_1$ と $\boldsymbol{m}$ はともに磁化と同じ方向のベクトルとする．このとき，磁束密度は内部では $\boldsymbol{B}_1=\mu_0(\boldsymbol{H}_1+\boldsymbol{M}_1)$，外部では $\boldsymbol{B}_2=\mu_0\boldsymbol{H}_2$ である．磁化の方向を z 軸とした球座標を用いると，式（4.19)，(4.20）の境界条件は式（4.21）より，

$$-H_1\sin\theta=\frac{m\sin\theta}{4\pi a^3},\quad \mu_0(H_1+M_1)\cos\theta=\frac{\mu_0\cos\theta}{2\pi a^3}$$

となる．これを解いて，

$$H_1=-\frac{M_1}{3},\quad m=\frac{4}{3}\pi a^3 M_1$$

が得られる．このことから球の減磁率は 1/3 であることが分かる．

4.5 静磁界のエネルギー

3 章でみたように，誘電体を含む静電界をつくるのに要する仕事は，単位体積当たり

$$u_e=\int_0^D \boldsymbol{E}\cdot d\boldsymbol{D}\quad〔\mathrm{J/m^3}〕$$

であり，これが電気的エネルギーとして空間に蓄えられる．磁性体を含む静磁界をつくるのに要する仕事は，電界と磁界の対応関係から，単位体積当たり

$$\boxed{u_m=\int_0^B \boldsymbol{H}\cdot d\boldsymbol{B}\quad〔\mathrm{J/m^3}〕}\tag{4.22}$$

となるものと推測される．実際，式（4.22）の次元は〔(A/m)・T〕であるが，〔A〕=〔C/s〕であり，また，4.1節の注1）より〔T〕=〔Wb/m²〕=〔kg/(C・s)〕であるから，〔(A/m)・T〕=〔kg/(m・s²)〕=〔J/m³〕となって，エネルギー密度の次元に一致している．4.1節で触れたように，磁界の源は電流であるから，エネルギーを考えるときには電流まで含めて考えるべきで，ここで式（4.22）の正否を議論することはしない．しかし，後にみるように式（4.22）は，電流によってつくられる磁界に対して成立し，さらに，時間的に変動する磁界でも成り立つ一般的な式である．

いま，式（4.22）を仮定したときの静磁界のエネルギーを考える．もし，$\boldsymbol{B}=\mu\boldsymbol{H}$ において μ が一定であれば，式（4.22）より，

$$u_m=\frac{\mu H^2}{2}=\frac{\boldsymbol{H}\cdot\boldsymbol{B}}{2}\quad〔\mathrm{J/m^3}〕\tag{4.23}$$

となる．ヒステリシスがあるときには，式（4.22）の値は最終的な $\boldsymbol{B}$ の大きさだけでは決まらない．たとえば，$\boldsymbol{B}=\boldsymbol{H}=0$ からはじめて $\boldsymbol{B}$ まで磁束密度を増加させた後，ヒステリシスループを1回まわって再び $\boldsymbol{B}$ に戻ったとする．磁束密度を $\varDelta\boldsymbol{B}$ だけ変化させたときの $\boldsymbol{H}\cdot\varDelta\boldsymbol{B}$ は，図4.11の斜線部の面積であり，磁束密度が増加するときと減少するときで異なった値となる．ヒステリシスループを1周したときの $\oint\boldsymbol{H}\cdot d\boldsymbol{B}$ はループの囲む面積に等しい．一方，磁気

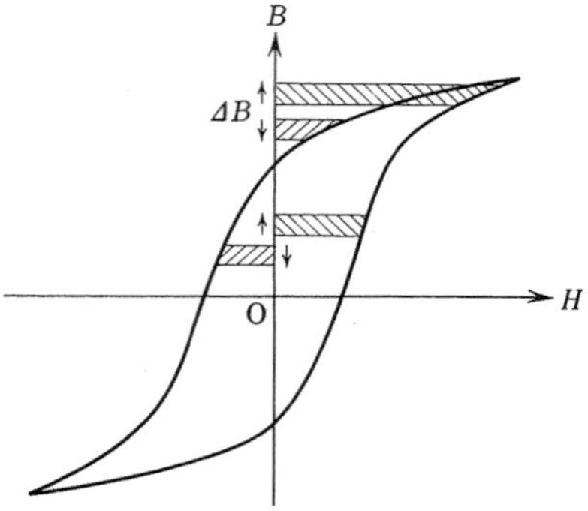

図4.11　ヒステリシス損

エネルギー密度は空間の各点における$\boldsymbol{H}$と$\boldsymbol{B}$の値で決まるから，はじめに$\boldsymbol{B}$に達したときと，ヒステリシスループを回って$\boldsymbol{B}$に戻ったときとで同じはずである．したがって，ヒステリシスループの面積に相当する仕事は，磁気エネルギーではなく，別のエネルギーに変わったものと考えられる．実際には，この分のエネルギーは磁性体の中で熱エネルギーとなって消散する．この熱エネルギーは，磁性体全体では，

$$U_m = \int_v dv \oint \boldsymbol{H} \cdot d\boldsymbol{B} \quad \text{〔J〕} \tag{4.24}$$

となる．これを**ヒステリシス損**（hysteresis loss）という．変圧器やモーターのように，強磁性体中で交流磁界を利用する機器では，交流の周波数をf〔Hz〕とすると1秒間にヒステリシスループをf回だけ回ることになるから，fU_m〔W〕の電力をヒステリシス損として消費することになる．

［演 習 問 題］

〔4.1〕 単位面積当たりの磁気モーメントの大きさτ_m，半径aの円形板磁石の中心軸上の磁界を求めよ．

〔4.2〕 上の問題で，板磁石のN極側の中心軸上に，磁気モーメント$\boldsymbol{m}$の磁気双極子を中心軸に平行に置いたとき，および垂直に置いたときに磁気双極子の受ける力をそれぞれ求めよ．

〔4.3〕 真空中に置かれた広い平板の磁性体が，外部から磁界を印加しない状態で平板の面に垂直に磁化$\boldsymbol{M}$を持っている．この磁性体がつくる磁界とその減磁率を求めよ．

〔4.4〕 半径aの強磁性体の球が真空中にある．ここに外部から一様磁界$\boldsymbol{H}_0$を加えたとき，$\boldsymbol{H}_0$と同じ方向に大きさMの一様な磁化が生じた．このときの磁性体内部および外部の磁界を求めよ．

5 定常電流

本章では，いままで取り扱ってきた，静止した電荷の場合とは異なり，電荷自身の移動によって電流が生成されている場合を考えることにする．まず，電流の基本的概念について述べた後，電流密度と電荷の間に成り立つ電荷保存則について説明する．この章では，特に電流が時間的に変化しない定常電流界を考えることにし，電気回路論の基礎となるオームの法則と定常電流界の基本式より，キルヒホッフの第一法則，および第二法則が導き出されることを示す．また，電流により導体中で発生するジュール熱，および定常電流界の基本式と，静電界の基本式との間の類似性について記述する．

5.1 電流と電荷保存則

前章までは，電荷は移動しないものとして取り扱ってきたが，電荷が移動する場合には電流（electric current）が生じる．たとえば，導体中の任意の 2 点間に電位差がある場合，2 点間には電界を生じ，電荷の移動が起きる．この場合の電流を伝導電流（conduction current）という．導体中では，原子に束縛されない自由電子が伝導電流を構成する．一方，真空あるいは電離気体中において荷電粒子が移動することによって生じる電流は，対流電流（convection current）といわれる．たとえば，帯電した物質が移動することにより電荷が移動する場合にも，対流電流といわれる．これら以外に，誘電体中の電束密度 $\boldsymbol{D}$ が時間的に変化する場合には，変位電流（displacement current）が流れるが，その詳細については，8 章で記述する．

電流の大きさが時間的に変化しないとき，この電流を定常電流（stationary

current）という．電流の大きさが時間とともに変化する場合でも，注目している物理量の時間的変化に比べ，その変化の割合が充分に遅い場合には，これを準定常電流（quasi-stationary current）といい，大体において，定常電流の場合と同様に取り扱うことができる．

一般に，図5.1に示すように，任意の曲面 S を横切って流れる電流 I〔アンペア，A〕は，ベクトル量である電流密度 $\boldsymbol{J}$〔A/m²〕を用いて，次式で与えられる．

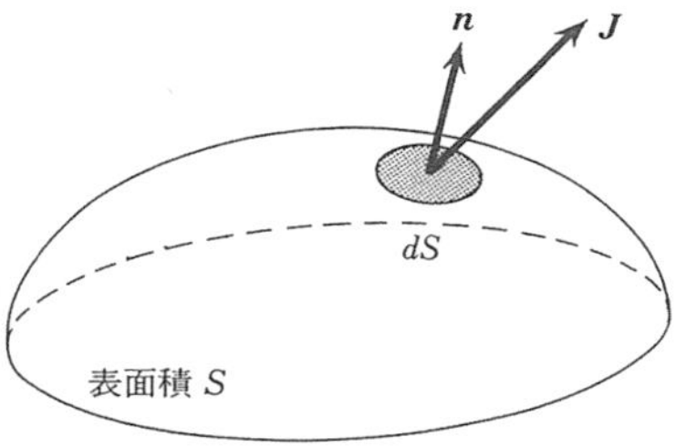

図5.1 電流密度 $\boldsymbol{J}$ と単位法線ベクトル $\boldsymbol{n}$ の関係

$$I=\int_S \boldsymbol{J}\cdot d\boldsymbol{S}=\int_S \boldsymbol{J}\cdot \boldsymbol{n}dS \quad \text{〔A〕} \tag{5.1}$$

ここで，$\boldsymbol{n}$ は曲面 S 上の外向き法線方向の単位ベクトルであり，$d\boldsymbol{S}=\boldsymbol{n}dS$ は微小面素 dS の大きさをもち，$\boldsymbol{n}$ の方向をもつベクトル量を表す．一般に，電流を構成する j 種の荷電粒子の電荷を q_j〔C〕，粒子密度を n_j〔1/m³〕，平均の粒子速度ベクトルを $\langle \boldsymbol{v}_j \rangle$〔m/sec〕とすると，電流密度 $\boldsymbol{j}$ は，すべての種類の荷電粒子にわたり加え合わせたものとして次式で表すことができる．

$$\boldsymbol{J}=\sum_j n_j q_j \langle \boldsymbol{v}_j \rangle \quad \text{〔A/m}^2\text{〕} \tag{5.2}$$

導体中においては，電流は伝導電子のドリフト運動により与えられ，伝導電子の密度を n_e，電荷を $-e$，ドリフト速度を $\boldsymbol{v}_d$ とすると，式(5.3)で表される．

$$\boldsymbol{J}=-en_e\boldsymbol{v}_d \quad \text{〔A/m}^2\text{〕} \tag{5.3}$$

いま，図5.2のような体積 v，表面積 S をもつ閉曲面を考え，閉曲面内の体積電荷密度を ρ〔C/m³〕とする．閉曲面内より外部へ流れ出る全電流は，電流密度 $\boldsymbol{J}$ を全表面積 S にわたり面積分を行うことにより，式(5.1)で求められる．この電流は，単位時間当た

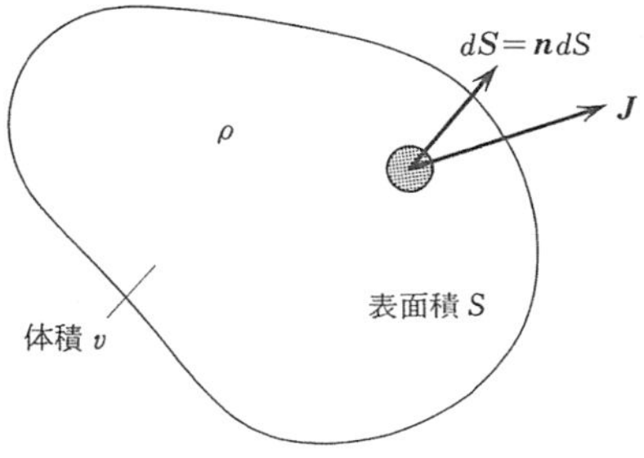

図5.2 電荷保存則の説明図

りに閉曲面から流れ出る電荷量であるので，体積 v 内の電荷 $Q=\int_v \rho dv$〔C〕が減少する時間的変化と等しくなるはずである．すなわち，

$$\int_S \boldsymbol{J}\cdot\boldsymbol{n}dS=-\frac{d}{dt}Q=-\frac{d}{dt}\int_v \rho\, dv \tag{5.4}$$

もし，閉曲面が固定されている場合を考えるならば，式（5.4）右辺の時間微分は，次式のように書き直すことができる．

$$-\frac{d}{dt}\int_v \rho\, dv=-\int_v \frac{\partial \rho}{\partial t}dv \tag{5.5}$$

式（5.4）左辺にガウスの定理を適用し，上式を用いると，

$$\int_S \boldsymbol{J}\cdot\boldsymbol{n}dS=\int_v \nabla\cdot\boldsymbol{J}dv=-\int_v \frac{\partial \rho}{\partial t}dv$$

ゆえに，

$$\int_v \left(\nabla\cdot\boldsymbol{J}+\frac{\partial \rho}{\partial t}\right)dv=0 \tag{5.6}$$

上式が，任意の体積 v に対して成り立つためには，被積分関数自身が 0 でなければならない．すなわち，

$$\boxed{\nabla\cdot\boldsymbol{J}+\frac{\partial \rho}{\partial t}=0} \tag{5.7}$$

が得られる．この関係式は，連続の方程式（equation of continuity）と呼ばれ，電荷の保存則（conservation law of charge）を表している．とくに，定常状態，すなわち $\dfrac{\partial \rho}{\partial t}=0$ では，式（5.7）より

$$\boxed{\nabla\cdot\boldsymbol{J}=0} \tag{5.8}$$

が得られる．式（5.8）は定常電流界における基本式の一つである．

5.2 オームの法則

導線上の任意の2点A，Bの電位をそれぞれ V_A，V_B（$V_A > V_B$）とすると，点Aより点Bへ流れる電流 I は，電位差 $V = V_A - V_B$ に比例する．これをオームの法則（Ohm's law）という．電位差 V と電流 I との関係は，比例定数を R として，次式で書き表される．

$$V = RI \quad \text{〔V〕} \tag{5.9}$$

R は電気抵抗（electric resistance）を表し，オーム〔Ω〕の単位をもつ．R は導線の種類，長さ l，断面積 S，温度 T によって決まる正の定数である．一般に，長さ l にわたり断面積 S が一定な導電率 σ をもつ導体の抵抗 R は，$R = l/(\sigma S)$ で与えられる．導電率 σ の逆数を抵抗率 $\rho(=\sigma^{-1})$ という．抵抗率 ρ は温度 T に依存する．オームの法則は，金属導体に対してはほぼ成り立つが，たとえば半導体，アーク放電のように電流・電圧特性が非線形となる場合には成り立たない．

ここで，式（5.9）のオームの法則は，導体中の自由電子の運動に関する微視的考察から，次のように導かれる．一般に，外力 $\boldsymbol{F}$ が加えられたときの自由電子の運動を考えてみよう．自由電子の質量を m，平均速度を $\langle \boldsymbol{v} \rangle$ とすると，電子は次式の運動方程式に従う．

$$m\frac{d\langle \boldsymbol{v} \rangle}{dt} = \boldsymbol{F} - m\langle \boldsymbol{v} \rangle \nu \quad \text{〔N〕} \tag{5.10}$$

ここで，ν は衝突周波数であり，右辺第2項は衝突による減速項を表す．いま，定常状態 $d/dt = 0$ での運動を考えると，

$$\langle \boldsymbol{v} \rangle = \boldsymbol{v}_d = \boldsymbol{F}/m\nu \quad \text{〔m/s〕} \tag{5.11}$$

となり，この関係を式（5.3）に代入すると，電流密度 $\boldsymbol{J}$ は次式で与えられる．

$$\boldsymbol{J} = -en_e\frac{\boldsymbol{F}}{m\nu} = \frac{e^2 n_e}{m\nu}\left(-\frac{\boldsymbol{F}}{e}\right) \quad \text{〔A/m}^2\text{〕} \tag{5.12}$$

外力 $\boldsymbol{F}$ が電界 $\boldsymbol{E}$ によるクーロン力の場合には，

$$\boldsymbol{F} = -e\boldsymbol{E} \quad 〔\mathrm{N}〕 \tag{5.13}$$

を代入し，さらに

$$\sigma \equiv \frac{e^2 n_e}{m\nu} \quad 〔\Omega^{-1}\mathrm{m}^{-1}〕 \tag{5.14}$$

によって導電率σを定義すると，

$$\boxed{\boldsymbol{J} = \sigma \boldsymbol{E} \quad 〔\boldsymbol{A/m^2}〕} \tag{5.15}$$

なる関係を得ることができる．これは導体内の各点で成り立つ関係式であり，オームの法則の微分形表示と呼ばれる．これに対し，先に示した式（5.9）はオームの法則の積分形表示といわれる．式（5.15）の電界$\boldsymbol{E}$は，静電界の場合と同様に，その点での電位ϕを用いて$\boldsymbol{E} = -\nabla\phi$で表される．

この電界$\boldsymbol{E}$以外に，外部から起電界が印加される場合，その外部起電界を$\boldsymbol{E}_{ex}$と記すと，式（5.15）は一般に次式で書き表される．

$$\boxed{\boldsymbol{J} = \sigma(\boldsymbol{E} + \boldsymbol{E}_{ex})} \tag{5.16}$$

この関係を，一般化されたオームの法則と呼ぶ．式(5.15)あるいは式(5.16)で表されるオームの法則も，定常電流界の基本式の一つである．

【例題 5.1】

図5.3のように，内外半径がa，b長さがl（$l \gg a$，b）の十分に長い同軸円筒導体電極間の電気抵抗Rを求めよ．ただし，電極間の媒質の導電率をσとする．

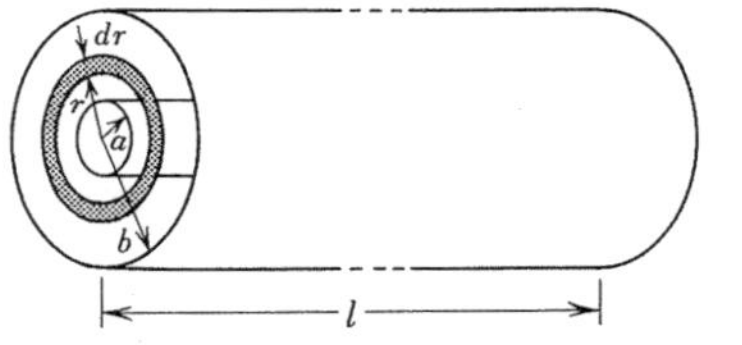

図5.3　同軸円筒導体

［解］　半径rの位置での電界をE_rとすると，電流密度Jは

$$J = \sigma E_r \quad 〔\mathrm{A/m^2}〕 \qquad ①$$

電極間に流れる電流をIとすると

$$I = 2\pi r l J \quad 〔\mathrm{A}〕 \qquad ②$$

式①，②より

$$E_r=\frac{I}{2\pi\sigma rl}\quad〔\mathrm{V/m}〕\qquad ③$$

つぎに，半径 a，b の電極間の電位差を V とすると

$$V=-\int_b^a E_r dr=\frac{I}{2\pi\sigma l}\int_a^b \frac{1}{r}dr=\frac{I}{2\pi\sigma l}\ln(b/a)\quad〔\mathrm{V}〕\qquad ④$$

ゆえに，電気抵抗 R はオームの法則，式（5.9）より，

$$R=\frac{V}{I}=\frac{1}{2\pi\sigma l}\ \ln\left(\frac{b}{a}\right)\quad〔\Omega〕$$

5.3　キルヒホッフの法則

電気回路論で重要な基本法則であるキルヒホッフの法則（Kirchhoff's law）は，いままで述べてきた定常電流界の基本式，$\nabla\cdot\boldsymbol{J}=0$（式（5.8）），および一般化オームの法則，$\boldsymbol{J}=\sigma(\boldsymbol{E}+\boldsymbol{E}_{ex})$（式（5.16））から導くことができる．

式（5.8）は，定常電流密度 $\boldsymbol{J}$ は発散がなく，源泉をもたないことを示している．電流密度の分布を示す電流線は常に連続であり，必ず閉曲線をつくらなければならない．式（5.8）を体積 $\boldsymbol{v}$ にわたり積分し，ガウスの定理を適用すると，

$$\int_S \boldsymbol{J}\cdot d\boldsymbol{S}=0 \qquad (5.17)$$

この関係式は，閉曲面 S の内部から外部へ流れ出る電流の和が 0 であることを示している．すなわち，閉曲面 S の外部から内部へ流入する電流と，内部から外部へ流れ出る電流は相等しく，図 5.4（a）に示すように，それぞれの導体断面に流出入する電流の総和は次式で示すように 0 となる．

$$\boxed{\int_S \boldsymbol{J}\cdot d\boldsymbol{S}=\sum_k\int_{S_k}\boldsymbol{J}\cdot d\boldsymbol{S}=\sum_k I_k=0} \qquad (5.18)$$

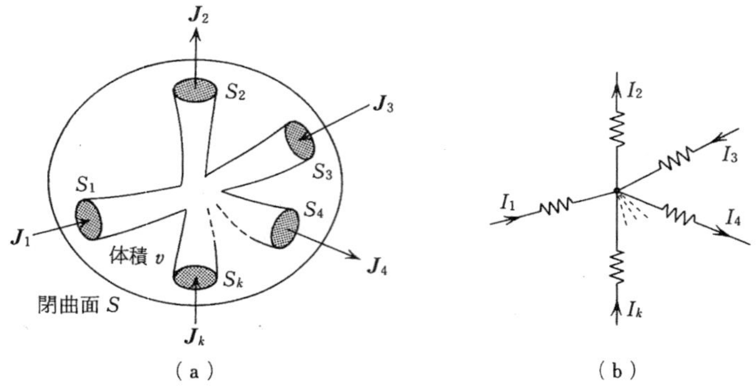

図 5.4 キルヒホッフの第1法則

この関係式は，キルヒホッフの第1法則 (Kirchhoff's first law) と呼ばれ，図 5.4 (b) に示すように，電流回路網の任意の接続点に流入する電流 I_k の代数和が常に 0 であることを示している．

つぎに，式 (5.16) を閉回路について周回積分を行うと，

$$\oint_{Ck} \frac{\boldsymbol{J}}{\sigma} \cdot d\boldsymbol{l} = \oint_{Ck} (\boldsymbol{E} + \boldsymbol{E}_{ex}) \cdot d\boldsymbol{l} \tag{5.19}$$

ここで，上式左辺は閉回路 C_k の中の導電率 σ_k をもつ長さ l_k，断面積 S_k の抵抗を考慮すると，

$$\oint_{Ck} \frac{\boldsymbol{J}}{\sigma} \cdot d\boldsymbol{l} = \sum_k \frac{l_k}{\sigma_k} \frac{I_k}{S_k} = \sum_k R_k I_k \tag{5.20}$$

ここで，$R_k = l_k/(\sigma_k S_k)$ の関係を用いた．

式 (5.19) の右辺第1項は，電界 $\boldsymbol{E}$ の周回積分であり，閉回路にわたる周回積分は，静電界で学んだように 0 となる．すなわち，

$$\oint_{Ck} \boldsymbol{E} \cdot d\boldsymbol{l} = 0 \tag{5.21}$$

一方，右辺第2項は外部起電界の周回積分であり，閉回路 C_k 中の外部起電力を表す．すなわち，

$$\int_{C_k} \boldsymbol{E}_{ex} \cdot d\boldsymbol{l} = \sum_l V_l \quad \text{[V]} \tag{5.22}$$

式 (5.20) から (5.22) までの関係式を用いると，式 (5.19) は最終的に次式となる.

$$\boxed{\sum_k R_k I_k = \sum_l V_l \quad \text{[V]}} \tag{5.23}$$

この関係式をキルヒホッフの第2法則 (Kirchhoff's second law) という．式 (5.23) は，図5.5に示したような電流回路網の任意の閉回路 C_k に沿った抵抗による電位降下の代数和 $\sum_k R_k I_k$ は，その閉回路 C_k に存在する起電力の代数和 $\sum_l V_l$ に等しいことを示している.

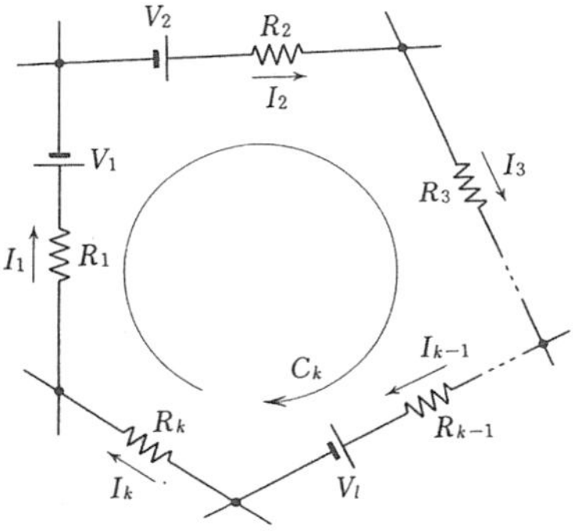

図 5.5 キルヒホッフの第2法則

【例題 5.2】

図5.6に示したような電流回路の各枝路に流れる電流を求めよ.

［解］ キルヒホッフの第1法則を点bに適用して，

$$I_1 + I_2 + I_3 = 0 \quad ①$$

次に閉回路 C_1 および C_2 に第2法則を適用すると

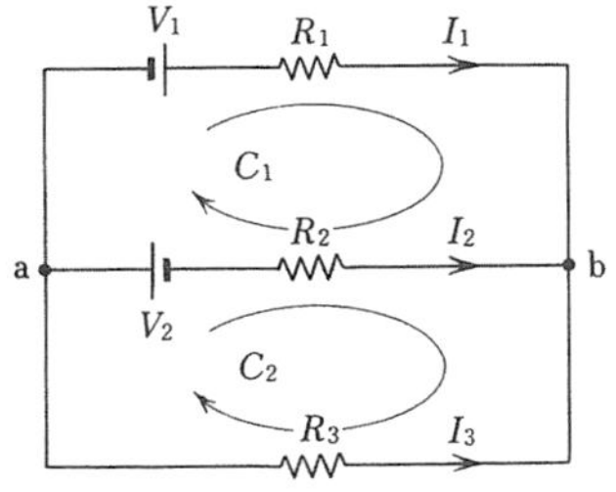

図 5.6

$$V_1 + V_2 = R_1 I_1 - R_2 I_2 \quad ②$$

$$-V_2 = R_2 I_2 - R_3 I_3 \quad ③$$

式①，②，③ より，I_1，I_2，I_3 を求めると，

$$I_1 = \frac{(R_2 + R_3) V_1 + R_3 V_2}{R_1 R_2 + R_2 R_3 + R_3 R_1}$$

$$I_2=\frac{-(R_1+R_3)V_2-R_3V_1}{R_1R_2+R_2R_3+R_3R_1}$$

$$I_3=\frac{R_1V_2-R_2V_1}{R_1R_2+R_2R_3+R_3R_1}$$

5.4　ジュール熱

電気抵抗 R をもつ導線に電流 I が流れると，$V=RI$ の電位降下を生じることをすでに学んだ．抵抗 R の導線内を，電位差 V だけ高電位側から低電位側まで電荷 Q を移動させるためには，QV〔J〕の仕事が必要とされる．これらの仕事は，導線に印加された電界によってなされる．すなわち，導線内の伝導電子に電界が加えられると，電子は，加速され，運動エネルギーの増加を生じる．これらの加速された電子は，導体内で衝突を繰り返すことによって，その運動エネルギーの一部を失う．失われた運動エネルギーは，熱エネルギーとなって導体内で消費され，熱の発生を生じる．この熱を，ジュール熱（Joule heat）という．

抵抗 R をもつ導線に電流 I が流れるとき，単位時間当たりに発生するジュール熱を P〔J/s〕とすると，P は

$$P=\frac{dQ}{dt}V=VI=RI^2 \quad \text{〔J/s〕} \tag{5.24}$$

で与えられる．ここで，P は単位時間当たりの電気エネルギーであり，これを電力（electric power）と呼び，毎秒 1 J の仕事をなすときの電力を 1 ワット〔W〕という．

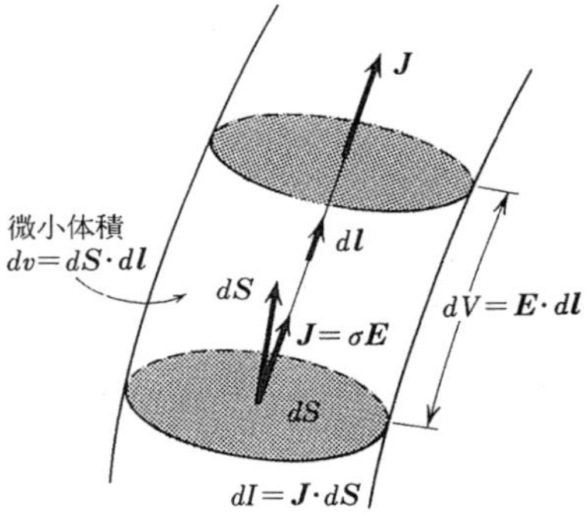

図 5.7　ジュール熱の説明図

次に，図 5.7 に示すように面積ベクトル $\boldsymbol{dS}$，電界方向の線素ベクトル $\boldsymbol{dl}$ をもつ微小筒状体積 $dv=\boldsymbol{dl}\cdot\boldsymbol{dS}$ を考

える．電界を$\boldsymbol{E}$とし，導体の導電率をσとすると，dv内に流れる電流密度は$\boldsymbol{J}=\sigma\boldsymbol{E}$で表される．したがって，$dv$内で単位時間当たりに発生するジュール熱$dP$は，電位差$dV=\boldsymbol{E}\cdot d\boldsymbol{l}$，電流$dI=\boldsymbol{J}\cdot d\boldsymbol{S}$の関係を用いて，

$$\begin{aligned} dP &= dVdI=(\boldsymbol{E}\cdot d\boldsymbol{l})(\boldsymbol{J}\cdot d\boldsymbol{S}) \\ &= \boldsymbol{E}\cdot\boldsymbol{J}dv \end{aligned} \tag{5.25}$$

ゆえに，体積v内に単位時間当たりに発生するジュール熱Pは，

$$\begin{aligned} P &= \int_v \boldsymbol{E}\cdot\boldsymbol{J}dv=\sigma\int_v \boldsymbol{E}^2 dv \\ &= \frac{1}{\sigma}\int_v \boldsymbol{J}^2 dv \quad \text{〔J/S〕} \end{aligned} \tag{5.26}$$

で表される．体積v内の電流密度が一様な場合には，$\int_v \boldsymbol{J}^2 dv=\int_S (I/S)^2 dS\times\int_0^l dl=lI^2/S$，および$R=l/(\sigma S)$の関係から，式（5.26）は式（5.24）に帰着することが分かる．

つぎに，ジュール熱と静電エネルギーの関係を調べてみよう．電界を$\boldsymbol{E}$，誘電率をεとすれば，体積v内の静電エネルギーUは，

$$U=\frac{1}{2}\varepsilon\int_v \boldsymbol{E}^2 dv \quad \text{〔J〕} \tag{5.27}$$

となる．一方，毎秒発生するジュール熱は，式（5.26）より，

$$P=\sigma\int_v \boldsymbol{E}^2 dv \quad \text{〔J/S〕} \tag{5.28}$$

ここで，両者の場合に対して，体積vが同じで，さらに定常電流界の電流線分布$\boldsymbol{J}=\sigma\boldsymbol{E}$と，誘電体中の電束線分布$\boldsymbol{D}=\varepsilon\boldsymbol{E}$が完全に一致するとするならば，式（5.27），（5.28）より次式の関係が得られる．

$$\boxed{P=\frac{2\sigma}{\varepsilon}U} \tag{5.29}$$

上記のように，定常電流界におけるジュール熱P（式（5.28））と静電エネ

ルギー U（式（5.27））との間に形式的な対応がみられる．トムソンの定理によれば，あらゆる電界の中で，そのエネルギーが最小となるものが静電界であるが，これに対してあらゆる電流の中で，発生するジュール熱が最小となるのは，定常電流であることを示すことができる．これは，最小発熱定理と呼ばれている．

【例題 5.3】

起電力 $V_0 = 3\mathrm{V}$，内部抵抗 $R_0 = 0.5\,\Omega$ の電池の両極が，長さ 1m，断面積 $1\mathrm{mm}^2$ の銅線に接続されているとき，この銅線に発生する単位時間当たりの熱量を求めよ．ただし銅線の抵抗率は $1.69\times 10^{-8}\,\Omega\cdot\mathrm{m}$ とする．

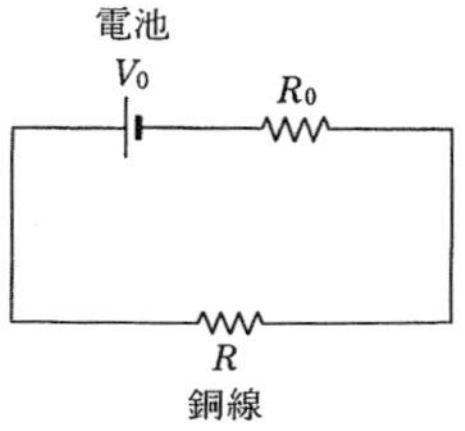

図 5.8

［解］　銅線の抵抗 R は

$$R=\rho\frac{l}{S}=1.69\times10^{-8}\,\Omega\cdot\mathrm{m}\times\frac{1\,\mathrm{m}}{10^{-6}\,\mathrm{m}^2}$$

$$=1.69\times10^{-2}\,\Omega$$

銅線に流れる電流 I は

$$I=\frac{V_0}{R_0+R}=\frac{3}{0.5+1.69\times10^{-2}}=5.8\,\mathrm{A}$$

ゆえに，ジュール熱 $P=RI^2=0.57\,\mathrm{W}$，単位時間当たりに発生する熱量 H〔cal/s〕は

$$H=0.24\,P=0.24\,RI^2=0.137\,\mathrm{cal/s}$$

5.5　定常電流界の基礎方程式

空間電荷が分布していない領域の静電界は，先に学んだように，

$$\nabla\cdot\boldsymbol{D}=0,\quad \boldsymbol{D}=\varepsilon\boldsymbol{E},\quad \boldsymbol{E}=-\nabla\phi \tag{5.30}$$

で表される．これらの関係は，定常電流界の基本式と類似をなしている．すなわち，定常電流界で学んだ

$$\boxed{\nabla\cdot\boldsymbol{J}=0,\quad \boldsymbol{J}=\sigma\boldsymbol{E},\quad \boldsymbol{E}=-\nabla\phi} \tag{5.31}$$

の三つの基本方程式である．形式的ではあるが，ε と σ との対応，$\boldsymbol{D}$ と $\boldsymbol{J}$ との対応がみられる．したがってこれらの類似性を利用して，静電界での問題と同様な数学的手法で，定常電流界における問題を解くことが可能である．しかしながら注意すべき点は，ε と σ とは対応しているが，$\sigma=0$ に対する $\varepsilon=0$ は，現実の誘電体には存在しないことである．また，静電界においては，導体内での電界は $\boldsymbol{E}=0$ であるが，定常電流界では $\boldsymbol{E}\fallingdotseq 0$ となる違いがあることも注意すべき点である．後者については，導体中にある有限な電流が流れても，電界が $\boldsymbol{E}=0$ とみなせるような導電率 $\sigma=\infty$ となる導体を考えることによって，その整合をはかることが可能である．

このような導電率 $\sigma=\infty$ の導体を完全導体という．一つの対応例として，図5.9のような二つの完全導体間の抵抗 R とキャパシタンス C との関係を調べてみよう．二つの電極にそれぞれ V_1，$V_2(<V_1)$ の電位を与えたとき，電流 I が流れたとすると，

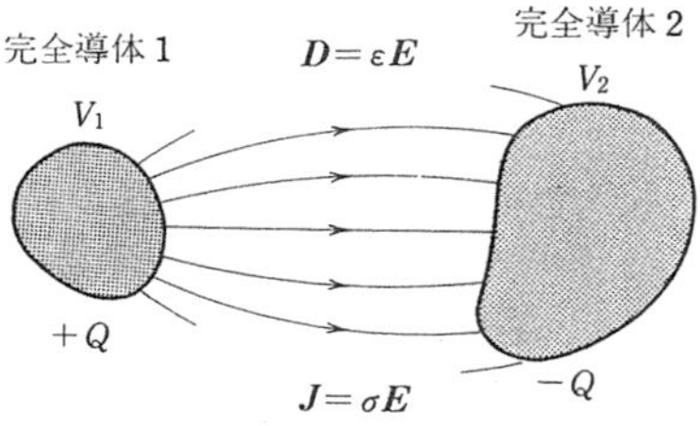

図 5.9　定常電流界と静電界との対応図

$$I=\int_S \sigma\boldsymbol{E}\cdot d\boldsymbol{S}=\frac{V_1-V_2}{R}\quad〔\mathrm{A}〕 \tag{5.32}$$

一方，2電極間に電荷 $+Q$ と $-Q$ を与え，それぞれの電位を V_1，V_2 とすれば

$$Q=\int_S \varepsilon\boldsymbol{E}\cdot d\boldsymbol{S}=C(V_1-V_2)\quad〔\mathrm{C}〕 \tag{5.33}$$

式（5.32）と式（5.33）で $\int_S\boldsymbol{E}\cdot d\boldsymbol{S}$ を等しいと考えると，

$$\int_S\boldsymbol{E}\cdot d\boldsymbol{S}=\frac{V_1-V_2}{\sigma R}=\frac{C(V_1-V_2)}{\varepsilon} \tag{5.34}$$

すなわち，以下の関係を得る．

$$\boxed{R\sigma = \varepsilon / C} \tag{5.35}$$

【例題 5.4】

図5.10のように，半径 a〔m〕の半球状金属導体を接地して電極とした場合の接地抵抗 R を求めよ．ただし，大地の抵抗率を $\dfrac{1}{\sigma}$〔Ω•m〕とし，他の接地電極は無限遠にあるものとし，その接地抵抗を0とする．

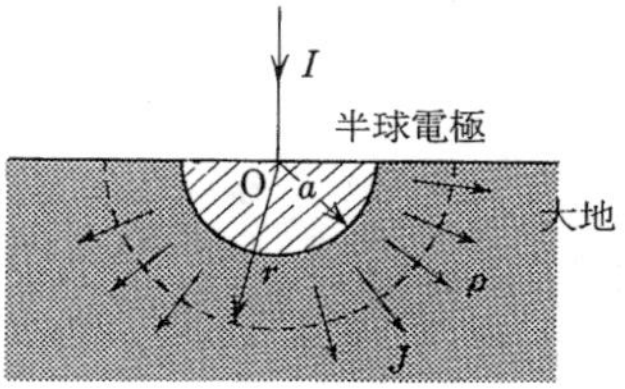

図5.10

［解］　図5.10のように，接地電極に電流 I を流したとすると，中心Oから r の点での電流密度 J は

$$J = \frac{I}{2\pi r^2} \quad 〔\mathrm{A/m^2}〕 \qquad ①$$

$E = \dfrac{1}{\sigma} J$ の関係より，電界 E は

$$E = \frac{I}{2\pi\sigma r^2} \quad 〔\mathrm{V/m}〕 \qquad ②$$

ゆえに，接地電極の電位 V は式②を∞から a まで積分して

$$V = -\int_{\infty}^{a} E dr = -\frac{I}{2\pi\sigma}\int_{\infty}^{a}\frac{dr}{r^2} = \frac{I}{2\pi\sigma a} \quad 〔\mathrm{V}〕$$

接地抵抗 R は

$$R = \frac{V}{I} = \frac{1}{2\pi\sigma a} \quad 〔\Omega〕$$

［別解］　半径 a の導体球の静電容量は

$$C = 4\pi\varepsilon a \quad 〔\mathrm{F}〕$$

で与えられることを先に学んだ．半球導体の静電容量はその半分となるので

$$C = 2\pi\varepsilon a \quad 〔\mathrm{F}〕$$

式（5.35）の関係より，

$$R = \frac{\varepsilon}{\sigma C} = \frac{1}{2\pi\sigma a} \quad 〔\Omega〕$$

【例題 5.5】

誘電率 ε，導電率 σ が一様でない誘電体中に定常電流密度 $\boldsymbol{J}$ が流れるとき，媒質中に蓄積される体積電荷密度 ρ を求めよ．

$$\nabla\cdot\boldsymbol{D}=\nabla\cdot(\varepsilon\boldsymbol{E})=\rho \qquad ①$$

$$\nabla\cdot\boldsymbol{J}=\nabla\cdot(\sigma\boldsymbol{E})=\frac{\partial\rho}{\partial t}=0 \qquad ②$$

式①より

$$\nabla\varepsilon\cdot\boldsymbol{E}+\varepsilon\nabla\cdot\boldsymbol{E}=\rho \qquad ③$$

式②より

$$\nabla\sigma\cdot\boldsymbol{E}+\sigma\nabla\cdot\boldsymbol{E}=0 \qquad ④$$

式③，④より $\nabla\cdot\boldsymbol{E}$ を消去すると

$$\rho=\nabla\varepsilon\cdot\boldsymbol{E}-\frac{\varepsilon}{\sigma}\nabla\sigma\cdot\boldsymbol{E}=\sigma\boldsymbol{E}\cdot\left(\frac{1}{\sigma}\nabla\varepsilon-\varepsilon\frac{\nabla\sigma}{\sigma^2}\right)$$

$$=\boldsymbol{J}\cdot\nabla\left(\frac{\varepsilon}{\sigma}\right)\quad〔\mathrm{C/m^3}〕$$

［演 習 問 題］

［5.1］ 図5.11に示したような内外半径 a，b の同心球導体間に抵抗率 ρ の媒質が満たされている．この内外球間の抵抗 R を求めよ．

［5.2］ 図5.12のように半径 a_1，a_2 の二つの導体球を中心距離 d（$d\gg a_1$，a_2）隔て

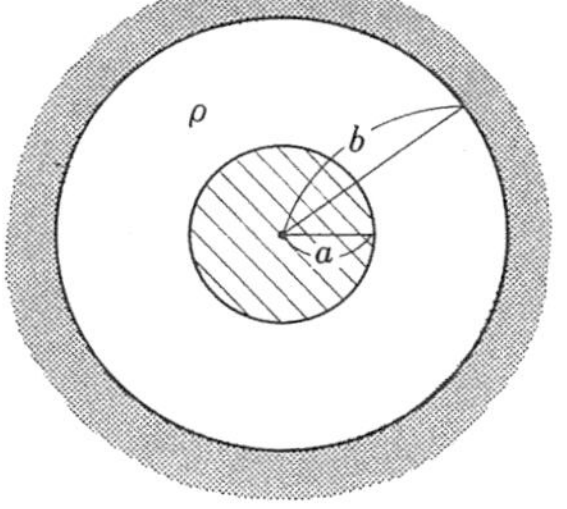

図 5.11

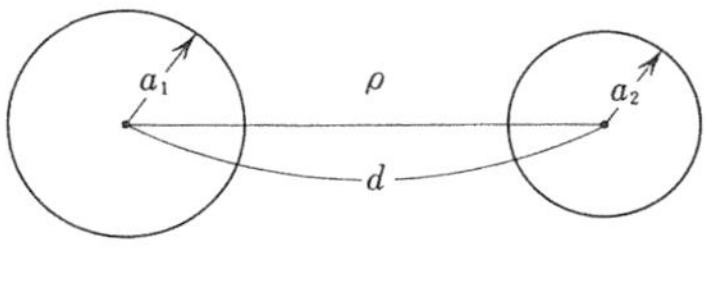

図 5.12

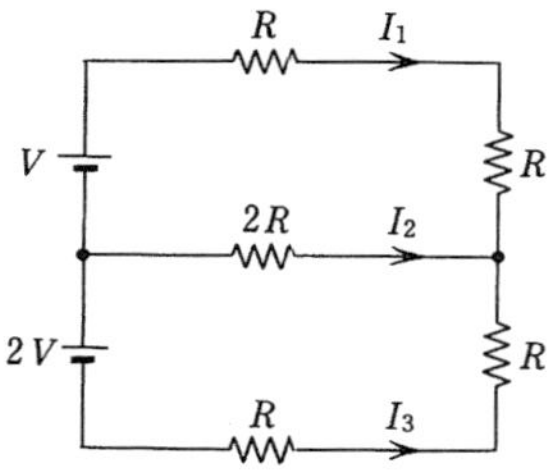

図 5.13

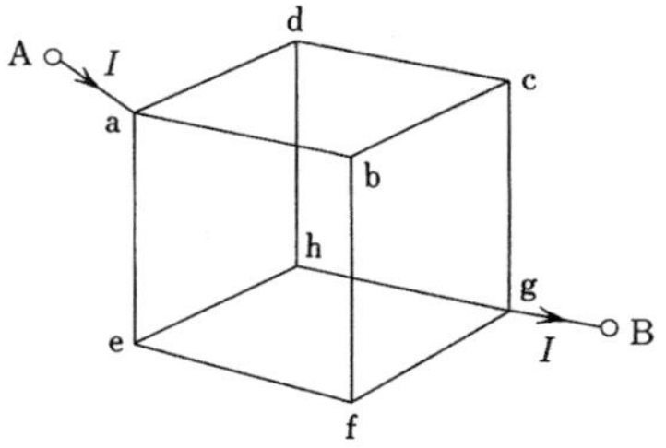

図 5.14

て，抵抗率 ρ の媒質中においたとき，両球間の抵抗 R を求めよ．

[5.3]　図 5.13 のような電気回路の各枝路に流れる電流を求めよ．

[5.4]　図 5.14 のように，電気抵抗 R の導線で立方体回路をつくり，端子 A，B 間に電流 I を流すとき，AB 間の抵抗はいくらか．

[5.5]　図 5.15 のように，平行平板導体間に，二つの異なる媒質の板が挿入されている．それぞれの媒質の厚さ，誘電率，抵抗率を d_1，ε_1，ρ_1 および d_2，ε_2，ρ_2 とする．両板間に電圧 V を加え，定常電流が流れているとき，この 2 種類の媒質の境界面に蓄えられる面電荷密度 ω を求めよ．

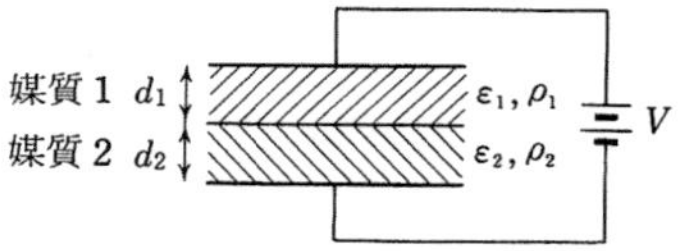

図 5.15

6　定常電流による静磁界

電気と磁気の間には本質的な関係があり，電流と磁石，電流と電流は相互に影響を及ぼし合う．

本章では，定常電流によって生じる静磁界に関する現象，および基本的法則について説明する．理解を容易にするために，実験的事実に基づいたアンペアの周回積分の法則から説明を始め，磁界の基礎方程式および境界条件，ベクトルポテンシャル，ビオ・サバールの法則，磁気回路，電流による力，電流による磁界のエネルギーの順に説明する．

6.1　アンペアの周回積分の法則

電気と磁気の間には本質的な関係があり，電流と磁石，電流と電流は相互に影響を及ぼしあう．これは次のような実験的事実によって明らかにされてきた．

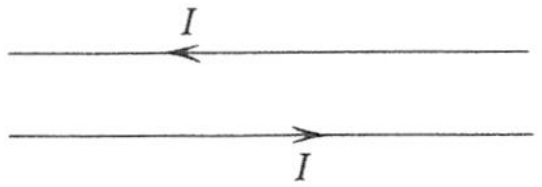

図 6.1　逆向き電流によって磁界が打ち消しあう作用

① 平行に接して逆向きに流れる相等しい電流の作用は，打ち消し合って外部に磁界作用を及ぼさない（図 6.1）．

② 電流による磁界は，右ねじの進む方向を電流の方向としたとき，右ねじのまわる方向に同心円状に生じる（アンペアの右ねじの法則）（図 6.2）．

③ 環状電流は磁石と同じような磁界を作る．

実験結果①および②から，積分路 C が電流 I を囲むとき，

$$\oint_C \boldsymbol{H} \cdot d\boldsymbol{l} = I \quad \text{〔A〕} \tag{6.1}$$

となる．これを**アンペアの周回積分の法則**(Ampere's circuital law) という．磁界の強さ $\boldsymbol{H}$ の単位は，アンペア／メートル〔A/m〕である．

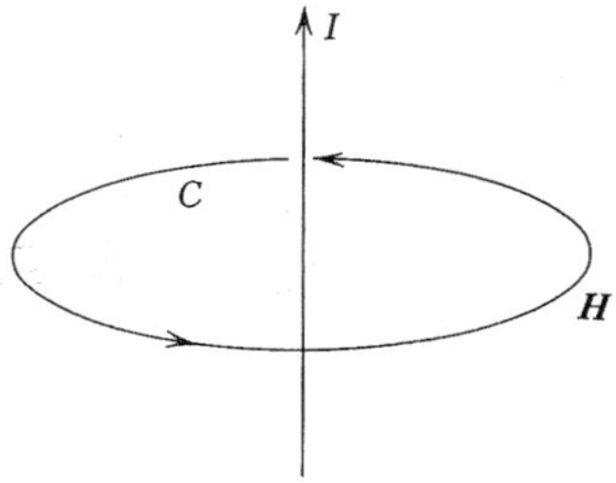

図 6.2　アンペアの右ねじり法則

図6.3のように，一般的に電流 I_i が積分路を m_i 回繰り返し鎖交するとき，式(6.1)は次式となる．

$$\oint_C \boldsymbol{H} \cdot d\boldsymbol{l} = \sum_i m_i I_i \quad \text{〔A〕} \tag{6.2}$$

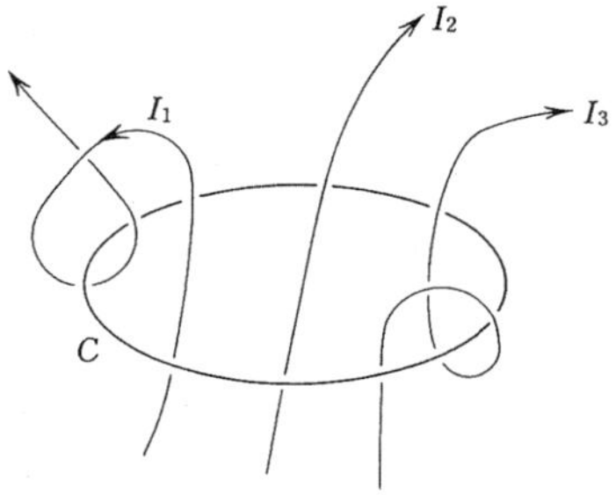

図 6.3　電流が積分路を繰り返し鎖交する場合

【例題 6.1】

無限長直線導線電流による磁界：電流 I が流れている無限長の直線導線から，距離 r だけ離れた点の磁界をアンペアの周回積分の法則を用いて求めよ(図 6.4).

［解］　式 (6.1) より

$$\oint_C \boldsymbol{H} \cdot d\boldsymbol{l} = 2\pi r H = I$$

となるので，

$$H = \frac{I}{2\pi r} \quad \text{〔A/m〕}$$

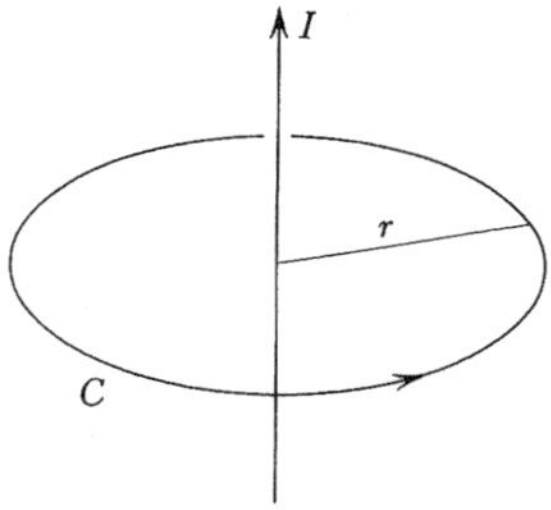

図 6.4　無限長直線導線電流による磁界

ここで環状電流に関して，でてくる等価板磁石の考え方について説明しておく．

任意の閉回路を電流 I が流れているとき，図6.5のように，閉回路を多くの微小ループに分割し，各ループにもとの電流 I と同じ方向に，同じ大きさの電流が流れていると考える．この場合，境界において各電流は打ち消し合うので，もとの閉回路電流の作用は，微小ループ電流の総合作用と等しくなる．この各微小ループはアンペアの右ねじの法則により，微小棒磁石と等価と考えられる．その際，微小棒磁石が並べられる面は，閉回路を周辺とする任意の面をとってよい．したがって環状電流によって生じる磁界は，等価的に，その閉回路をふちとする任意の曲面上に，一様に分布させた微小棒磁石の集まりで表される．これは等価板磁石と呼ばれ，環状電流が作る磁界を扱うときには，この等価板磁石による磁界におきかえて考えることができる．

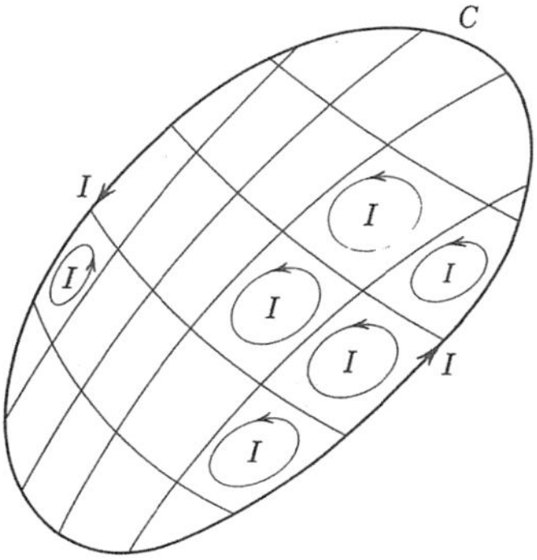

図 6.5　等価板磁石の考え方

6.2　磁界の基礎方程式

電流が一般に広がった体積電流として流れているときも閉路 C に沿って次式が成り立つ（図 6.6）．

$$\oint_C \boldsymbol{H}\cdot d\boldsymbol{l}=I \tag{6.3}$$

一方 C を周辺とする任意の曲面 S を考え，S 上における電流密度を $\boldsymbol{J}$ とすると

$$I=\int_S \boldsymbol{J}\cdot d\boldsymbol{S} \tag{6.4}$$

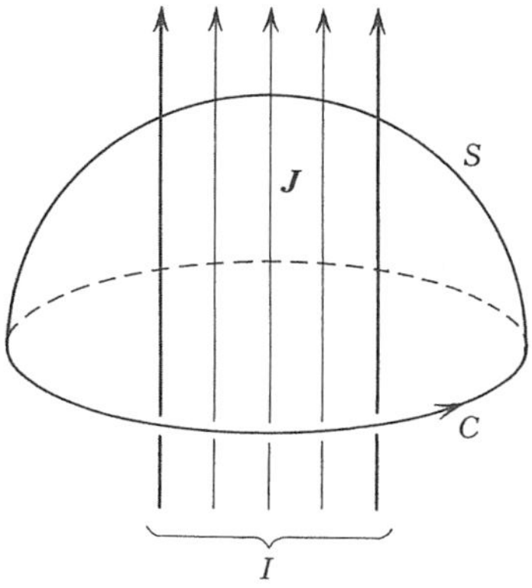

図 6.6　体積電流による磁界

式（6.3）の左辺にストークスの定理を適用し，式（6.4）と結びつけると，

$$\int_S \nabla\times\boldsymbol{H}\cdot d\boldsymbol{S}=\int_S \boldsymbol{J}\cdot d\boldsymbol{S}$$

となる．S は任意の曲面なので，

$$\nabla\times\boldsymbol{H}=\boldsymbol{J}\quad[\mathrm{A/m^2}] \tag{6.5}$$

が成り立つ．これがアンペアの法則の微分形である．

$\boldsymbol{J}=0$ のとき，式（6.5）から磁界の強さ $\boldsymbol{H}$ は次式で与えられる．

$$\boldsymbol{H}=-\nabla\phi_m\quad[\mathrm{A/m}] \tag{6.6}$$

この ϕ_m は磁位（スカラポテンシャル）と呼ばれる．また磁界内の曲面 S をつらぬく磁束 Φ は，磁束密度を $\boldsymbol{B}$ とすると，

$$\Phi=\int_S \boldsymbol{B}\cdot d\boldsymbol{S}\quad[\mathrm{Wb}] \tag{6.7}$$

で与えられる．次に環状電流路 C を周辺とする二つの任意の曲面 S_1，S_2 を考えると（図 6.7），これらに鎖交する磁束は等しいから，

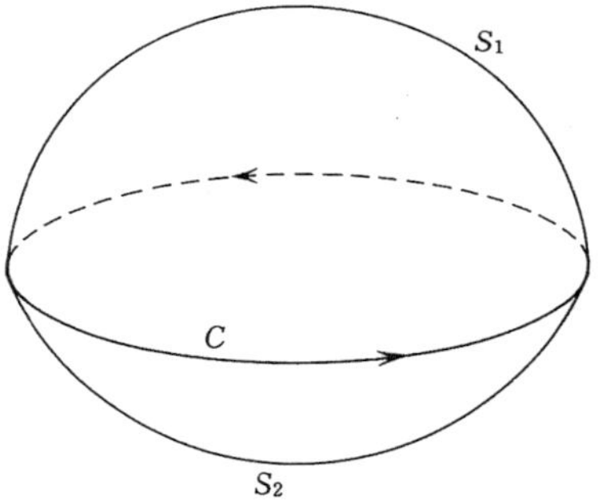

図 6.7　C を周辺とする閉局面

$$\Phi=\int_{S_1}\boldsymbol{B}\cdot d\boldsymbol{S}=\int_{S_2}\boldsymbol{B}\cdot d\boldsymbol{S}$$

となる．よって S_1，S_2 で作る一つの閉曲面 $S=S_1+S_2$ をとると，

$$\oint_S \boldsymbol{B}\cdot d\boldsymbol{S}=0 \tag{6.8}$$

これにガウスの定理を適用すると，

$$\int_v \nabla\cdot\boldsymbol{B}dv=0 \tag{6.9}$$

ただし v は曲面 S_1 および S_2 で包む閉曲面の体積を表す．この体積 v は任意だから

$$\nabla\cdot\boldsymbol{B}=0 \tag{6.10}$$

が成り立つ．すなわち磁束線は常に閉曲線をなす．このように三つの式

$$\begin{cases} \nabla \times \boldsymbol{H} = \boldsymbol{J} \\ \nabla \cdot \boldsymbol{B} = 0 \\ \boldsymbol{B} = \mu \boldsymbol{H} \end{cases} \tag{6.11}$$

を，定常電流 $\boldsymbol{J}$ によってできる静磁界の基本方程式という．

6.3　静磁界の境界条件

図6.8のように，透磁率 μ_1，μ_2 の二つの媒質の境界面を考える．この境界

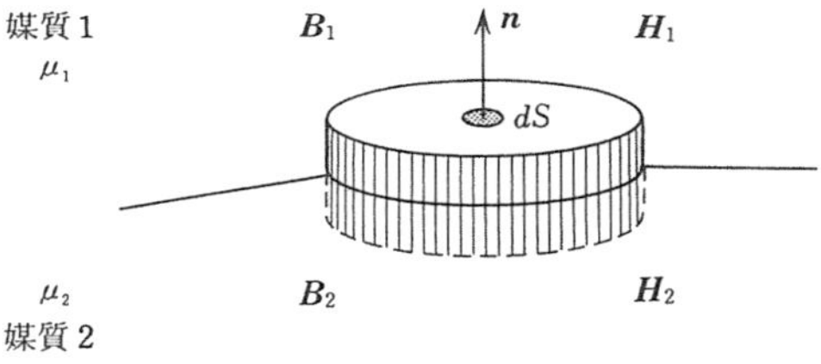

図6.8　磁束密度の境界条件

面を含み，これに垂直な極めて薄い円筒を考え，媒質2から1に立てた単位法線ベクトルを $\boldsymbol{n}$ とする．この円筒に式（6.8）を適用すると，

$$\boldsymbol{B}_1 \cdot \boldsymbol{n} dS - \boldsymbol{B}_2 \cdot \boldsymbol{n} dS = 0$$

となる．よって

$$(\boldsymbol{B}_1 - \boldsymbol{B}_2) \cdot \boldsymbol{n} = 0 \tag{6.12}$$

すなわち境界面における磁束密度の法線方向成分は等しい．

次に図6.9のように，境界面に沿って微小な矩形 $ABCD$ を考える．これに式（6.1）を適用すると，

$$\boldsymbol{H}_2 \cdot \boldsymbol{n} \times \boldsymbol{\nu} \overline{AB} - \boldsymbol{H}_1 \cdot \boldsymbol{n} \times \boldsymbol{\nu} \overline{AB} = \boldsymbol{J} \cdot \boldsymbol{\nu} \overline{AB} \times \overline{BC}$$

となる．ただし $\boldsymbol{\nu}$ は矩形 $ABCD$ に垂直な単位法線ベクトルであり，したがって $\boldsymbol{n} \times \boldsymbol{\nu}$ は $\overline{AB}$ 方向の単位ベクトルを表す．$\boldsymbol{J}$ は長方形 $ABCD$ 上の電流密度

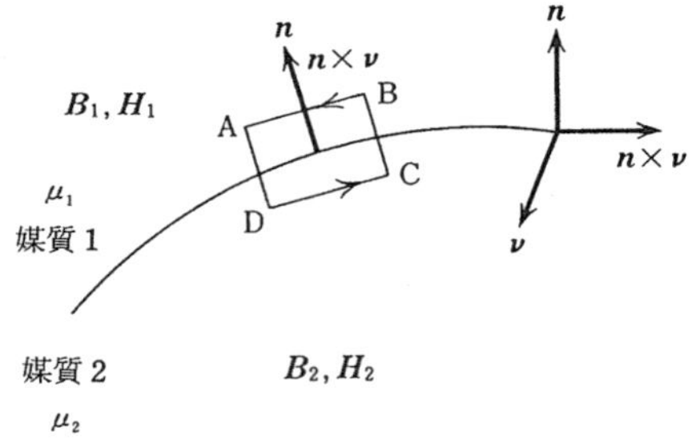

図 6.9　磁界の強さの境界条件

である．よって $\overline{BC} \to 0$ の極限をとり，$\boldsymbol{\nu}$ の方向が任意であることを考慮すると，

$$(\boldsymbol{H}_2 - \boldsymbol{H}_1) \times \boldsymbol{n} = \lim_{\overline{BC} \to 0} (\boldsymbol{J}\overline{BC}) \tag{6.13}$$

もし媒質の導電率が有限で，電流密度 $\boldsymbol{J}$ が有限ならば，式（6.13）の右辺は 0 となる．しかし導電率が無限大で，$\boldsymbol{J}$ が無限大の時は，右辺が有限ならば，それを面電流密度と呼ぶ．この面電流密度を $\boldsymbol{K}$ とかくと，

$$\boxed{(\boldsymbol{H}_2 - \boldsymbol{H}_1) \times \boldsymbol{n} = \begin{cases} 0 \\ \boldsymbol{K} \end{cases}} \tag{6.14}$$

すなわち媒質の導電率が有限ならば，境界面上における磁界の強さ $\boldsymbol{H}$ の接線方向成分は等しい．また媒質の導電率が無限大ならば，その差は面電流密度に等しい．

よって図 6.10 のように，媒質 1 から 2 へ磁力線が入り，境界面に電流が流れていない場合，磁力線の境界面における法線方向となす入射角，屈折角をそれぞれ θ_1，θ_2 とすると，

$$\begin{cases} B_1 \cos\theta_1 = B_2 \cos\theta_2 \\ H_1 \sin\theta_1 = H_2 \sin\theta_2 \end{cases} \tag{6.15}$$

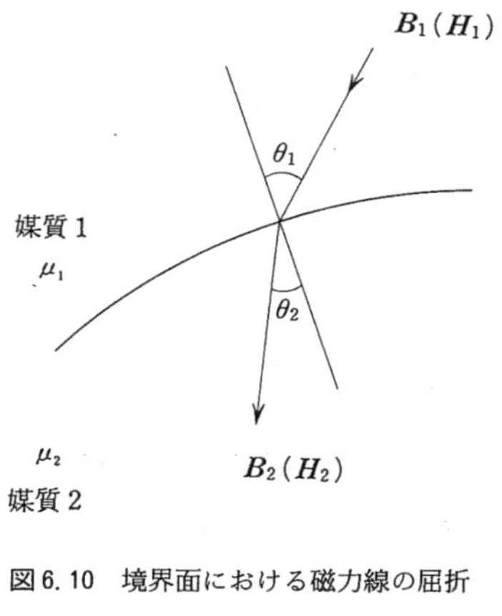

図 6.10　境界面における磁力線の屈折

が成り立つ．この2式から式（6.16）が得られる．

$$\frac{\tan\theta_1}{\tan\theta_2}=\frac{\mu_1}{\mu_2} \tag{6.16}$$

6.4　磁界のベクトルポテンシャル

静電界は

$$\oint_C \boldsymbol{E}\cdot d\boldsymbol{l}=0$$

を満足する保存の界であるために，

$$\boldsymbol{E}=-\nabla\phi$$

で与えられる電位 ϕ（スカラポテンシャル）を持つ．

一方定常電流 $\boldsymbol{J}$ によって生じる静磁界の場合は，磁界の強さ $\boldsymbol{H}$ は式（6.1），（6.2）のように，一般的には保存的ではない．したがって電位 ϕ に対応して，磁位と呼ばれるスカラポテンシャル ϕ_m を必ずしも持つとは限らない．しかし静磁界においては，

$$\nabla\cdot\boldsymbol{B}=0$$

であるから，$\boldsymbol{A}$ を任意のベクトルとして，磁束密度 $\boldsymbol{B}$ は次式で表すことができる（なぜなら恒等的に $\nabla\cdot\nabla\times\boldsymbol{A}=0$）．

$$\boxed{\boldsymbol{B}=\nabla\times\boldsymbol{A}\quad[\mathrm{Wb/m^2}]} \tag{6.17}$$

この $\boldsymbol{A}$ を磁界の**ベクトルポテンシャル**（vector potential）と呼び，単位はウェーバ/メートル〔Wb/m〕である．

いま $\boldsymbol{A}_1$ を磁界 $\boldsymbol{B}$ の一つのベクトルポテンシャル，ϕ を任意のスカラ関数とすると，常に $\nabla\times\nabla\phi=0$ であるから，

$$\boldsymbol{A}=\boldsymbol{A}_1+\nabla\phi\quad[\mathrm{Wb/m}] \tag{6.18}$$

で与えられる $\boldsymbol{A}$ も式（6.17）を満たし，ベクトルポテンシャル $\boldsymbol{A}$ は一意には決まらない．そこで $\boldsymbol{A}$ の任意性を制限するために，

$$\nabla\cdot\boldsymbol{A}=0 \tag{6.19}$$

という条件（クーロンゲージ）を与える．

次に三つの式，

$$\nabla\times\boldsymbol{H}=\boldsymbol{J},\quad \boldsymbol{B}=\nabla\times\boldsymbol{A},\quad \boldsymbol{B}=\mu\boldsymbol{H}$$

から $\boldsymbol{H}$, $\boldsymbol{B}$ を消去し，式（6.19）の条件を考慮すると，直角座標系では次式が得られる．

$$\nabla^2\boldsymbol{A}=-\mu\boldsymbol{J} \tag{6.20}$$

すなわち式（6.21）となる．

$$\boxed{\nabla^2 A_x=-\mu J_x,\quad \nabla^2 A_y=-\mu J_y,\quad \nabla^2 A_z=-\mu J_z} \tag{6.21}$$

式（6.20），（6.21）は静電界のポアソンの式（3.21）

$$\nabla^2\phi=-\frac{\rho}{\varepsilon}$$

と同じ形をしている．ただし ρ は真電荷密度，ε は誘電率を表す．このときある点Pにおけるポアソンの式を満たす電位 ϕ は

$$\phi=\frac{1}{4\pi\varepsilon}\int_v\frac{\rho}{r}\,dv\quad \text{〔V〕} \tag{6.22}$$

で与えられることが知られている．したがって静磁界と静電界の式を比較すると，

$$\boldsymbol{A}\ \longleftrightarrow\ \phi$$

$$\mu\ \longleftrightarrow\ 1/\varepsilon$$

$$\boldsymbol{J}\ \longleftrightarrow\ \rho$$

のように対応しているので，密度 $\boldsymbol{J}$ の電流が流れているとき，式（6.20）を満足する解は次式で与えられる．

$$\boxed{\boldsymbol{A}=\frac{\mu}{4\pi}\int_v\frac{\boldsymbol{J}}{r}\,dv\quad \text{〔Wb/m〕}} \tag{6.23}$$

ただし，r は電流素分 $\boldsymbol{J}dv$ から観測点Pまでの距離，v は電流 $\boldsymbol{J}$ が流れている空間領域を表す．この式によって求められるベクトルポテンシャル $\boldsymbol{A}$ は

$$\nabla \cdot \boldsymbol{A} = 0$$

を満たし，電流密度 $\boldsymbol{J}$ と同じ方向をとる．

線状電流の場合は，電流回路を C，全電流を I とすると，$\boldsymbol{J}dv = Id\boldsymbol{l}$ であるから，

$$\boxed{\boldsymbol{A} = \frac{\mu I}{4\pi}\oint_C \frac{d\boldsymbol{l}}{r}} \tag{6.24}$$

または

$$\boxed{d\boldsymbol{A} = \frac{\mu I d\boldsymbol{l}}{4\pi r}} \tag{6.25}$$

となる．すなわち磁界のベクトルポテンシャルは線状電流 $Id\boldsymbol{l}$ と同じ方向をとる．

ベクトルポテンシャル $\boldsymbol{A}$ を用いると，曲面 S を貫く磁束 Φ は次式で与えられる．

$$\Phi = \int_S \boldsymbol{B} \cdot d\boldsymbol{S}$$

$$= \int_S \nabla \times \boldsymbol{A} \cdot d\boldsymbol{S} = \oint_C \boldsymbol{A} \cdot d\boldsymbol{l} \tag{6.26}$$

このように磁束は S の周辺曲線 C に沿ってのベクトルポテンシャル $\boldsymbol{A}$ の線積分として表される．ここで電流による静磁界と静電界の対応する式などを表 6.1 にまとめておく．

6.5　ビオ・サバールの法則

図 6.11 に示すように，電流回路 C に線状電流 I が流れているとき，電流素分 $Id\boldsymbol{l}$ によって r だけ離れた点 P に生じる静磁界 $d\boldsymbol{H}$ のベクトルポテンシャル $\boldsymbol{A}$ は，式 (6.25) で与えられる．したがって

$$d\boldsymbol{H} = \frac{I}{4\pi}\nabla \times \frac{d\boldsymbol{l}}{r}$$

表 6.1　電流による静磁界と静電界の対応する関係式

電流による静磁界	静電界
$\oint_c \boldsymbol{H}\cdot d\boldsymbol{l}=I$	$\oint_c \boldsymbol{E}\cdot d\boldsymbol{l}=0$
$\nabla\times\boldsymbol{H}=\boldsymbol{J}$	$\nabla\times\boldsymbol{E}=0$
$\nabla\cdot\boldsymbol{B}=0$	$\nabla\cdot\boldsymbol{D}=\rho$
$\boldsymbol{B}=\nabla\times\boldsymbol{A}$	$\boldsymbol{E}=-\nabla\phi$
$\nabla^2\boldsymbol{A}=-\mu\boldsymbol{J}$ (直角座標)	$\nabla^2\phi=-\dfrac{\rho}{\varepsilon}$
$\boldsymbol{A}=\dfrac{\mu}{4\pi}\int_v\dfrac{\boldsymbol{J}}{r}dv$	$\phi=\dfrac{1}{4\pi\varepsilon}\int_v\dfrac{\rho}{r}dv$

$$=\frac{I}{4\pi}\left\{\frac{1}{r}\nabla\times d\boldsymbol{l}+\nabla\left(\frac{1}{r}\right)\times d\boldsymbol{l}\right\}$$

∇ は点Pの微分で，$d\boldsymbol{l}$ に無関係であるから，$\nabla\times d\boldsymbol{l}=0$ となる．よって

$$d\boldsymbol{H}=\frac{Id\boldsymbol{l}\times\boldsymbol{r}}{4\pi r^3} \qquad (6.27)$$

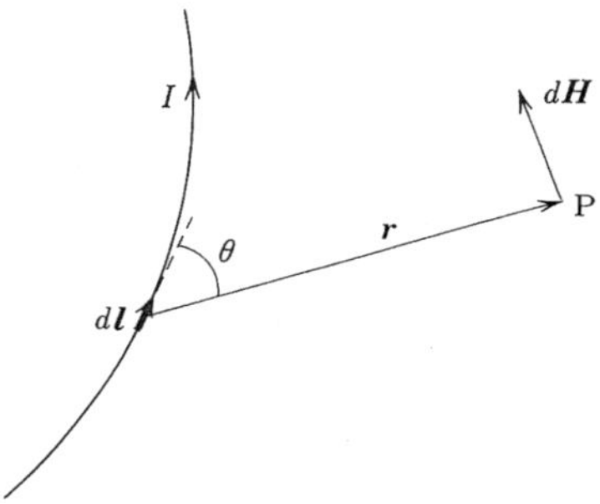

図 6.11　線状電流素分による磁界（ビオ・サバールの法則）

したがって環状電流 I によって点Pに生じる磁界の強さは次式で与えられる．

$$\boldsymbol{H}=\frac{I}{4\pi}\oint_c\frac{d\boldsymbol{l}\times\boldsymbol{r}}{r^3} \qquad (6.28)$$

式 (6.27) および (6.28) は**ビオ・サバールの法則** (Biot-Savart's law) と呼ばれ，線状電流によって生じる磁界の強さを求めるのに極めて有効である．

このビオ・サバールの法則を用いた，電流による静磁界の計算例を以下にいくつか示す．

【例題 6.2】

有限長の直線導線電流による磁界：長さ l の有限長の直線導線電流 I によって，それから垂直距

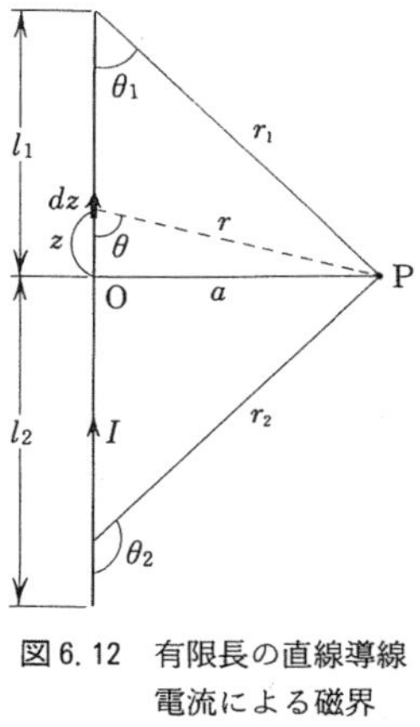

図 6.12　有限長の直線導線電流による磁界

離 a だけ離れた点Pに生じる磁界の強さ H を求めよ．（図6.12）

［解］ 電流素分 Idz によって，それから距離 r にある点Pにできる磁界の強さ $d\boldsymbol{H}$ は，式（6.27）で与えられる．したがってその方向は紙面に垂直（紙面の表から裏方向）で，大きさは

$$dH = \frac{I \sin\theta \, dz}{4\pi r^2}$$

図6.12から，

$$r = a \operatorname{cosec}\theta, \quad z = a \cot\theta$$

ゆえに

$$H = \int_{\theta_2}^{\theta_1} \frac{I \sin\theta(-a \operatorname{cosec}^2\theta d\theta)}{4\pi a^2 \operatorname{cosec}^2\theta} = -\frac{I}{4\pi a}\int_{\theta_2}^{\theta_1} \sin\theta d\theta$$

$$= \frac{I}{4\pi a}(\cos\theta_1 - \cos\theta_2) = \frac{I}{4\pi a}\left(\frac{l_1}{\sqrt{l_1^2 + a^2}} + \frac{l_2}{\sqrt{l_2^2 + a^2}}\right)$$

長さが無限長の場合は，$\theta_1 \to 0$，$\theta_2 \to \pi$ となるから，上式は

$$H = \frac{I}{2\pi a}$$

となる．これは，アンペアの周回積分の法則を用いて得られた例題6.1の結果と一致する．

【例題6.3】

円形コイル電流による中心軸上の磁界：半径 a の円形コイルに沿って流れる電流 I によって，その中心軸上に生じる磁界の強さを求めよ．（図6.13）

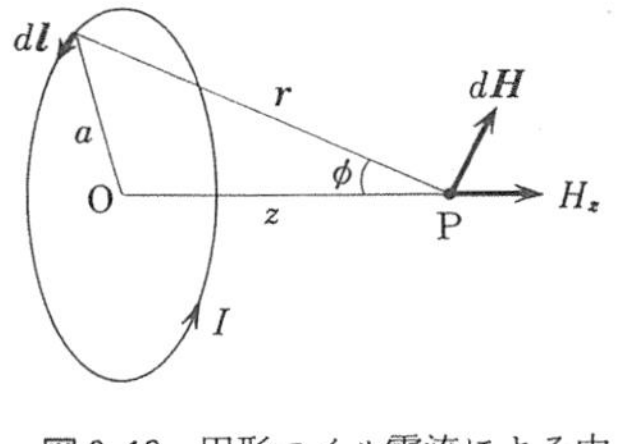

図6.13 円形コイル電流による中心軸上の磁界

［解］ 中心軸上の点Pと線素 $d\boldsymbol{l}$ を結ぶ直線と，線素 $d\boldsymbol{l}$ とは直交するので，$Id\boldsymbol{l}$ による点Pの磁界の強さは，式（6.27）から

$$dH = \frac{Idl}{4\pi r^2}$$

中心軸上の磁界は，軸対称性から z 軸方向成分のみとなるので，円形コイル上の点と点Pとを結ぶ直線が z 軸となす角を ϕ とすると，

$$dH_z = \frac{I \sin\phi \, dl}{4\pi r^2}$$

ここで $\sin\phi = a/r$，$r = \sqrt{a^2+z^2}$ を上式に代入すると，

$$H_z = \int dH_z = \int_0^{2\pi a} \frac{aIdl}{4\pi(a^2+z^2)^{3/2}}$$

$$= \frac{a^2 I}{2(a^2+z^2)^{3/2}}$$

【例題 6. 4】

円筒ソレノイドによる中心軸上の磁界：半径 a，長さ l の円筒に，導線を N 回巻いた円筒ソレノイドに電流 I が流れているときの中心軸上の磁界の強さを求めよ．（図6.14）

［解］ 円筒ソレノイドは N 個の円形コイルに置きかえることができる．よって一つの円形コイルによる中心軸上の磁界の強さ H は z 軸方向で，例題6.3から大きさは

$$H = \frac{a^2 I}{2(a^2+z^2)^{3/2}}$$

図6.14のように，r と θ を決めると，

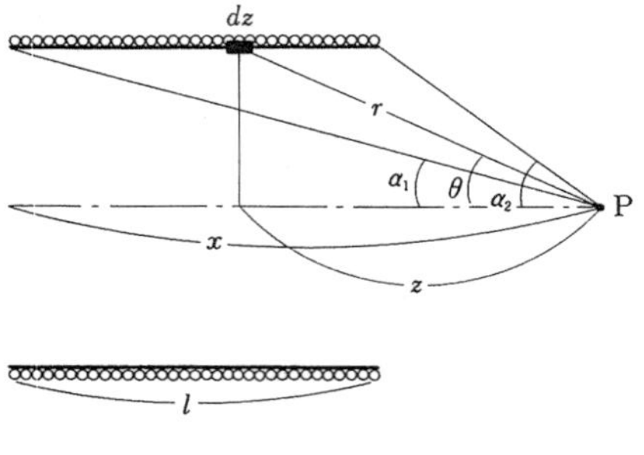

図6.14　円筒ソレノイドによる中心軸上の磁界

$$H=\frac{I\sin^2\theta}{2r}$$

単位長当たりの巻数を $n\,(=N/l)$ とすると，dz に流れる電流は $nIdz$ だから，これによる点Ｐの磁界の強さ dH は

$$dH=\frac{nI\sin^2\theta}{2r}\,dz$$

$z=a\cot\theta$ だから

$$dH=-\frac{nI}{2}\sin\theta\,d\theta$$

円筒ソレノイド全体による磁界の強さ H は

$$H=-\frac{nI}{2}\int_{\alpha_2}^{\alpha_1}\sin\theta\,d\theta=\frac{nI}{2}(\cos\alpha_1-\cos\alpha_2)$$

$$=\frac{NI}{2l}\left(\frac{x}{\sqrt{a^2+x^2}}+\frac{l-x}{\sqrt{a^2+(x-l)^2}}\right)$$

円筒ソレノイドが点Ｐの左右に無限に延びている場合，$\alpha_1\to 0$，$\alpha_2\to\pi$ だから，中心軸上の磁界は次式となる．

$$H=nI$$

6.6 磁 気 回 路

導体内の定常電流における電流密度 $\boldsymbol{J}$，電界の強さ $\boldsymbol{E}$，全電流 I と，磁性体内の静磁界における磁束密度 $\boldsymbol{B}$，磁界の強さ $\boldsymbol{H}$，全磁束 Φ との間には，表6.2のような対応が成り立つ．このように導体内の定常電流の界と磁性体内の磁束の界は類似しており，磁束線と電流線はいずれも閉曲線を形成する．そこで磁束線を母線とする１本の管状の磁束管を考え，これを磁気回路または磁路と呼ぶ．

電気回路において２点Ａ，Ｂ間の起電力 E が $\int \boldsymbol{E}\cdot d\boldsymbol{l}$ で与えられたように，磁気回路における２点Ａ，Ｂ間の起磁力 Γ を

表 6.2　定常電流の界と磁束の界の対応

定常電流の界	磁束の界
電流密度　$\boldsymbol{J}$	磁束密度　$\boldsymbol{B}$
電界の強さ $\boldsymbol{E}$	磁界の強さ $\boldsymbol{H}$
導電率　σ	透磁率　μ
全電流　I	全磁束　Φ
$\boldsymbol{J}=\sigma\boldsymbol{E}$	$\boldsymbol{B}=\mu\boldsymbol{H}$
$\nabla\cdot\boldsymbol{J}=0$	$\nabla\cdot\boldsymbol{B}=0$
$I=\int_s \boldsymbol{J}\cdot d\boldsymbol{S}$	$\phi=\int_s \boldsymbol{B}\cdot d\boldsymbol{S}$

$$\boxed{\Gamma=\int \boldsymbol{H}\cdot d\boldsymbol{l}=\phi_{mA}-\phi_{mB}} \tag{6.29}$$

と定義する．ただし $\phi_{mA}-\phi_{mB}$ は A と B の間の磁位差を表す．

磁界の強さ $\boldsymbol{H}$ と線素 $d\boldsymbol{l}$ が同じ方向をとり，これに垂直な断面積 $\boldsymbol{S}$ の磁路の中で磁束密度の大きさが B_0（一定）であると近似できるとき，磁路を貫く磁束 $\boldsymbol{\Phi}$ は

$$\Phi=\int_S \boldsymbol{B}\cdot d\boldsymbol{S}=B_0S=\mu H_0 S \tag{6.30}$$

で与えられる．この H_0 を式（6.29）の $\boldsymbol{H}$ に代入できるとすると，

$$\Gamma=\int\frac{\Phi}{\mu S}dl=\Phi\int\frac{dl}{\mu S} \tag{6.31}$$

ゆえに電気抵抗に対応して，AB 間の磁気抵抗 R_m を

$$\boxed{R_m=\int\frac{dl}{\mu S}} \tag{6.32}$$

と定義すると，2 点 A，B を通る磁束 $\boldsymbol{\Phi}$ は次式で与えられる．

$$\boxed{\Phi=\frac{\Gamma}{R_m}} \tag{6.33}$$

これは電気回路におけるオームの法則に対応する，磁気回路におけるオームの法則である．

それゆえ磁気回路においても電気回路に対応するキルヒホッフの法則が成立する．すなわち磁気回路網の任意の接続点に流入する磁束の代数和は零となる．

$$\sum_i \Phi_i = 0 \tag{6.34}$$

また磁気回路網の任意の閉回路にそっての磁位降下の代数和は，その回路に働く起磁力の代数和に等しい．

$$\sum_i R_{mi}\Phi_i = \sum_i \Gamma_i \tag{6.35}$$

これらから磁気抵抗 $R_{m1}, R_{m2}, \cdots, R_{mi}, \cdots$ の直列および並列接続の合成抵抗 R_m はそれぞれ，

$$R_m = \sum_i R_{mi}$$
$$\frac{1}{R_m} = \sum_i \frac{1}{R_{mi}} \tag{6.36}$$

で与えられることが分かる．

【例題 6.5】

図 6.15 のような磁気回路に，磁束 Φ_1 を生じさせるのに必要な電流 I を求めよ(図 6.15)．ただし磁束が Φ_1 のとき磁束密度は B_1，対応する磁界の強さは H_1 とする．

［解］　磁束密度 B_1 は

$$B_1 = \frac{\Phi_1}{S}$$

ギャップのところでも同じ磁束密度の値を持つと仮定すると，そこでの磁界の強さは B_1/μ_0 となる．よって磁束 Φ_1 を生じさせるのに必要な起磁力 Γ は

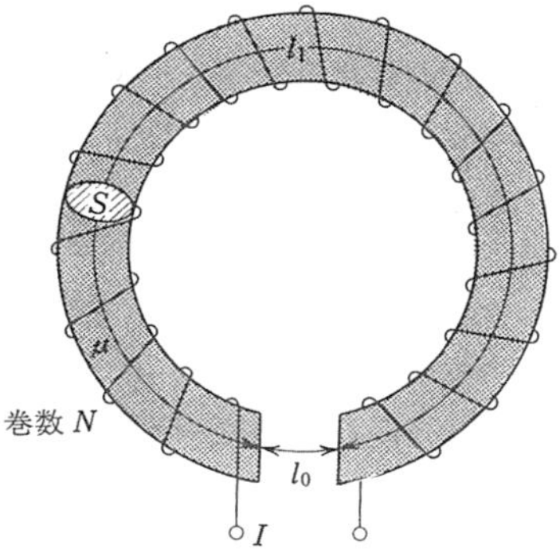

図 6.15　ギャップを持つ輪形ソレノイドの磁気回路

$$\Gamma = H_1 l_1 + \frac{B_1}{\mu_0} l_0$$

また起磁力 Γ は

$$\Gamma = NI$$

よって電流 I は以下となる.

$$I = \frac{1}{N}\left(H_1 l_1 + \frac{B_1}{\mu_0} l_0\right)$$

6.7　電流および荷電粒子に作用する力

図6.16のように，電流 I が流れている導線の線素 $d\boldsymbol{l}$ によって，それから $\boldsymbol{r}$ だけ離れた点Pに生じる磁界の強さ $d\boldsymbol{H}$ は，ビオ•サバールの法則式（6.27）で与えられる.

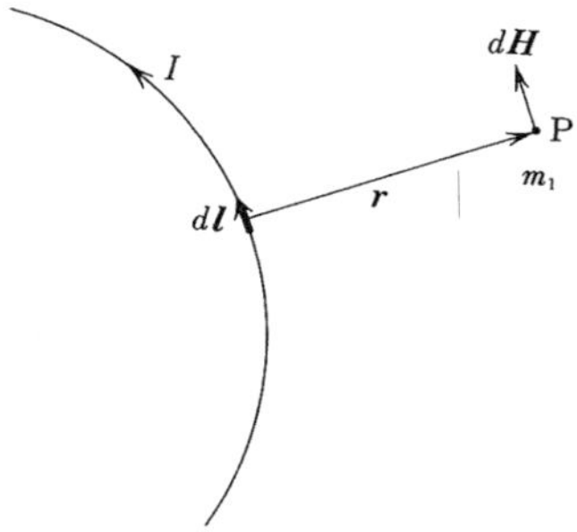

図6.16　線状電流素分による磁界

$$d\boldsymbol{H} = \frac{Id\boldsymbol{l} \times \boldsymbol{r}}{4\pi r^3}$$

もし点Pに強さ m_1 の磁極を置くと，それは $m_1 d\boldsymbol{H}$ の力を受ける．逆に電流 $Id\boldsymbol{l}$ も磁極 m_1 によってできる磁界のために力を受ける．その大きさ $d\boldsymbol{F}$ は

$$d\boldsymbol{F} = -m_1 d\boldsymbol{H} = \frac{\mu_0 m_1 Id\boldsymbol{l} \times (-\boldsymbol{r})}{4\pi\mu_0 r^3} \tag{6.37}$$

となる．ここで $m_1(-\boldsymbol{r})/4\pi\mu_0 r^3$ は磁極 m_1 によって $d\boldsymbol{l}$ に生じる磁界を表しているので，それを $\boldsymbol{H}$ と書くと，

$$\boxed{d\boldsymbol{F} = Id\boldsymbol{l} \times \mu_0 \boldsymbol{H} = Id\boldsymbol{l} \times \boldsymbol{B} \quad \text{〔N〕}} \tag{6.38}$$

一般的に電流素分 $Id\boldsymbol{l}$ は外部磁界 B によって式（6.38）の力を受ける．ただし $\boldsymbol{B}$ は I によって生じる磁界は含まない.

したがって外部磁界によって単位長当たり受ける力 $\boldsymbol{f}$ は

$$\boldsymbol{f} = \boldsymbol{I} \times \boldsymbol{B} \quad \text{〔N/m〕} \tag{6.39}$$

これは図6.17のようなベクトル図で表され，直角にたてた左手の親指を力 $\boldsymbol{f}$，中指を電流 $\boldsymbol{I}$，人差し指を磁束密度 $\boldsymbol{B}$ に対応させたものが，フレミングの左手の法則(Fleming's left-hand rule) とよばれる．

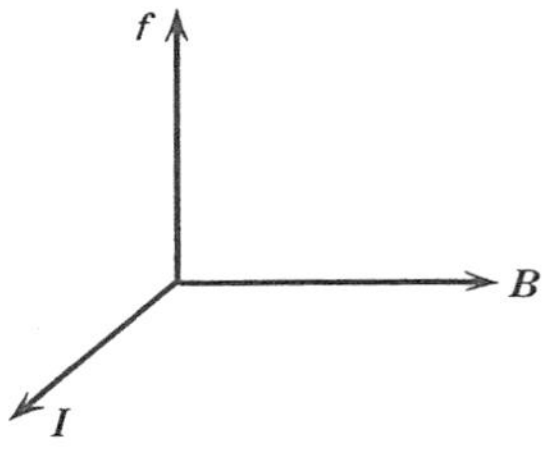

図6.17　電流，磁界，力の関係を表すベクトル図

【例題6.6】

2辺の長さが a，b の長方形回路 $ABCD$ に電流 I が流れている．図6.18のように，この回路を平等磁界 B の中に，辺 AD が磁界と角度 θ をなすようにおくとき，各辺の受ける力を求めよ．

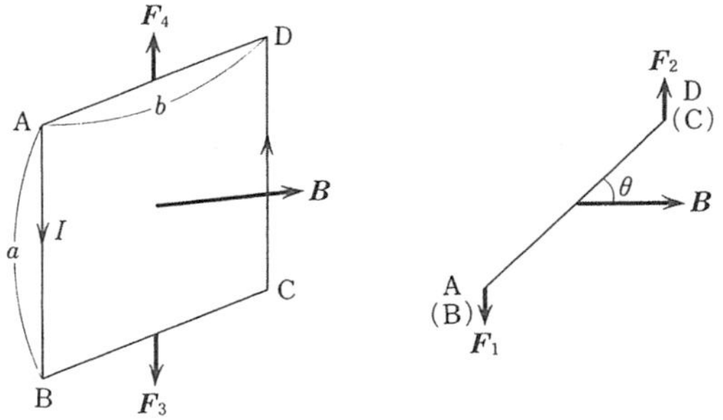

図6.18　長方形回路に働く力

［解］　辺 AB および CD に働く力 F_1，F_2 はともに

$$F_1 = F_2 = aBI$$

で，方向は反対であるから，偶力をなす．その回転力 T は

$$T = F_1 b \cos\theta = BIab \cos\theta$$

辺 BC および DA に働く F_3，F_4 はともに

$$F_3 = F_4 = bBI \sin\theta$$

で，方向は互いに反対であるから，打ち消し合って回路に影響を与えない．

次に図6.19のような二つの電流回路間に働く力を考える．電流 I_2 が流れている回路 C_2 によって，回路 C_1 の線素 $d\boldsymbol{l}_1$ に生じる磁界は，式（6.28）から，

$$\boldsymbol{B}_1=\frac{\mu_0 I_2}{4\pi}\oint_{C_2}\frac{d\boldsymbol{l}_2\times\boldsymbol{r}}{r^3} \tag{6.40}$$

回路 C_1 の線素 $d\boldsymbol{l}_1$ に働く力は，式（6.38）から，

$$d\boldsymbol{F}_1=I_1 d\boldsymbol{l}_1\times\boldsymbol{B}_1$$

で与えられるので，C_2 が C_1 全体に作用する力 $\boldsymbol{F}_1$ は次式で与えられる．

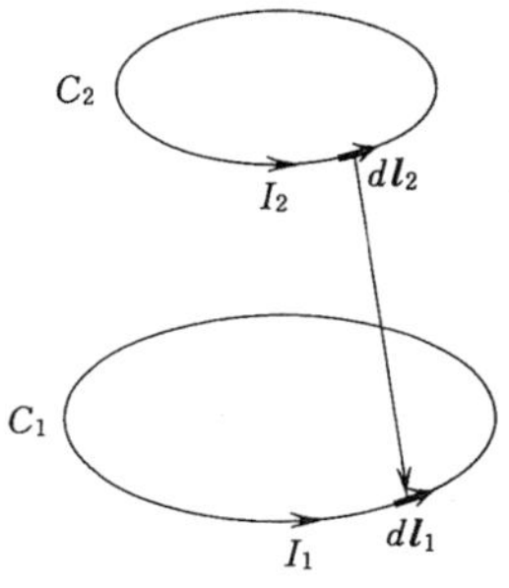

図6.19　二つの電流回路間に働く力

$$\boldsymbol{F}_1=\frac{\mu_0 I_1 I_2}{4\pi}\oint_{C_1}\oint_{C_2}\frac{d\boldsymbol{l}_1\times(d\boldsymbol{l}_2\times\boldsymbol{r})}{r^3}\quad〔\mathrm{N}〕 \tag{6.41}$$

【例題6.7】

電流が流れている平行導線間の力：電流 I_1，I_2 が流れている平行直線導線間に作用する力を求めよ．（図6.20）

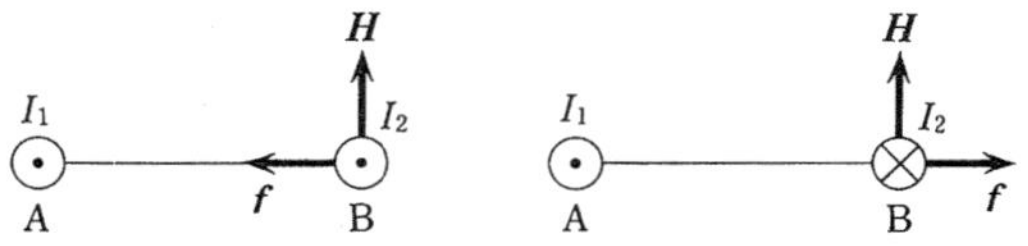

図6.20　電流が流れている平行導線間の力

［解］　導線間の距離を d とすると，式（6.41）から（あるいは例題6.1の結果を式（6.39）に代入する），単位長当たりに働く力は

$$f=\frac{\mu_0 I_1 I_2}{2\pi d}$$

となり，電流が同方向に流れている場合は引力，反対方向に流れている場合は斥力となる．

次に荷電粒子が電磁界中を運動するとき受ける力について考える．

電荷 q を持つ荷電粒子が磁界 $\boldsymbol{B}$ のなかを速度 $\boldsymbol{v}$ で運動する状態は，電流が

流れるのと等価であるから，式（6.39）を考慮すると，荷電粒子が受ける力 $\boldsymbol{F}$ は

$$\boldsymbol{F} = q\boldsymbol{v} \times \boldsymbol{B} \quad \text{〔N〕} \tag{6.42}$$

で与えられる．したがって荷電粒子が電界 $\boldsymbol{E}$ および磁界 $\boldsymbol{B}$ のなかを速度 $\boldsymbol{v}$ で運動するとき受ける力 $\boldsymbol{F}$ は

$$\boxed{\boldsymbol{F} = q(\boldsymbol{E} + \boldsymbol{v} \times \boldsymbol{B}) \quad \text{〔N〕}} \tag{6.43}$$

となる．これはローレンツの力と呼ばれ，荷電粒子の運動を解析するときの基本的な方程式である．

【例題 6.8】

間隔 d，電位差 V の平行平板電極間に，電極面に平行に磁束密度 $\boldsymbol{B}$ の平等電界が加えられているとき，陰極から飛び出す電子の運動について調べよ（図 6.21）．

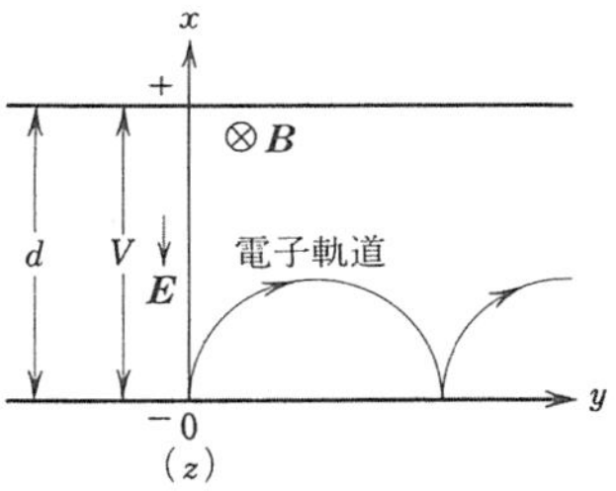

図 6.21 電界，磁界のなかを運動する電子の軌道

［解］ 図 6.21 のように，電界方向を x 軸，磁界方向を z 軸，それに垂直な方向を y 軸とする．いま電子の質量を m，速度を $\boldsymbol{v}$ とすると，式（6.43）より，

$$m\frac{dv_x}{dt} = q\frac{V}{d} - v_y B$$

$$m\frac{dv_y}{dt} = qv_x B$$

この微分方程式を解いて，時刻 $t=0$ で $v_x = v_y = 0$ とおくと，

$$v_x = \frac{qV}{md\omega}\sin\omega t$$

$$v_y = \frac{qV}{md\omega}(1 - \cos\omega t)$$

ただし，$\omega = qB/m$ である．

よって $t=0$ において，$x = y = 0$ とすると

$$x=\frac{qV}{md\omega^2}(1-\cos\omega t)$$

$$y=\frac{qV}{md\omega^2}(\omega t-\sin\omega t)$$

となり，電子は図示したような運動をする．

6.8　電流による磁界のエネルギー

静電界の場合と同様，静磁界の場合も単位体積当たり $\boldsymbol{H}\cdot\boldsymbol{B}/2$ の磁界エネルギーが蓄えられる．よって全空間 v に蓄えられる磁界のエネルギー U_m は式 (4.23) より，

$$U_m=\frac{1}{2}\int_v \boldsymbol{H}\cdot\boldsymbol{B}dv \quad \text{〔J〕} \tag{6.44}$$

で与えられる．そこで $\boldsymbol{B}=\nabla\times\boldsymbol{A}$ を代入し，ベクトル公式を利用して変形すると，

$$\boldsymbol{U}_m=\frac{1}{2}\int_v \boldsymbol{A}\cdot\nabla\times\boldsymbol{H}dv+\oint_{S\infty}\boldsymbol{A}\times\boldsymbol{H}\cdot d\boldsymbol{S}$$

$$=\frac{1}{2}\int_v \boldsymbol{A}\cdot\nabla\times\boldsymbol{H}dv$$

ここで無限球面上の積分 $\oint_{S\infty}\boldsymbol{A}\times\boldsymbol{H}\cdot d\boldsymbol{S}$ は 0 であるとした．

磁界 $\boldsymbol{H}$ が定常電流 $\boldsymbol{J}$ によって生じているときは，

$$U_m=\frac{1}{2}\int_v \boldsymbol{A}\cdot\boldsymbol{J}dv \quad \text{〔J〕} \tag{6.45}$$

導線回路の場合は，$\boldsymbol{J}dv=I d\boldsymbol{l}$ だから電流に鎖交する磁束数を Φ とすると式 (6.46) となる．

$$U_m=\frac{I}{2}\oint_C \boldsymbol{A}\cdot d\boldsymbol{l}=\frac{\Phi I}{2} \quad \text{〔J〕} \tag{6.46}$$

[演 習 問 題]

[6. 1]　図 6. 22 のように，半径 a の無限長円筒導体内を，電流 I が一様な面密度で流れているとき，円筒内外の磁界の強さを求めよ．

[6. 2]　図 6. 23 のように，一辺の長さが a の正三角形回路に電流 I が流れているとき，三角形の中心軸上に生じる磁界の強さを求めよ．

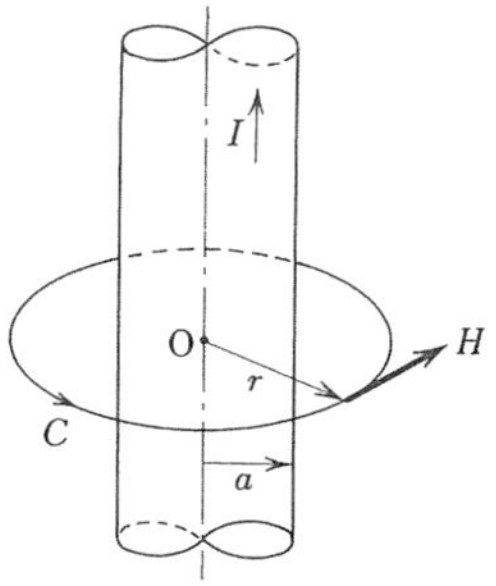

図 6. 22　無限長円筒導体内外の磁界

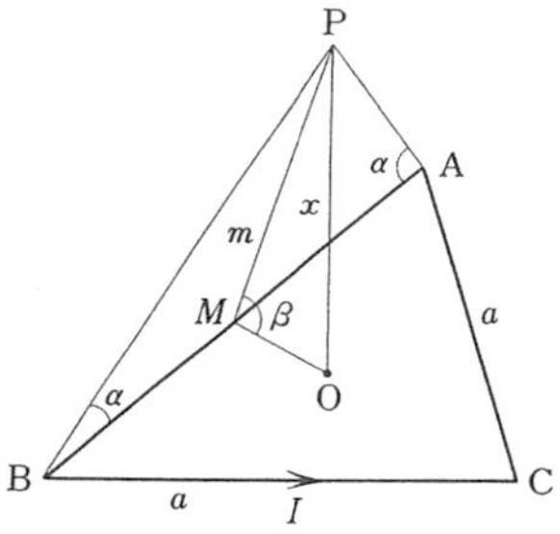

図 6. 23　正三角形回路の中心軸上の磁界

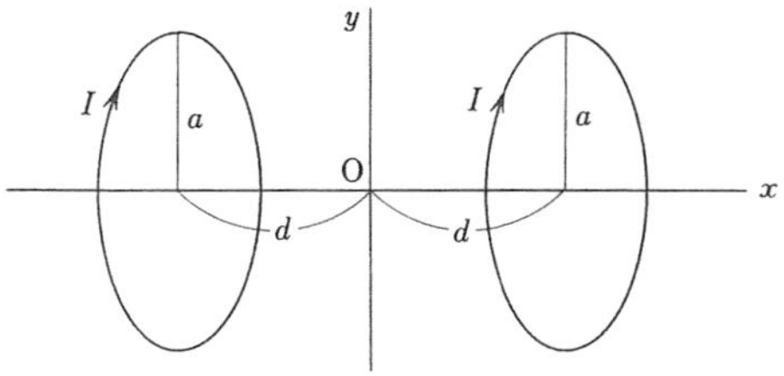

図 6. 24　2 個の円形コイル間の点 O 付近における磁界

[6. 3]　図 6. 24 のように，半径 a の 2 個の円形コイルが中心軸を共通にして，間隔 $2d$ で平行に置かれている．両コイルに同じ方向に電流 I を流すとき，点 O 付近の磁界の強さを求めよ．また $a = 2d$ のとき，点 O 付近の磁界の強さはほぼ一様になることを示せ．

[6. 4]　図 6. 25 のように，半径 a_2 の円筒導体内に，その中心軸から間隔 d 離れた位置

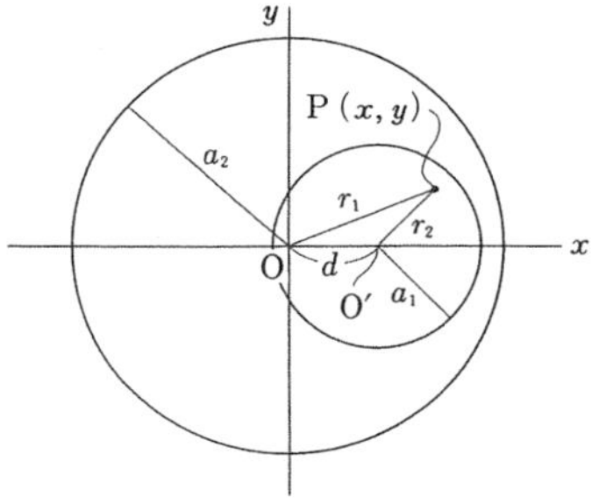

図 6. 25　導体内にある円筒空洞内の磁界

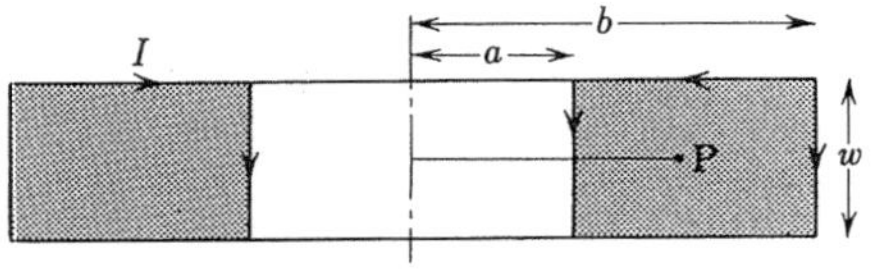

図 6.26　長方形断面の環状ソレノイド内の磁界

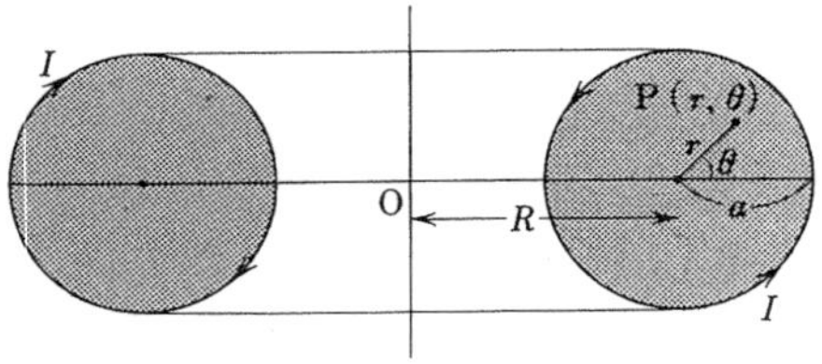

図 6.27　円形断面の環状ソレノイド内の磁界

に中心軸を持つ半径 a_1 の円筒空洞がある．導体内を軸方向に一様な密度 J で流れる電流によって，空洞内に生じる磁界の強さを求めよ．

[6.5]　図 6.26 のように，内外半径 a，b，厚さ w，全巻数 N である長方形断面の環状ソレノイドに電流 I が流れている．このとき環内に生じる磁界の強さおよび断面を貫く全磁束数を求めよ．ただし環内の透磁率はμとする．

[6.6]　図 6.27 のように，半径 a なる円形断面を持つ環状ソレノイドがある．環の平均半径を R，全巻数を N，流れている電流を I とするとき，円断面内における磁界の強さおよびその平均値を求めよ．ただし環内の透磁率は μ とする．

[6.7]　図 6.28 のように，間隔 l_0 のギャップを持ち，電流 I が流れている鉄心環状ソレノイド（鉄心の長さ l_1，透磁率 μ）がある．ソレノイド断面内の磁束密度が一様であると仮定できるとき，鉄心およびギャップの部分の磁界の強さ H_1，H_0 を求めよ．

[6.8]　図 6.29 のように，3 本の無限長平行導線 A，B，C が，$AC=BC=a$，$\angle C=90°$ となるような直角二等辺三角形の頂点に置かれ，電流 I

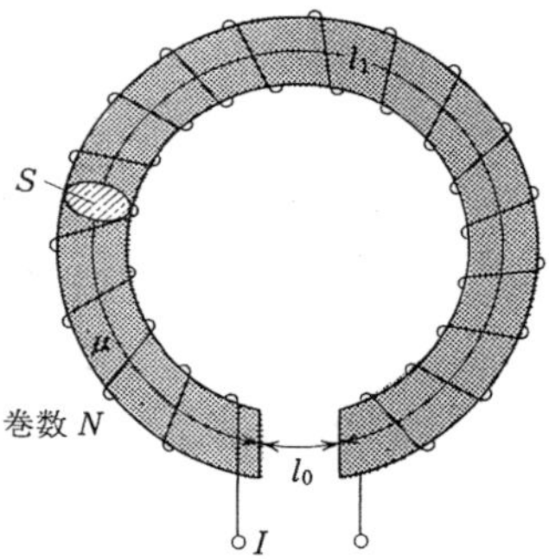

図 6.28　ギャップを持つ環状ソレノイドの磁気回路

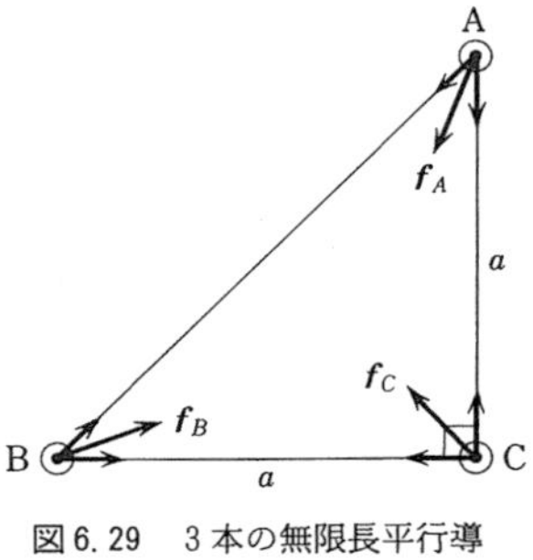

図 6.29　3 本の無限長平行導線間に働く力

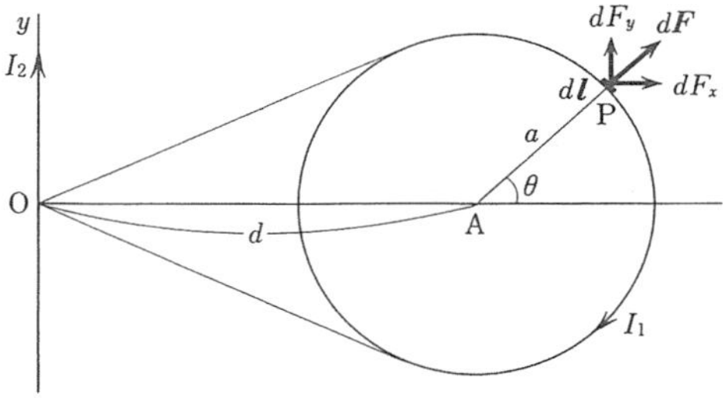

図 6.30　無限長直線導線と円形コイルの間に働く力

が同方向（紙面の裏から表）に流れているとする．このとき各導線の単位長当たりに働く力を求めよ．

[6.9]　図 6.30 のように，半径 a の円形コイルと 1 本の無限長直線導線が同じ平面上に置かれている．それらにそれぞれ電流 I_1，I_2 を流したとき，相互間に働く力 F を求めよ．

[6.10]　図 6.31 のように，平等磁界 $\boldsymbol{B}$ のなかに，磁界に垂直な方向に速度 $\boldsymbol{v}$ で入射した電子の軌道を求めよ．

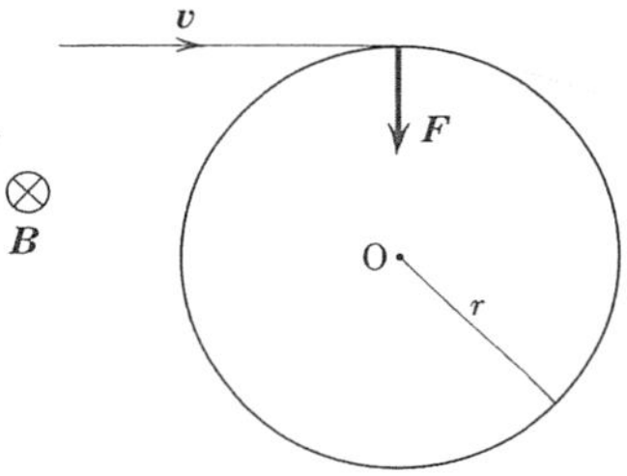

図 6.31　平等磁界 $\boldsymbol{B}$ 中に入射した電子の軌道

7　電磁誘導とインダクタンス

本章では，まず初めにファラデーの電磁誘導の法則について記述し，マックスウェル方程式の基本式の一つである電磁誘導の関係式，すなわち，電磁誘導の法則の微分形表示について説明する．次に，自己および相互誘導について説明し，自己および相互インダクタンスを与えるノイマンの公式を導出する．本章では，幾何学的平均距離による計算法については簡単な説明のみにとどめ，インダクタンスと鎖交磁束あるいは磁界のエネルギーとの関係式からインダクタンスを求める計算手法を幾つかの例題を通して紹介する．最後に，準定常電磁界の条件下における表皮効果について簡単な定量的説明を与える．

7.1　ファラデーの電磁誘導の法則

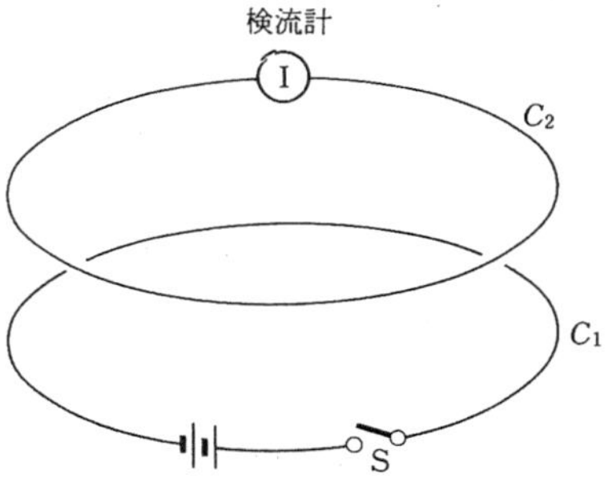

図 7.1　ファラデーの実験

定常電流が閉回路に流れると，その回路のまわりにはアンペアの法則に従い，磁界が発生することを学んだ．それでは，図 7.1 のように電流が流れている回路のそばに第二の閉回路をおいたとき，この回路に電流は流れるであろうか．ファラデーは，この疑問に対し数々の実験を試み，次のような実験結果を得た．すなわち，第一回路のスイッチを開閉する瞬間のみ，第二回路に電流が流れること，スイッチを閉じるときと開くときで，検流計の振れが逆であること，スイッチを閉じたままで，第一回路を遠ざけたり，近づけたりすると第二回路に電流が流れることである．そして，ファラデーはさらに幾多の実験を行い，電流の誘導は，閉回路内の磁界が時間的に変化することによって発生した起電力によるものであることを実験的に証明した．この現象を電磁誘導（electromagnetic induction）という．

ファラデーはこれらの現象を定性的に説明することに成功したが，ノイマンはファラデーの実験結果をもとにして，**ある回路に電磁誘導によって誘起される起電力 e は，その回路と鎖交する磁束数 Φ が時間的に変化する割合 $d\Phi/dt$ に等しい．**

すなわち，

$$e = -\frac{d\Phi}{dt} \tag{7.1}$$

なる定量的表式を与えた．これは，ファラデーの電磁誘導の法則（Faraday's law of electromagnetic induction）あるいは単に電磁誘導の法則と呼ばれている．式（7.1）で，マイナス符号は，**磁束 Φ が変化する場合には，その変化を妨げる方向に電流を流そうとする起電力が誘起される**ことを示しており，これはレンツによって見い出されたため，レンツの法則（Lenz's Law）と呼ばれている．

さて，図7.2において閉回路 C 上の線素を $\boldsymbol{dl}$，閉回路が作る面積を S，C と鎖交する磁束密度を $\boldsymbol{B}$ とし，C 上の電界を $\boldsymbol{E}$ とすると，起電力 e および磁束 Φ は次式で表される．

$$e = \oint_C \boldsymbol{E} \cdot d\boldsymbol{l} \tag{7.2}$$

$$\Phi = \int_S \boldsymbol{B} \cdot d\boldsymbol{S} \tag{7.3}$$

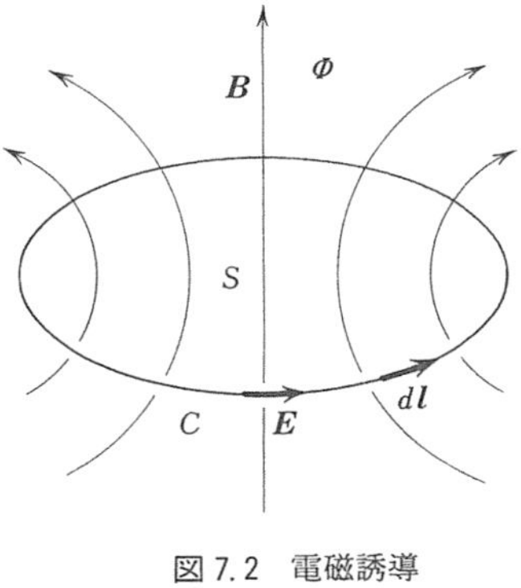

図7.2　電磁誘導

これらの関係を式（7.1）に代入して

$$\oint_C \boldsymbol{E}\cdot d\boldsymbol{l} = -\frac{d}{dt}\int_s \boldsymbol{B}\cdot d\boldsymbol{S} \qquad (7.4)$$

が得られる．この関係式は，積分形でのファラデーの電磁誘導の法則を表している．式（7.1）および式（7.4）は，$\varPhi$ が時間的に変化すれば，面積 S を取り囲む仮想閉回路 C 上に電界が誘導されることを示しており，それが導体に限らず，誘電体であってもかまわないことを意味している．式（7.4）の左辺にストークスの定理，式（1.36）を適用すれば，

$$\oint_C \boldsymbol{E}\cdot d\boldsymbol{l} = \int_s \nabla\times\boldsymbol{E}\cdot d\boldsymbol{S} \qquad (7.5)$$

ゆえに，

$$\int_s \nabla\times\boldsymbol{E}\cdot d\boldsymbol{S} = -\frac{d}{dt}\int_s \boldsymbol{B}\cdot d\boldsymbol{S} \qquad (7.6)$$

を得る．もし，閉曲面 S が静止していると仮定するならば，式（7.6）右辺の時間微分は，$\boldsymbol{B}$ に対する時間微分に書き直すことができる．すなわち，

$$-\frac{d}{dt}\int_s \boldsymbol{B}\cdot d\boldsymbol{S} = -\int_s \frac{\partial \boldsymbol{B}}{\partial t}\cdot d\boldsymbol{S} \qquad (7.7)$$

上式を式（7.6）に代入し，

$$\int_s \left(\nabla\times\boldsymbol{E} + \frac{\partial \boldsymbol{B}}{\partial t}\right)\cdot d\boldsymbol{S} = 0 \qquad (7.8)$$

上式が任意の面積 S に対して成り立つための条件から，

$$\boxed{\nabla\times\boldsymbol{E} = -\frac{\partial \boldsymbol{B}}{\partial t}} \qquad (7.9)$$

が導かれる．これは，後述するマックスウェル方程式の重要な基本式の一つであり，電磁誘導の法則の微分形を表す．

磁界が時間的に変化しない場合においても，閉回路 C が定常磁界中を動く場合には，回路 C に鎖交する磁束は時間的に変化し，電磁誘導によって回路 C に起電力が誘起される．

図7.3のように回路Cが速度$\boldsymbol{v}$で運動し，微小時間dt後にC'に移動したとしよう．回路Cおよび回路C'がそれぞれつくる面積をSおよびS'とする．時刻tにおいて回路Cに鎖交する磁束数をΦ，時刻$t+dt$において回路C'に鎖交する磁束数をΦ'とすると，

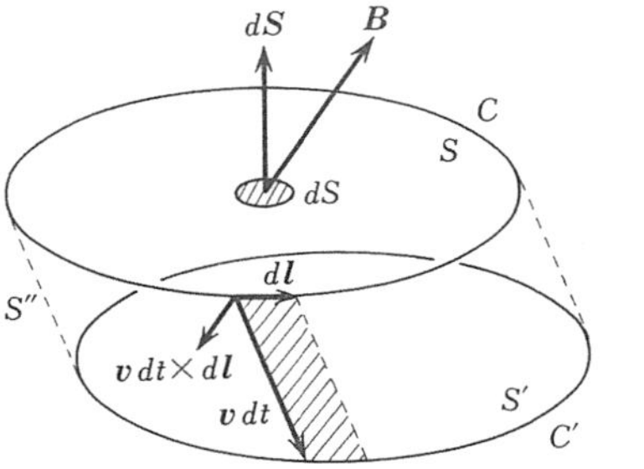

図 7.3　運動する回路における電磁誘導の説明図

$$\left.\begin{aligned}\Phi&=\Phi(t)=\int_S \boldsymbol{B}\cdot d\boldsymbol{S}\quad \text{〔Wb〕}\\ \Phi'&=\Phi(t+dt)=\int_{S'} \boldsymbol{B}\cdot d\boldsymbol{S}\quad \text{〔Wb〕}\end{aligned}\right\}\tag{7.10}$$

さて，S，S'および側面S''によって囲まれた体積$\boldsymbol{v}$にガウスの発散定理を適用すると，

$$\begin{aligned}\int_v \nabla\cdot\boldsymbol{B}dv&=\int_{S+S'+S''}\boldsymbol{B}\cdot d\boldsymbol{S}\\ &=\int_S \boldsymbol{B}\cdot d\boldsymbol{S}-\int_{S'}\boldsymbol{B}\cdot d\boldsymbol{S}+\int_{S''}\boldsymbol{B}\cdot d\boldsymbol{S}\end{aligned}\tag{7.11}$$

ここで，$\nabla\cdot\boldsymbol{B}=0$であるので，上式右辺は結局0となる．

回路CがC'まで移動するとき，Cの線素$d\boldsymbol{l}$が描く微小面積は，$d\boldsymbol{S}=\boldsymbol{v}dt\times d\boldsymbol{l}$となるので，側面$S''$を鎖交する磁束数$\Phi''$は

$$\begin{aligned}\Phi''&=\int_{S''}\boldsymbol{B}\cdot d\boldsymbol{S}=\oint_C \boldsymbol{B}\cdot(\boldsymbol{v}dt\times d\boldsymbol{l})\\ &=dt\oint_C(\boldsymbol{B}\times\boldsymbol{v})\cdot d\boldsymbol{l}\quad \text{〔Wb〕}\end{aligned}\tag{7.12}$$

式（7.11）にこれを代入すると，

$$\Phi'=\int_{S'}\boldsymbol{B}\cdot d\boldsymbol{S}=\int_S \boldsymbol{B}\cdot d\boldsymbol{S}+dt\oint_C(\boldsymbol{B}\times\boldsymbol{v})\cdot d\boldsymbol{l}$$

$$=\Phi+dt\oint_C(\boldsymbol{B}\times\boldsymbol{v})\cdot d\boldsymbol{l} \quad \text{〔Wb〕} \tag{7.13}$$

回路 C に誘起される起電力 e は

$$e=-\frac{d\Phi}{dt}=-\frac{\Phi(t+dt)-\Phi(t)}{dt}$$

$$=-\frac{\Phi'-\Phi}{dt} \quad \text{〔V〕} \tag{7.14}$$

で与えられるので，上式に式 (7.13) を代入して，

$$e=-\oint_C(\boldsymbol{B}\times\boldsymbol{v})\cdot d\boldsymbol{l} \quad \text{〔V〕} \tag{7.15}$$

を得る．起電力 e は C にわたる電界 $\boldsymbol{E}$ の周回積分であるから，

$$e=\oint_C\boldsymbol{E}\cdot d\boldsymbol{l}=-\oint_C(\boldsymbol{B}\times\boldsymbol{v})\cdot d\boldsymbol{l}$$

ゆえに，

$$\oint_C(\boldsymbol{E}+\boldsymbol{B}\times\boldsymbol{v})\cdot d\boldsymbol{l}=0 \tag{7.16}$$

を得る．上式が閉回路 C の形にかかわらず常に成り立つためには，

$$\boxed{\boldsymbol{E}=\boldsymbol{v}\times\boldsymbol{B} \quad \text{〔V/m〕}} \tag{7.17}$$

すなわち，定常磁界の中を導線回路 C またはその一部が速度 $\boldsymbol{v}$ で運動するとき，回路 C に誘起される電磁誘導電界 $\boldsymbol{E}$ は，$\boldsymbol{v}$ と $\boldsymbol{B}$ のなす角を θ とすると，大きさ $E=vB\sin\theta$ をもち，図 7.4 に示すように，$\boldsymbol{v}$ から $\boldsymbol{B}$ の方向へ回転させたときの右ねじの進む方向をもつ．また，式 (7.17) の関係は，右手の親指の示す方向を $\boldsymbol{v}$ の方向，人さし指を $\boldsymbol{B}$ の方向にとったとき，中指の示す方向が電界 $\boldsymbol{E}$ の向きに対応しており，フレミングの右手の法則 (Fleming's right-hand rule) と呼ばれている．

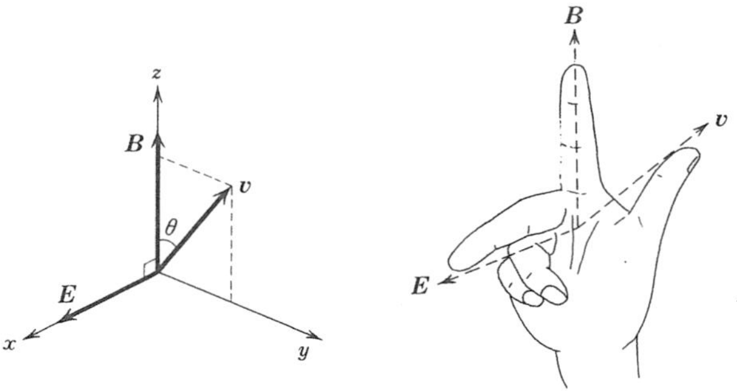

図 7.4　フレミングの右手の法則

7.2　準定常電磁界

5.5 節で扱った定常電流界における基礎方程式は，

$$\nabla\cdot\boldsymbol{J}=0,\quad \boldsymbol{J}=\sigma\boldsymbol{E},\quad \boldsymbol{E}=-\nabla\phi \tag{7.18}$$

で表された．ここで，式（7.18）の第 3 式は，$\nabla\times\nabla\phi=0$ であるので

$$\nabla\times\boldsymbol{E}=0 \tag{7.19}$$

と書き表すことができる．また，6 章で扱ったように，アンペアの法則により，定常電流密度 $\boldsymbol{J}$ と磁界 $\boldsymbol{H}$ との間には，

$$\nabla\times\boldsymbol{H}=\boldsymbol{J} \tag{7.20}$$

の関係が成り立つ．ところが，7.1 節のように，磁界が時間的に変化する場合には，電磁誘導によって電界が変化を受けることになるので，式（7.19）は次式のように書き直さなければならない．すなわち，

$$\boxed{\nabla\times\boldsymbol{E}=-\frac{\partial B}{\partial t}} \tag{7.21}$$

また，後述するように，誘電媒質中での電束密度 $\boldsymbol{D}$ が時間的に変化する場合には，変位電流密度 $\partial\boldsymbol{D}/\partial t$ が伝導電流密度 $\boldsymbol{J}$ に加え合わされなければならない．式（7.20）はこの場合，

$$\boxed{\nabla\times\boldsymbol{H}=\boldsymbol{J}+\partial\boldsymbol{D}/\partial t} \tag{7.22}$$

と書き直される．ここで，$\nabla\cdot\nabla\times\boldsymbol{H}=0$ であるから，式（7.22）の関係は，

$$\nabla\cdot\boldsymbol{D}=\rho \tag{7.23}$$

および連続の式

$$\frac{\partial\rho}{\partial t}+\nabla\cdot\boldsymbol{J}=0 \tag{7.24}$$

から得られる関係式，$\nabla\cdot(\boldsymbol{J}+\partial\boldsymbol{D}/\partial t)=0$ と両立していることが分かる．式（7.22）は，一般電磁界でのマックスウェル方程式として与えられる基本式である．

もし，伝導電流密度 $\boldsymbol{J}$ が存在し，$|\boldsymbol{J}|$ が変位電流密度の大きさ $|\partial\boldsymbol{D}/\partial t|$ よりも，充分に大きく，変位電流を無視して取り扱うことができる場合を準定常電磁界という．準定常電磁界の取り扱いができる条件は，上記の

$$\boxed{|\boldsymbol{J}|\gg\left|\frac{\partial\boldsymbol{D}}{\partial t}\right|} \tag{7.25}$$

の関係に，$\boldsymbol{J}=\sigma\boldsymbol{E}$ および $\boldsymbol{D}=\varepsilon\boldsymbol{E}$ を代入し，電界 E が角周波数 ω で振動している場合を考えると（$\partial/\partial t=j\omega$ を代入して），次式の関係で表すことができる．すなわち，

$$\frac{\sigma}{\omega\varepsilon}\gg 1 \tag{7.26}$$

たとえば，銅に対して $\sigma=5.88\times10^{7}\,\Omega^{-1}\mathrm{m}^{-1}$ を用い，$\varepsilon=8.854\times10^{-12}\,\mathrm{Fm}^{-1}$ の値を代入すると，$\sigma/\varepsilon=6.64\times10^{18}\,\mathrm{rad/s}$ となる．このため，たとえばマイクロ波領域の ω（$\sim10^{12}\,\mathrm{rad/s}$）に対しては，ほとんど準定常電流の取り扱いが可能であることが分かる．

7.3　自己・相互インダクタンス

7.3.1　自己誘導と自己インダクタンス

図7.5のように導線回路 C に流れる電流 $I(t)$ が時間的に変化する場合に

は，回路 C に鎖交する磁束 $\Phi(t)$ が変化し，回路自身には Φ の変化を妨げる方向に電磁誘導起電力 $e(t)$ が誘起される．すなわち，図中に示したように，電流 $I(t)$ が増加したとすれば，$\Phi(t)$ の増加を妨げる向き（$\Delta\Phi$ の向き），すなわち回路 C に逆向き（ΔI の向き）の起電力が誘起される．逆に，$I(t)$ が減少すれば，$\Phi(t)$ の減少を補償する向きに起電力を生じる．このように，自分自身の閉回路で発生した磁束が変化することにより，回路自身に流れる電流 I の時間的変化を補償する方向に起電力が誘導される現象を，自己誘導（self induction）という．自己誘導によって誘起された起電力 e は，式（7.1）で与えられるが，回路 C に鎖交する磁束 Φ は，周囲の媒質の透磁率が一様の場合には，回路に流れる電流 I に比例する．この比例定数を L とすると，

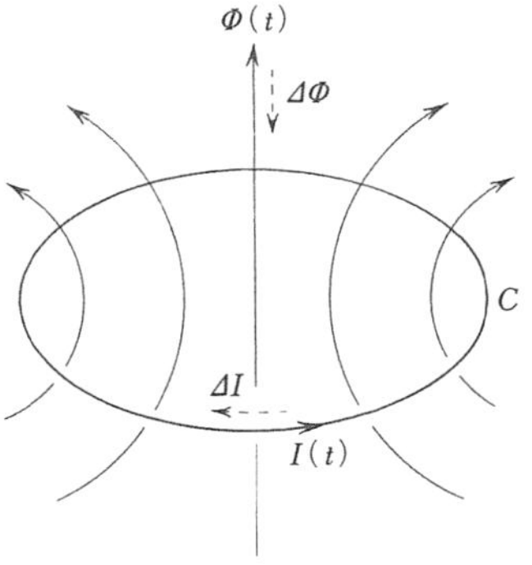

図 7.5　自己誘導

$$e=-\frac{d\Phi}{dt}=-L\frac{dI}{dt}\quad〔\mathrm{V}〕\tag{7.27}$$

$$\Phi=LI\quad〔\mathrm{Wb}〕\tag{7.28}$$

と書くことができる．比例定数 L は，回路 C の自己インダクタンスあるいは自己誘導係数と呼ばれ，回路の形状，回路周辺の媒質の透磁率に依存する正の定数である．回路が N 回巻きコイルのように，磁束 Φ が回路と N 回鎖交する場合には，回路端子に誘起される全起電力は，

$$e=-N\frac{d\Phi}{dt}=-L\frac{dI}{dt}\quad〔\mathrm{V}〕\tag{7.29}$$

$$N\Phi=LI\quad〔\mathrm{Wb}〕\tag{7.30}$$

と書き表すことができる．なお，自己インダクタンス L の単位は，ヘンリー〔H〕で表される．

7.3.2　相互誘導と相互インダクタンス

次に，二つの閉回路 C_1 と C_2 が図 7.6 のように置かれた場合を考える．第一の回路 C_1 に流れる電流 I_1 が変化するとき，I_1 によって発生する磁束 Φ_1 が変化し，このうち閉回路 C_2 と鎖交する磁束 Φ_{21} も時間的に変化する．このため，第二の回路 C_2 に電磁誘導起電力 e_2 が誘起される．また逆に，第二の回路 C_2 に流れる電流 I_2 が時間的に変化すると，I_2 により発生した磁束 Φ_2 のうち，回路 C_1 と鎖交する磁束 Φ_{12} が変化するので，第一の回路 C_1 に同様にして電磁誘導起電力 e_1 が誘起される．この現象を相互誘導（mutual induction）という．

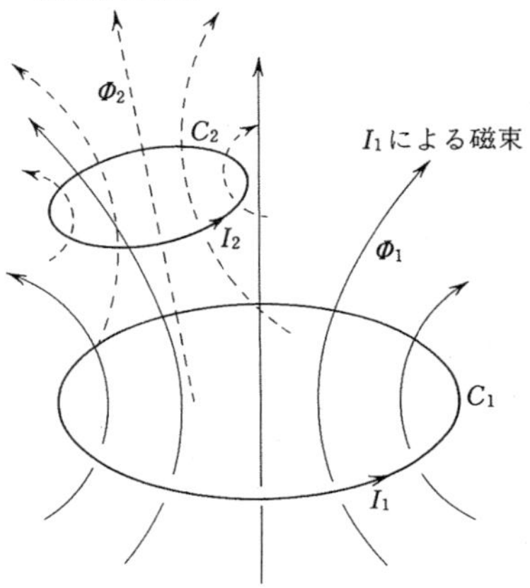

図 7.6　相互誘導

前節と同様に，鎖交磁束 Φ_{21} は I_1 に比例し，Φ_{12} は I_2 に比例する．ここで比例定数をそれぞれ M_{21}，M_{12} とすると，

$$\Phi_{21}=M_{21}I_1 \quad \text{[Wb]} \tag{7.31}$$

$$\Phi_{12}=M_{12}I_2 \quad \text{[Wb]} \tag{7.32}$$

であり，誘起起電力 e_1 および e_2 は，

$$e_1=-\frac{d\Phi_{12}}{dt}=-M_{12}\frac{dI_2}{dt} \quad \text{[V]} \tag{7.33}$$

$$e_2=-\frac{d\Phi_{21}}{dt}=-M_{21}\frac{dI_1}{dt} \quad \text{[V]} \tag{7.34}$$

となる．ここで，M_{12} は回路 C_1 の回路 C_2 に対する相互インダクタンスあるいは相互誘導係数と呼ばれ，M_{21} は回路 C_2 の回路 C_1 に対する相互インダクタンスあるいは相互誘導係数と呼ばれる．後述するように，M_{12} と M_{21} は等しい値 M をもち，回路 C_1 と回路 C_2 の相互インダクタンスと呼ばれる．なお，相互イ

ンダクタンス M は，自己インダクタンスと同様にヘンリー〔H〕の単位をもつ．

7.3.3　ノイマンの公式

図7.7(a) に示した二つの回路 C_1，C_2 において，C_1 に電流 I_1 が流れてい

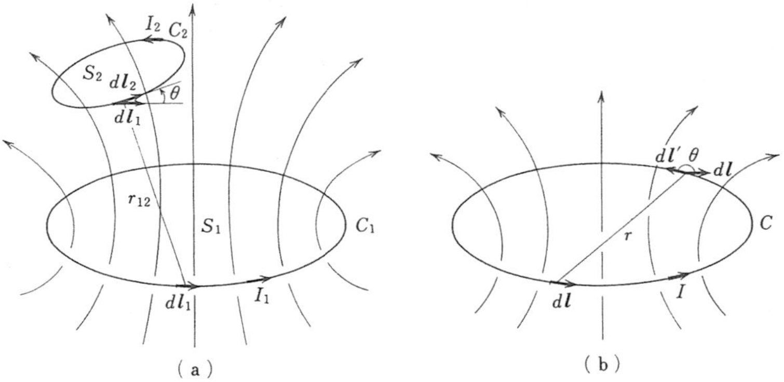

図7.7　ノイマンの公式の説明図

る場合をまず考える．前述のように，回路 C_1 に流れる電流 I_1 によって生じる磁束密度 $\boldsymbol{B}_1$ のうち，回路 C_2 と鎖交する磁束 Φ_{21} は，閉回路 C_2 で囲まれる面積を S_2 とすると，

$$\Phi_{21}=\int_{S_2}\boldsymbol{B}_1\cdot d\boldsymbol{S}=\int_{S_2}\nabla\times\boldsymbol{A}_1\cdot d\boldsymbol{S}$$

$$=\oint_{C_2}\boldsymbol{A}_1\cdot d\boldsymbol{l}_2\quad\text{〔Wb〕}\tag{7.35}$$

となる．ここで，ベクトルポテンシャル $\boldsymbol{A}_1$ は，回路 C_1 上の線素ベクトル $d\boldsymbol{l}_1$ と C_2 上の線素ベクトル $d\boldsymbol{l}_2$ 間の距離を r_{12} とし，媒質の透磁率を μ とすると，

$$\boldsymbol{A}_1=\frac{\mu I_1}{4\pi}\oint_{C_1}\frac{d\boldsymbol{l}_1}{r_{12}}\quad\text{〔Wb/m〕}\tag{7.36}$$

で与えられる．上式を式 (7.35) に代入して，

$$\Phi_{21}=\frac{\mu I_1}{4\pi}\oint_{C_1}\oint_{C_2}\frac{d\boldsymbol{l}_1\cdot d\boldsymbol{l}_2}{r_{12}}\quad\text{〔Wb〕}\tag{7.37}$$

を得る．一方，Φ_{21} は式（7.31）で与えられるので，両式より，式（7.38）が得られる．

$$M_{21}=\frac{\mu}{4\pi}\oint_{C_1}\oint_{C_2}\frac{d\boldsymbol{l}_1\cdot d\boldsymbol{l}_2}{r_{12}}\quad\text{〔H〕}\tag{7.38}$$

また逆に，回路 C_2 に電流 I_2 が流れている場合を考えると，回路 C_1 がつくる面積 S_1 と鎖交する磁束 Φ_{12} は，上述の議論と同様にして，

$$\Phi_{12}=\frac{\mu I_2}{4\pi}\oint_{C_1}\oint_{C_2}\frac{d\boldsymbol{l}_1\cdot d\boldsymbol{l}_2}{r_{12}}\quad\text{〔Wb〕}\tag{7.39}$$

で与えられる．したがって，回路 C_1 の C_2 に対する相互インダクタンス M_{12} は式（7.32）の関係より

$$M_{12}=\frac{\mu}{4\pi}\oint_{C_1}\oint_{C_2}\frac{d\boldsymbol{l}_1\cdot d\boldsymbol{l}_2}{r_{12}}\quad\text{〔H〕}\tag{7.40}$$

となる．式（7.38），（7.40）から分かるように両者は相等しく，これを $M_{12}=M_{21}=M$ と置くと，相互インダクタンス M は

$$M=\frac{\mu}{4\pi}\oint_{C_1}\oint_{C_2}\frac{d\boldsymbol{l}_1\cdot d\boldsymbol{l}_2}{r_{12}}=\frac{\mu}{4\pi}\oint_{C_1}\oint_{C_2}\frac{dl_1 dl_2\cos\theta}{r_{12}}\quad\text{〔H〕}\tag{7.41}$$

で表される．式（7.41）はノイマンの公式と呼ばれる．

もしここで，回路 C_1 と C_2 が完全に一致した場合を考えるならば，このとき上式は自己インダクタンス L を与えることになる．

図7.7(b) に示したように，回路 C 上の二つの線素ベクトル $d\boldsymbol{l}$ と $d\boldsymbol{l}'$ 間の距離を r とすれば，自己インダクタンス L は次式で与えられる．

$$L=\frac{\mu}{4\pi}\oint_{C}\oint_{C}\frac{d\boldsymbol{l}\cdot d\boldsymbol{l}'}{r}=\frac{\mu}{4\pi}\oint_{C}\oint_{C}\frac{dl\,dl'\cos\theta}{r}\quad\text{〔H〕}\tag{7.42}$$

7.4　電磁誘導と磁界のエネルギー

一般化オームの法則において，伝導電流を形成する電界 $\boldsymbol{E}$，外部起電界 $\boldsymbol{E}_{ex}$

のほかに，電磁誘導により誘起された電界を $\boldsymbol{E}_{ind}$ と記すと，回路を流れる電流密度 $\boldsymbol{J}$ は，導体媒質の導電率を σ として

$$\boldsymbol{J}=\sigma(\boldsymbol{E}+\boldsymbol{E}_{ex}+\boldsymbol{E}_{ind}) \tag{7.43}$$

と書き表すことができる．

i 番目の閉回路 C_i にわたり，上式を周回積分すると

$$\oint_{C_i}\frac{\boldsymbol{J}}{\sigma}\cdot d\boldsymbol{l}=\oint_{C_i}\boldsymbol{E}\cdot d\boldsymbol{l}+\oint_{C_i}\boldsymbol{E}_{ex}\cdot d\boldsymbol{l}+\oint_{C_i}\boldsymbol{E}_{ind}\cdot d\boldsymbol{l} \tag{7.44}$$

上式左辺は $\boldsymbol{J}\cdot d\boldsymbol{l}=\dfrac{I}{S}dl$ であるから

$$\oint_{C_i}\frac{\boldsymbol{J}}{\sigma}\cdot d\boldsymbol{l}=\oint_{C_i}\frac{I}{\sigma S}dl=I_i\sum_k\frac{l_k}{\sigma_k S_k}$$

$$=I_i\sum_k R_{ki} \tag{7.45}$$

ここで，C_i に流れる電流を I_i とし，$R_{ki}=l_k/\sigma_k S_k$ とおいた．

一方，式（7.44）の右辺第1項は，

$$\oint_{C_i}\boldsymbol{E}\cdot d\boldsymbol{l}=0 \tag{7.46}$$

第2項は，回路 C_i 上の全起電力の和として，

$$\oint_{C_i}\boldsymbol{E}_{ex}\cdot d\boldsymbol{l}=\sum_l V_{li} \tag{7.47}$$

となる．また第3項は電磁誘導起電力の関係より

$$\oint_{C_i}\boldsymbol{E}_{ind}\cdot d\boldsymbol{l}=-\frac{d\Phi_i}{dt} \tag{7.48}$$

式（7.45）から式（7.48）までの関係を式（7.44）に代入して次式を得る．

$$I_i\sum_k R_{ki}=\sum_l V_{li}-\frac{d\Phi_i}{dt} \tag{7.49}$$

ここで，例として図7.8(a) に示した回路を例として考えることにすると，

$$\sum_k R_{ki}\rightarrow R,\quad \Phi_i\rightarrow LI$$

$$I_i\rightarrow I,\quad \sum_l V_{li}\rightarrow V$$

に書き換え，次式の関係を得る．

$$V=RI+L\frac{dI}{dt} \tag{7.50}$$

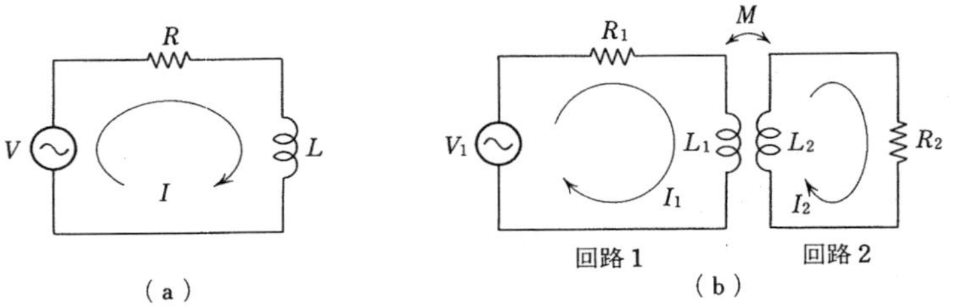

図 7.8 電磁誘導と電気回路の関係

次に図 7.8(b) のように二つの閉回路を考え，相互誘導で結合された場合を考えると，式 (7.49) から次の回路方程式が導かれる.

$$回路1：V_1 = R_1 I_1 + \left(L_1 \frac{dI_1}{dt} + M \frac{dI_2}{dt} \right) \tag{7.51}$$

$$回路2：0 = R_2 I_2 + \left(L_2 \frac{dI_2}{dt} + M \frac{dI_1}{dt} \right) \tag{7.52}$$

6 章で学んだように，定常電流密度 $\boldsymbol{J}$ が流れる導体中の磁界のエネルギーは，$\boldsymbol{J}$ の流れる導体の透磁率を μ とし，体積を v とすると，式 (6. 44)，(6. 45) より

$$U_m = \frac{1}{2}\int_v \boldsymbol{H}\cdot\boldsymbol{B}dv = \frac{1}{2}\int_v \boldsymbol{A}\cdot\boldsymbol{J}dv \quad \text{[J]} \tag{7.53}$$

で与えられた．ここで，一つの回路のみを考えることとし，そこに流れる電流を I，電流密度を $\boldsymbol{J}$ とする．線状導線回路 C を考えるならば，

$$\boldsymbol{J}dv = Id\boldsymbol{l} \tag{7.54}$$

であるから式 (7.53) に代入すると，

$$U_m = \frac{I}{2}\oint_C \boldsymbol{A}\cdot d\boldsymbol{l} \quad \text{[J]} \tag{7.55}$$

となる．上式においてストークスの定理を用いて，

$$\oint_C \boldsymbol{A}\cdot d\boldsymbol{l} = \int_S \nabla\times\boldsymbol{A}\cdot d\boldsymbol{S} = \int_S \boldsymbol{B}\cdot d\boldsymbol{S} = \Phi \quad \text{[Wb]} \tag{7.56}$$

と書き直すと，磁気エネルギーは，

$$U_m = \frac{1}{2} I\Phi = \frac{1}{2} LI^2 \quad \text{〔J〕} \tag{7.57}$$

と表すことができる.

次に n 個の閉じた回路 $C_k(k=1,2,\cdots,n)$ からなる電流回路系での磁気エネルギーを考える. 図7.9の n 個の閉回路をすべて含む体積 v を考え, 回路系の磁気エネルギー U_m を求めると,

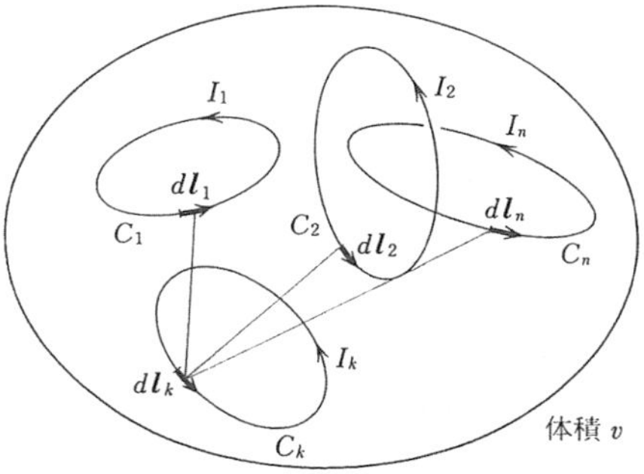

図7.9 n 個の回路からなる系の磁気エネルギー

$$U_m = \frac{1}{2} \int_v \boldsymbol{A} \cdot \boldsymbol{J} dv = \frac{1}{2} \sum_{k=1}^{n} \int_{v_k} \boldsymbol{A} \cdot \boldsymbol{J} dv \quad \text{〔J〕} \tag{7.58}$$

$$U_m = \frac{1}{2} \sum_{k=1}^{n} \oint_{C_k} \boldsymbol{A} \cdot I_k d\boldsymbol{l}_k = \frac{1}{2} \sum_{k=1}^{n} I_k \Phi_k \quad \text{〔J〕} \tag{7.59}$$

ここで,

$$\Phi_k = \oint_{C_k} \boldsymbol{A} \cdot d\boldsymbol{l}_k = \sum_{l=1}^{n} M_{kl} I_l \quad \text{〔Wb〕} \tag{7.60}$$

であるから, これを代入して, 次式を得る.

$$\boxed{U_m = \frac{1}{2} \sum_{k=1}^{n} \sum_{l=1}^{n} M_{kl} I_k I_l \quad \text{〔J〕}} \tag{7.61}$$

7.5　インダクタンスの計算例

インダクタンスの計算法には，ノイマンの公式を用いる方法や，後述する幾何学的平均距離を用いる方法などの直接的な方法と，7.3節で述べたように鎖交磁束 Φ_k を求めて，$M_{kl}=\partial\Phi_k/\partial I_l$ より相互インダクタンスを求める方法，7.4節で示した磁気エネルギー U_m から，$M_{kl}=\partial^2 U_m/\partial I_k \partial I_l$ により求める方法などの間接的な計算法がある．

以下，幾つかの例題を通して上記インダクタンスの計算法を示すことにする．

【例題 7.1】

半径 a，長さ l ($l \gg a$)，透磁率が μ である円形断面をもつ直線導線の自己インダクタンスを求めよ．

［解］ (i)　内部インダクタンス L_i

電流 I が導線の円形断面に一様に分布していると仮定すると，中心軸から距離 r にある点Pの磁界の強さ H は

$$H=\frac{1}{2\pi r}\int_0^r \frac{I}{\pi a^2}2\pi r dr=\frac{rI}{2\pi a^2} \quad (r \le a) \quad [\mathrm{A/m^2}]$$

導線内部の磁界のエネルギー U_m は

$$U_m=\frac{1}{2}\int_0^a \mu H^2 2\pi r l dr=\frac{\mu l}{16\pi}I^2 \quad [\mathrm{J}]$$

ゆえに，直線導線に流れる電流 I が導線内部につくる磁界による，導線自身の内部インダクタンス L_i は，

$$L_i=\frac{2U_m}{I^2}=\frac{\mu l}{8\pi} \quad [\mathrm{H}]$$

すなわち，内部インダクタンス L_i は導線の半径 a に無関係になる．

(ii)　外部インダクタンス L_e

導線を流れる電流 I が導線外部につくる磁界による外部インダクタンス L_e

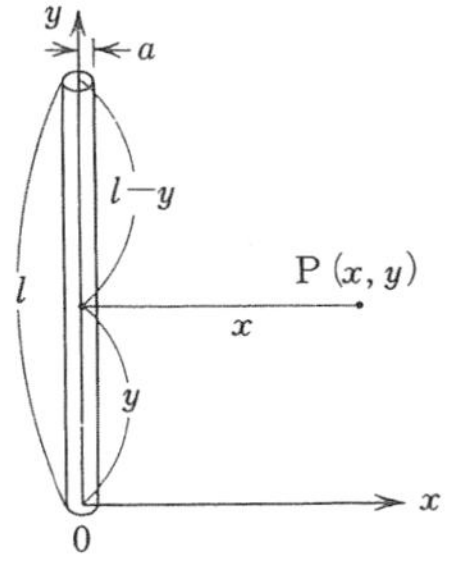

図 7. 10

を求める．直線導線により作られる磁界 H は，6章で学んだように，ビオサバールの法則を用いて計算される．図 7. 10 のような直交座標を考えると，点 P (x, y) での磁界は次式となる．

$$H=\frac{I}{4\pi x}\left(\frac{y}{\sqrt{x^2+y^2}}+\frac{l-y}{\sqrt{x^2+(l-y)^2}}\right)\ \text{〔A/m〕}$$

鎖交磁束 Φ は

$$\Phi=\int_0^l\int_a^\infty \mu_0 \mathrm{H} dx\mathrm{d}y=\frac{\mu_0 \mathrm{I}}{4\pi}\int_a^\infty \frac{1}{x}\left[\sqrt{x^2+y^2}-\sqrt{x^2+(l-y)^2}\right]_0^l dx$$

$$=\frac{\mu_0 I}{2\pi}\int_a^\infty\left(\frac{\sqrt{x^2+l^2}}{x}-1\right)dx$$

$$=\frac{\mu_0 I}{2\pi}\left[l\log\left(\frac{l+\sqrt{a^2+l^2}}{a}\right)-\sqrt{a^2+l^2}+a\right]\ \text{〔Wb〕}$$

ゆえに，直線導線の外部インダクタンス L_e は

$$L_e=\frac{\Phi}{\mathrm{I}}=\frac{\mu_0}{2\pi}\left[l\log\left(\frac{l+\sqrt{a^2+l^2}}{a}\right)-\sqrt{a^2+l^2}+a\right]\ \text{〔H〕}$$

求める直線導線の自己インダクタンス L は，L_i と L_e の和として与えられ，

$$L=L_i+L_e$$

$$=\frac{\mu l}{8\pi}+\frac{\mu_0}{2\pi}\left[l\log\left(\frac{l+\sqrt{a^2+l^2}}{a}\right)-\sqrt{a^2+l^2}+a\right]\ \text{〔H〕}$$

となる．もし，$l \gg \mathrm{a}$ の条件下で上式を近似できる場合には，

$$L\simeq\frac{l}{2\pi}\left[\frac{\mu}{4}+\mu_0\left(\log\frac{2l}{a}-1\right)\right]\ \text{〔H〕}$$

【例題 7. 2】

図 7. 11 に示すような半径 a，長さ l，巻数 N の円筒形ソレノイドの自己インダクタンス L を求めよ．

［解］　ソレノイドに電流 I が流れているとき，ソレノイドの中心軸上の点Pでの磁界 H は，全章の結果から

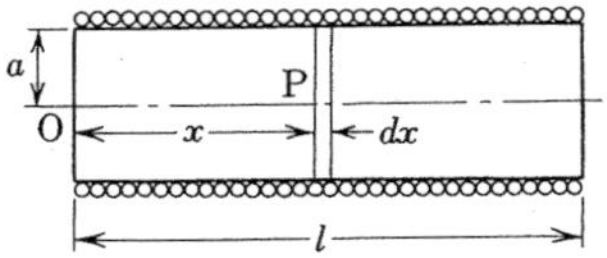

図 7.11

$$H=\frac{NI}{2l}\left\{\frac{x}{\sqrt{a^2+x^2}}+\frac{l-x}{\sqrt{a^2+(l-x)^2}}\right\} \quad \text{〔H〕}$$

もし，ソレノイド内部の断面上で磁界が一様であると仮定すると，内部断面を貫く磁束 ϕ は，

$$\phi=\mu_0 H\pi a^2 \quad \text{〔Wb〕}$$

点Pにおいて，幅 dx の部分に鎖交する磁束数 $d\Phi$ は，その部分の巻数が $\dfrac{N}{l}dx$ であることを用いて，

$$d\Phi=\phi\frac{N}{l}dx$$

$$=\frac{\mu_0\pi a^2N^2I}{2l^2}\left\{\frac{x}{\sqrt{a^2+x^2}}+\frac{l-x}{\sqrt{a^2+(l-x)^2}}\right\}dx \quad \text{〔Wb〕}$$

よって，コイル全体に鎖交する磁束数 Φ は，

$$\Phi=\int d\Phi=\frac{\mu_0\pi a^2N^2I}{2l^2}\int_0^l\left\{\frac{x}{\sqrt{a^2+x^2}}+\frac{l-x}{\sqrt{a^2+(l-x)^2}}\right\}dx$$

$$=\frac{\mu_0N^2\pi a^2I}{l^2}(\sqrt{a^2+l^2}-a) \quad \text{〔Wb〕}$$

したがって，自己インダクタンス L は，

$$L=\frac{\Phi}{I}=\frac{\mu_0N^2\pi a^2}{l^2}(\sqrt{a^2+l^2}-a) \quad \text{〔H〕}$$

$l\gg a$ の場合には，以下となる．

$$L\simeq\mu_0N^2\pi a^2/l \quad \text{〔H〕}$$

【例題 7.3】

図7.12のように，同一平面上に無限長直線導線と，直線から垂直距離 d だけ隔てておかれた半径 a（$a<d$）の円形コイルがあるとき，両者の間の相互

インダクタンスを求めよ．

［解］　直線導線に電流 I を流すと，円形コイル内の点 P $(r,\ \theta)$ における磁界の強さは

$$H=\frac{I}{2\pi(d+r\cos\theta)}\quad 〔\mathrm{A/m}〕$$

の大きさをもち，向きは，コイル面に垂直となる．

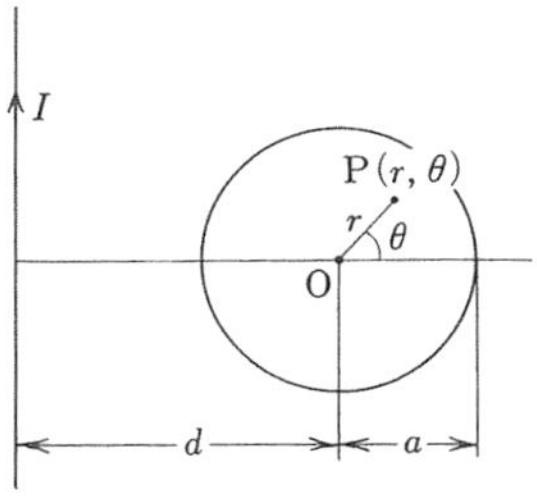

図 7.12

円形コイル断面にわたる鎖交磁束数 Φ は，

$$\Phi=\int_0^a\int_0^{2\pi}\mu_0 Hrdrd\theta=\frac{\mu_0 I}{2\pi}\int_0^a\int_0^{2\pi}\frac{rdrd\theta}{d+r\cos\theta}\quad 〔\mathrm{Wb}〕$$

ここで，

$$\int_0^{2\pi}\frac{d\theta}{d+r\cos\theta}=\frac{2\pi}{\sqrt{d^2-r^2}}\quad (d>r)$$

の関係を用いて，

$$\Phi=\frac{\mu_0 I}{2\pi}\int_0^a\frac{2\pi rdr}{\sqrt{d^2-r^2}}=\mu_0 I\left[-\sqrt{d^2-r^2}\right]_0^a$$

$$=\mu_0 I(d-\sqrt{d^2-a^2})\quad 〔\mathrm{Wb}〕$$

ゆえに，もとめる相互インダクタンス M は，

$$M=\frac{\Phi}{I}=\mu_0(d-\sqrt{d^2-a^2})\quad 〔\mathrm{H}〕$$

【例題 7.4】

長さ l，間隔 $d\,(d\ll l)$ の平行直線導線間の相互インダクタンスをノイマンの公式，式 (7.41) を用いて求めよ．

［解］

$$M=\frac{\mu_0}{4\pi}\int_0^l\int_0^l\frac{dzdz'}{r}\quad 〔\mathrm{H}〕$$

ここで，

$$r=\sqrt{(z'-z)^2+d^2}$$

$$M=\frac{\mu_0}{4\pi}\int_0^l\int_0^l\frac{dzdz'}{\sqrt{(z'-z)^2+d^2}}\quad 〔\mathrm{H}〕$$

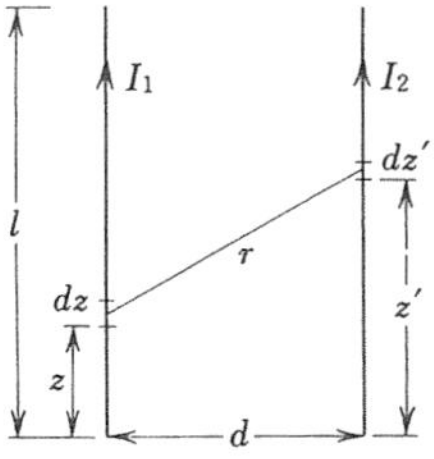

図 7.13

まず，z について積分すると

$$\int_0^l \frac{dz}{\sqrt{(z'-z)^2+d^2}} = \log(z'+\sqrt{z'^2+d^2}) - \log(z'-l+\sqrt{(z'-l)^2+d^2})$$

z' について積分を行い，

$$\int_0^l \log(z'+\sqrt{z'^2+d^2})dz' = \left[z'\log(z'+\sqrt{z'^2+d^2}) - \sqrt{z'^2+d^2} \right]_0^l$$

$$\int_0^l \log(z'-l+\sqrt{(z'-l)^2+d^2})\,dz'$$

$$= \left[(z'-l)\log(z'-l+\sqrt{(z'-l)^2+d^2}) - \sqrt{(z'-l)^2+d^2} \right]_0^l$$

を代入して，

$$M = \frac{\mu_0}{4\pi}\left\{ l\log\left(\frac{l+\sqrt{l^2+d^2}}{-l+\sqrt{l^2+d^2}}\right) - 2\sqrt{l^2+d^2} + 2d \right\}$$

$$= \frac{\mu_0}{2\pi}\left\{ l\log\frac{\sqrt{l^2+d^2}+l}{d} - \sqrt{l^2+d^2} + d \right\} \quad \text{〔H〕}$$

もし，$l \gg d$ の場合には以下となる．

$$M = \frac{\mu_0 l}{2\pi}\left(\log\frac{2l}{d} - 1 \right) \quad \text{〔H〕}$$

7.6　幾何学的平均距離

7.3.3 項で記述したノイマンの公式を，太さの無視できない導体回路のインダクタンスの計算に適用してみよう．

図 7.14 のような任意の形の断面 S_1，S_2 をもつ二つの平行導線回路を考え，導体を流れる電流は断面内で一様に分布しているとする．また，簡単のため，導線および周囲媒質の透磁率をすべてμであると仮定する．このとき，導線 1 に流れる電流を I_1，導線 2 に流れる電流を I_2 とすると，S_1，S_2 内の微小面素 dS_1，dS_2 をそれぞれ断面積とする線状導線内に流れる電流は，$dI_1 = I_1 dS_1/S_1$

および $dI_2=I_2dS_2/S_2$ となる．この 2 本の平行直線状導線回路に式（7.37）を適用すると，導体 1 内の微小断面積 dS_1 をもつ回路 C_1 に流れる電流 dI_1 によって，垂直距離 r だけ離れた導体 2 内の dS_2 を断面積とする回路 C_2 に鎖交する磁束数 $d\Phi_{21}$ は，

$$d\Phi_{21}=\frac{\mu}{4\pi}\frac{I_1dS_1}{S_1}\frac{dS_2}{S_2}\times \oint_{C_1}\oint_{C_2}\frac{d\boldsymbol{l}_1\cdot d\boldsymbol{l}_2}{r_{12}} \qquad (7.62)$$

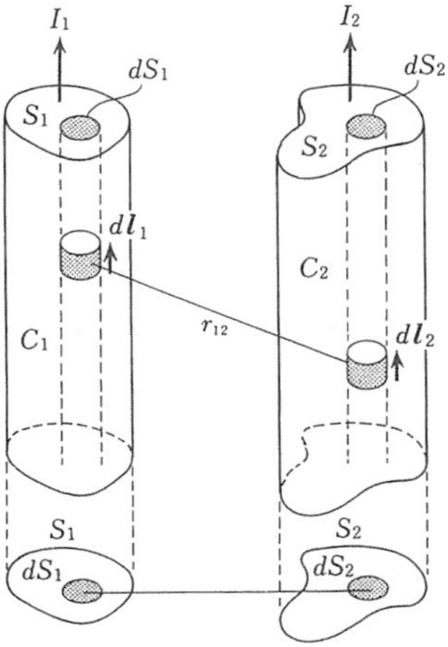

図 7.14　幾何学的平均距離の説明図

ここで，r_{12} は C_1，C_2 上の線素ベクトル $d\boldsymbol{l}_1$ と $d\boldsymbol{l}_2$ 間の距離を表し，dS_2/S_2 は S_2 を巻数 1 としたときの巻数比を表している．

Φ_{21} は式（7.62）を S_1 および S_2 にわたり積分することによって求められる．導体 1 と導体 2 間の相互インダクタンス M は，それゆえ，

$$M=\frac{\Phi_{21}}{I_1}$$

$$=\frac{\mu}{4\pi}\frac{1}{S_1S_2}\int_{S_1}\int_{S_2}\left\{\oint_{C_1}\oint_{C_2}\frac{d\boldsymbol{l}_1\cdot d\boldsymbol{l}_2}{r_{12}}\right\}dS_1dS_2 \quad \text{〔H〕} \qquad (7.63)$$

となる．ここで，太さの無視できる長さ l，間隔 r（$r\ll l$）の 2 本の平行直線状導線の相互インダクタンスを M_0 とすると，例題 7.4 で求めたように，

$$M_0=\frac{\mu}{4\pi}\oint_{C_1}\oint_{C_1}\frac{d\boldsymbol{l}_1\cdot d\boldsymbol{l}_2}{r_{12}}$$

$$=\frac{\mu l}{2\pi}\left(\log\frac{2l}{r}-1\right) \quad \text{〔H〕} \qquad (7.64)$$

上式を式（7.63）に代入すると，

$$M=\frac{1}{S_1S_2}\int_{S_1}\int_{S_2}\frac{\mu l}{2\pi}\left(\log\frac{2l}{r}-1\right)dS_1dS_2$$

$$=\frac{\mu l}{2\pi}\left(\log\frac{2l}{R}-1\right)\quad \text{〔H〕} \tag{7.65}$$

が得られる．ここで，R は次式によって定義される．

$$\boxed{\log R=\frac{1}{S_1S_2}\int_{S_1}\int_{S_2}\log r\,dS_1dS_2} \tag{7.66}$$

式（7.65）から分かるように，太さを考慮した十分に長い，長さ l をもつ2本の平行導体間の相互インダクタンスは，等価的に距離 R だけ離れた平行直線状導線間の相互インダクタンスとして与えられる．ここで，R は式（7.66）で与えられるように，同一平面上にある二つの面積 S_1，S_2 の断面形状とそれらの相対位置で決まる量であり，二つの断面 S_1，S_2 間の幾何学的平均距離（geometrical mean distance，略して G.M.D.）と呼ばれる．

特に，断面 S が点のとき，すなわち線状導体の場合には，$S=dS=1$，また半径 a の円周のときには，θ を円周角として $S=2\pi a$，$dS=a\,d\theta$ と規約される．

7.7　電流回路に働く力

導線電流が磁界から受ける力については，6章で述べられているが，ここでは，電流回路に作用する力をインダクタンスを用いて記述する．

簡単のため，2個の電流回路からなる系を考えることにする．二つの回路に流れる電流をそれぞれ I_1，I_2 とし，回路1，2の自己インダクタンスを L_1，L_2，両者間の相互インダクタンスを M とすると，この電流回路系のもつ磁気エネルギー U_m は式（7.61）より次式で与えられる．

$$U_m=\frac{1}{2}(L_1I_1^2+L_2I_2^2)+MI_1I_2\quad \text{〔J〕} \tag{7.67}$$

各回路に流れる電流を一定に保った状態で，回路のすべて，あるいは一部が ξ 方向に仮想的な力 F_ξ を受け，$\delta\xi$ だけ微小変位したとするならば，エネルギー保存の原理から，回路によってなされた仕事 $F_\xi\delta\xi$ は，全回路のもつエネル

ギーの減少分 $-\delta U$ に等しくなければならない．すなわち，

$$F_\xi \delta\xi = -\delta U \quad \text{〔J〕} \tag{7.68}$$

以下の説明では簡単のため，回路1だけが変位したとしよう．このとき，自己インダクタンス L_1，相互インダクタンス M は変化するが，L_2 は不変のままである．インダクタンスの変化分をそれぞれ δL_1，δM とすると，磁気エネルギーの変化分 δU_m は，

$$\delta U_m = \frac{1}{2}\delta L_1 I_1^2 + \delta M I_1 I_2 \quad \text{〔J〕} \tag{7.69}$$

となる．一方，回路1の変位に伴い，回路1に鎖交する磁束数 Φ_1 が変化するので，回路1に次式の起電力 e_1 が誘起される．

$$e_1 = -\frac{d\Phi_1}{dt} = -\left(\frac{dL_1}{dt} I_1 + \frac{dM}{dt} I_2\right) \quad \text{〔V〕} \tag{7.70}$$

ここで，$\Phi_1 = L_1 I_1 + M I_2$ を代入した．

さて，起電力 e_1 によって回路1に与えられるエネルギーを δU_1 とすると，δU_1 は $e_1 I_1$ を微小変位に要した時間 δt にわたり時間積分することによって得られる．すなわち

$$\delta U_1 = \int_0^{\delta t} e_1 I_1 dt = -(\delta L_1 I_1^2 + \delta M I_1 I_2) \quad \text{〔J〕} \tag{7.71}$$

ここで，$\delta L_1 = \dfrac{dL_1}{dt}\delta t$ および $\delta M = \dfrac{dM}{dt}\delta t$ の関係を用いた．

他方，回路2では M の変化によって，δU_2 だけエネルギーが与えられることになる．この δU_2 は，上記と同様にして，

$$\delta U_2 = -\delta M I_1 I_2 \quad \text{〔J〕} \tag{7.72}$$

ゆえに，全回路のエネルギーの増加分 δU は，式(7.69)，(7.71) および (7.72) より，

$$\delta U = \delta U_m + \delta U_1 + \delta U_2 = -\left(\frac{1}{2}\delta L_1 I_1^2 + \delta M I_1 I_2\right) \quad \text{〔J〕}$$

すなわち，

$$\boxed{\delta U = -\delta U_m \quad [\mathrm{J}]} \tag{7.73}$$

となる．このため，回路 1 に働く力 F_ξ は，次式で求められる．

$$F_\xi = -\frac{\partial U}{\partial \xi} = \frac{\partial U_m}{\partial \xi} = \frac{1}{2}\frac{\partial L_1}{\partial \xi}I_1^2 + \frac{\partial M}{\partial \xi}I_1 I_2 \quad [\mathrm{N}] \tag{7.74}$$

ここで，回路 1 および回路 2 の形状が一定のままで，両者の位置のみが変位したとするならば，$\partial L_1/\partial \xi = 0$ として上式より，

$$F_\xi = \frac{\partial M}{\partial \xi}I_1 I_2 \quad [\mathrm{N}] \tag{7.75}$$

もし，一方の回路が x 方向に線変位したとすると，回路に働く力 F_x は次式で与えられる．

$$\boxed{F_x = \frac{\partial U_m}{\partial x} = \frac{\partial M}{\partial x}I_1 I_2 \quad [\mathrm{N}]} \tag{7.76}$$

また，一方の回路が θ 方向に角変位する場合には，回路に働く回転力（トルク）T は，次式から求められる．

$$\boxed{T = \frac{\partial U_m}{\partial \theta} = \frac{\partial M}{\partial \theta}I_1 I_2 \quad [\mathrm{N \cdot m}]} \tag{7.77}$$

【例題 7.5】

図 7.15 のように，同一平面上に，十分長い直線状導線と，導線から距離 d の点を中心とする半径 $a\,(a<d)$ の円形コイルがある．両者にそれぞれ電流 I_1，I_2 を流すとき，両者間に働く力を求めよ．

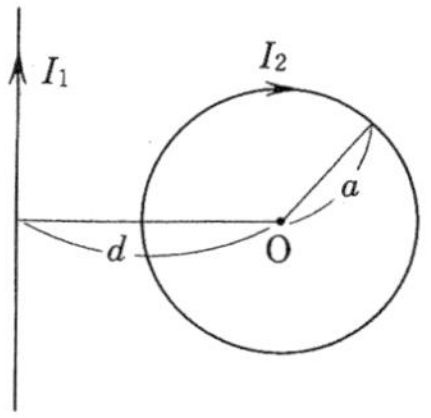

図 7.15

［解］　例題 7.3 により相互インダクタンス M は

$$M = \mu_0\left(d - \sqrt{d^2 - a^2}\right) \quad [\mathrm{H}]$$

式（7.76）より，

$$F=\frac{\partial M}{\partial d}I_1I_2=\mu_0I_1I_2\left(1-\frac{d}{\sqrt{d^2-a^2}}\right)<0 \quad \text{〔N〕}$$

となり，直線導線と円形コイル間の力は吸引力となる．なお I_2 の向きが逆になると，反発力となる．

7.8 表皮効果

定常電流界では，電流は導線の断面にわたり，一様に分布するものとして扱ってきたが，電流が時間的に変化する場合には，どのように分布して流れるのであろうか．

以下，準定常電流界の仮定の下で考察してみよう．式（7.9）において，両辺にベクトルの回転をとると，

$$\nabla\times(\nabla\times\boldsymbol{E})=-\nabla\times\left(\frac{\partial\boldsymbol{B}}{\partial t}\right) \tag{7.78}$$

上式の左辺は，

$$\nabla\times(\nabla\times\boldsymbol{E})=\nabla(\nabla\cdot\boldsymbol{E})-\nabla^2\boldsymbol{E}=\nabla\left(\frac{1}{\sigma}\nabla\cdot\boldsymbol{J}\right)-\frac{1}{\sigma}\nabla^2\boldsymbol{J}=-\frac{1}{\sigma}\nabla^2\boldsymbol{J}$$

ここで，$\nabla\cdot\boldsymbol{J}=0$ および $\boldsymbol{J}=\sigma\boldsymbol{E}$ の関係を用いた．

右辺は，

$$-\nabla\times\left(\frac{\partial\boldsymbol{B}}{\partial t}\right)=-\mu\frac{\partial}{\partial t}(\nabla\times\boldsymbol{H})=-\mu\frac{\partial}{\partial t}\boldsymbol{J}$$

ここで，$\nabla\times\boldsymbol{H}=\boldsymbol{J}$ の関係を用いた．上 2 式より，

$$\boxed{\nabla^2\boldsymbol{J}=\sigma\mu\frac{\partial\boldsymbol{J}}{\partial t}} \tag{7.79}$$

が得られる．上式は $\boldsymbol{J}$ に対する表式であるが，いわゆる拡散方程式と同じ形をしており，$\boldsymbol{E}$ あるいは $\boldsymbol{H}$ に対しても同様な形が得られる．

さて，図 7.16 のように直交座標系を用い，電流密度が z 軸方向に流れるも

のとし，x 方向に一様であると仮定すると，電流密度 $\boldsymbol{J}(\boldsymbol{r},t)$ は，

$$\boldsymbol{J}(\boldsymbol{r},t)=\boldsymbol{e}_z J_z(y)e^{j\omega t} \tag{7.80}$$

と書き表すことができる．ここで，$\boldsymbol{e}_z$ は z 方向の単位ベクトル，J_z は $\boldsymbol{J}$ の z 成分を表す．式（7.80）のように，角周波数 ω の高周波振動を考えると，式（7.79）は，

$$\frac{\partial^2 J_z(y)}{\partial y^2}=j\omega\sigma\mu J_z(y) \tag{7.81}$$

となる．この微分方程式の解は，

$$J_z(y)=J_z(0)\exp\{-\sqrt{j\omega\sigma\mu}\,y\}$$
$$=J_z(0)\exp\left\{-\frac{(1+j)}{\delta}y\right\} \tag{7.82}$$

となる．ここで，$\delta=\sqrt{\dfrac{2}{\omega\sigma\mu}}$ は表皮の深さ（skin depth）と呼ばれる．上式は，電流が表面層のみに集中して流れることを表しており，その空間的変化の様子を図 7.16 に示す．

表皮の深さ δ は，角周波数 ω，導電率 σ，透磁率 μ の平方根に反比例し，それらが大きくなるほど，表皮効果が顕著になることを示している．たとえば，マイクロ波領域のように高周波電磁波に対しては，電流は導体表面のきわめて薄い領域のみに流れる．このため，このような高周波の電磁的な放射雑音が存在する場合でも，測定装置を導体板で取り囲めば，外部の電磁界は表皮効果により導体板で減衰されるので，外部からの電磁放射雑音に影響されず測定を行うことができる．これは電磁シールドと呼ばれ，高周波電磁

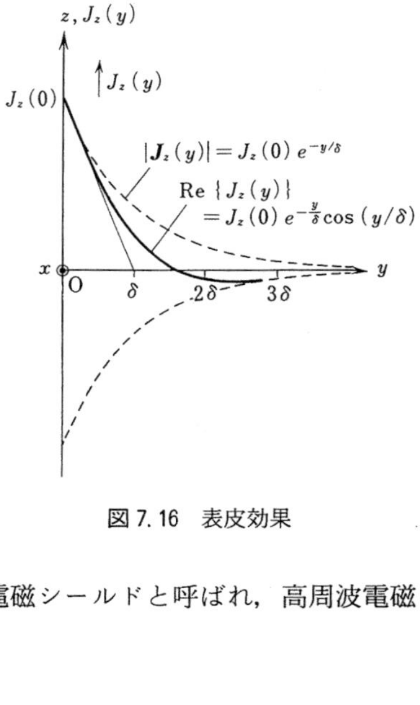

図 7.16　表皮効果

波を取り扱う分野などでは広く用いられている．

［演 習 問 題］

［7. 1］ 図 7. 17 に示したような時間的に $H(t)=H_0\sin(\omega t+\phi_1)$ で変化し，空間的に一様な磁界の中で，面積 S をもつ一巻きのコイルを磁界に垂直な軸のまわりに角速度 ω で回転させるとき，コイルに発生する起電力を求めよ．

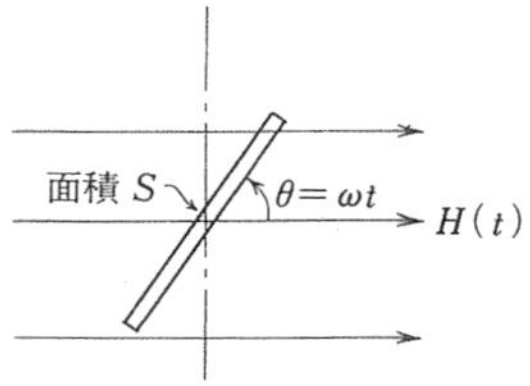

図 7. 17

［7. 2］ 図 7. 18 のように磁束密度 B の一様な磁界の内で，半径 a の導体円板を磁界と平行な中心軸のまわりに角速度 ω で回転させると，導体円板の中心軸と円板周辺との間に生じる起電力を求めよ．

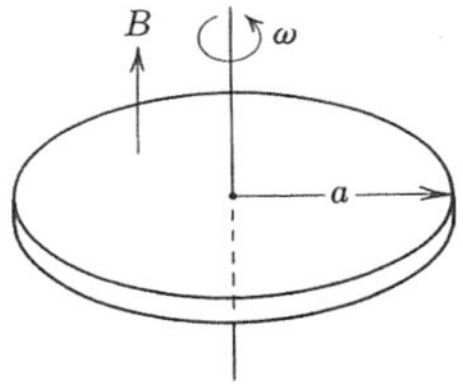

図 7. 18

［7. 3］ 図 7. 19 のように，一様磁界 H の中で半径 a，誘電率 ε の誘電体円柱を，磁界と平行な中心軸のまわりに角速度 ω で回転させたとき，中心 O から距離 r の位置での誘電分極を求めよ．

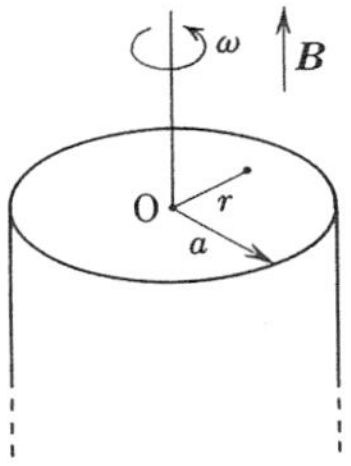

図 7. 19

［7. 4］ 透磁率が μ である半径 a，b の円形断面をもつ 2 本の導線が，中心距離 $d(d\gg a, b)$ だけ隔てて平行往復回路がつくられている．長さ l 当たりの自己インダクタンスを求めよ．

［7. 5］ 図 7. 20 のように同一平面上に，十分長い直線状導線と，導線から距離 d の位置にそれに平行な一辺をもつ正三角形コイルがおかれている．両者間の相互インダクタンスを求めよ．

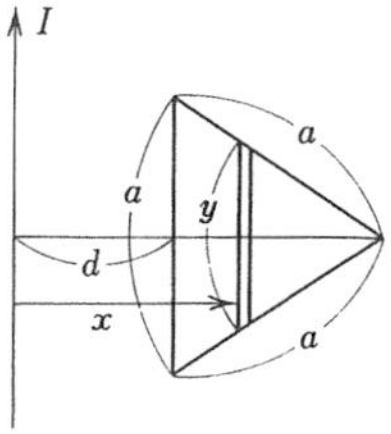

図 7. 20

［7. 6］ 半径 a の円形断面をもつ，透磁率 μ，平均半径 $R(R\gg a)$ の円形コイルの自己インダクタンスを求めよ．

［7. 7］ 図 7. 21 のように半径 a の円形断面をもつ，中心半径 R，透磁率 μ の環状鉄心に，導線が N 回一様に巻かれている．この環状ソレノイドの自己インダクタンスを求めよ．

［7. 8］ 図 7. 22 のように透磁率 μ_1，半径 a の環状磁性体のまわりに，半径 b まで透磁率 μ_2 の磁性体

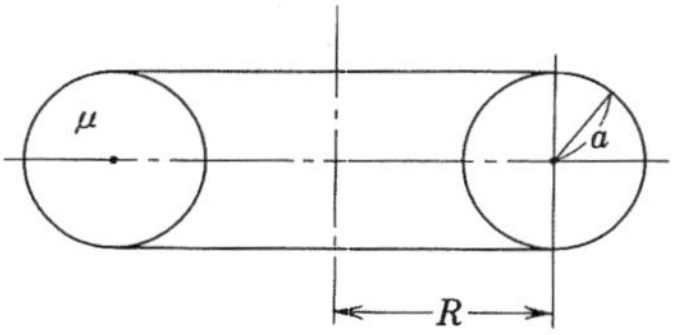

図 7.21

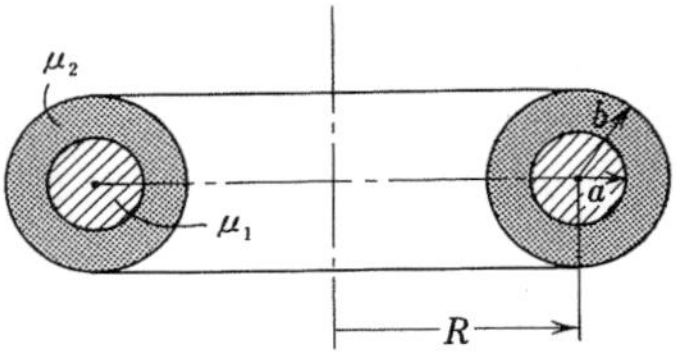

図 7.22

でつつんだ環状円環のまわりに，総巻数 N の導線を一様に巻いたときの自己インダクタンスを求めよ．

[7.9]　図 7.23 のように半径 a，透磁率 μ_1 の円柱状導体を，内外半径 b，c 透磁率 μ_2 の円筒状導体の内部に同軸的に入れて往復回路とするとき，長さ l 当たりの自己インダクタンスを求めよ．

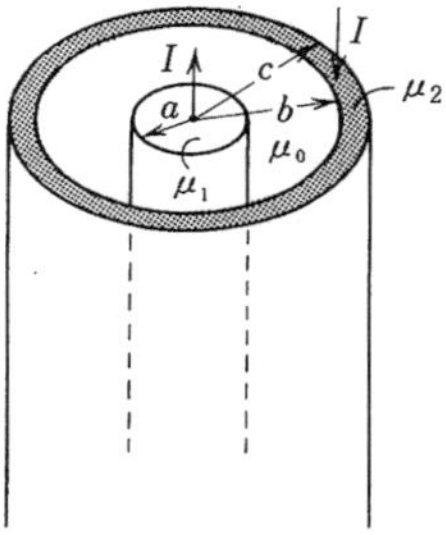

図 7.23

[7.10]　半径が a である円形面積自身の幾何学的平均距離 R を求めよ．

[7.11]　間隔 d だけ隔てておかれた長さ l の平行導線に電流 I_1，I_2 を流すときに作用する力を求めよ．

[7.12]　抵抗率が $1.7\times10^{-8}\,\Omega\mathrm{m}$ である銅の 1 MHz の周波数に対する表皮の深さを求めよ．

8 マックスウェル方程式と電磁界

ファラデーの電磁誘導の法則は，磁界が時間的に変化すれば電界が発生するというものであった．この章では，逆に電界が時間的に変化した場合に磁界が発生することを示し，静電界，静磁界に関する諸法則と合わせて電磁気学の基本方程式であるマックスウェル方程式を得る．

次に，それを用いて電磁界のエネルギーの流れを表すポインティングベクトルについて考える．最後に，空間的，時間的に変化する電界と磁界が互いに影響しながら空間を伝搬していく電磁波について，それを記述する波動方程式をマックスウェル方程式から求める．

8.1 変位電流

電流密度が時間とともに変化しない定常電流の場合には，それによって生ずる磁界は，式 (6.5)，すなわち

$$\nabla \times \boldsymbol{H} = \boldsymbol{J} \quad [\mathrm{A/m^2}] \tag{8.1}$$

で表される．また

$$\nabla \cdot \boldsymbol{J} = \nabla \cdot (\nabla \times \boldsymbol{H}) = 0 \tag{8.2}$$

であるから，定常電流はソレノイド的で，電流線は連続で閉曲線を形作っている．

ところが，電流が時間的に変化する場合はどうなるであろうか．ここで 5.1 節で述べた連続の式 (5.7) から

$$\nabla \cdot \boldsymbol{J} + \frac{\partial \rho}{\partial t} = 0 \tag{8.3}$$

と書け，これは電荷の保存性を表す．

電流が時間的に変化する場合にも，電荷の保存性は満足されていなければならない．この場合，$\dfrac{\partial\rho}{\partial t} \neq 0$ であるから

$$\nabla\cdot \boldsymbol{J} \neq 0 \tag{8.4}$$

となる．これは式（8.2）に矛盾するものである．この矛盾は電荷密度が時間的に変化する系では式（8.1）が正しくないことを示すものである．

マックスウェルは，一般に誘電体内部においても磁束密度 $\boldsymbol{B}$ が時間的に変化すると

$$\nabla\times \boldsymbol{E} = -\frac{\partial \boldsymbol{B}}{\partial t}$$

で表される電界が誘導されることを提唱すると同時に，電束密度 $\boldsymbol{D}$ が時間的に変化すると

$$\nabla\times \boldsymbol{H} = \frac{\partial \boldsymbol{D}}{\partial t}$$

で与えられる磁界を生ずることを主張した．

この主張を正当づける例として，コンデンサを考えてみよう．図8.1において，コンデンサの一方の電極の電荷を $+Q$，両電極間の電束密度を $\boldsymbol{D}$ とし，電極を包む任意の閉曲面 S を仮想すると，ガウスの法則，式（3.10）より

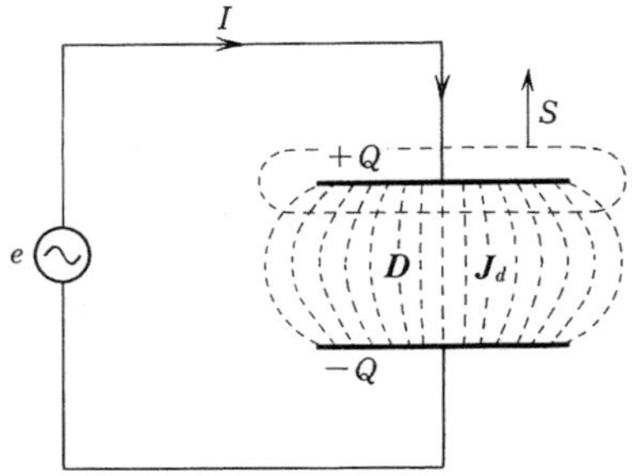

図8.1　コンデンサを含む回路における伝導電流と変位電流

$$Q = \int_S \boldsymbol{D}\cdot d\boldsymbol{S} \quad \text{〔C〕} \tag{8.5}$$

である．したがって，この電極に流れ込む電流 I は

$$I = \frac{dQ}{dt} = \frac{d}{dt}\int_S \boldsymbol{D}\cdot d\,\boldsymbol{S} = \int_S \frac{\partial \boldsymbol{D}}{\partial t}\cdot d\boldsymbol{S} \quad \text{〔A〕} \tag{8.6}$$

となる．一方，導線を流れる電流 I の電流密度を $\boldsymbol{J}$ とすると，閉曲面 S の外向

き法線方向と電極に流れ込む電流Iとの向きは逆であるから

$$I = -\int_S \boldsymbol{J} \cdot d\boldsymbol{S} \quad \text{〔A〕} \tag{8.7}$$

となる．よって式（8.6），（8.7）より，ガウスの定理を用いて

$$\int_S \left(\boldsymbol{J} + \frac{\partial \boldsymbol{D}}{\partial t} \right) \cdot d\boldsymbol{S} = \int_V \nabla \cdot \left(\boldsymbol{J} + \frac{\partial \boldsymbol{D}}{\partial t} \right) dv = 0 \tag{8.8}$$

となる．閉曲面Sは任意にとったから，Sが包むすべての領域で式（8.8）が成り立つためには

$$\nabla \cdot \left(\boldsymbol{J} + \frac{\partial \boldsymbol{D}}{\partial t} \right) = 0 \tag{8.9}$$

でなければならない．したがって，このようにコンデンサを含む開いた回路では，定常電流のときのように $\nabla \cdot \boldsymbol{J} = 0$ とはならず，導体内を流れる電流密度$\boldsymbol{J}$と誘電体中の$\dfrac{\partial \boldsymbol{D}}{\partial t}$とが連続して一つの閉回路を構成していると考えられる．この誘電体内の$\boldsymbol{J}_d = \dfrac{\partial \boldsymbol{D}}{\partial t}$は導体内を流れる電流密度$\boldsymbol{J}$とまったく対等であるため，$\boldsymbol{J}_d$を一種の電流とみなして**変位電流**（displacement current）と呼んでいる．変位電流に対応して，導体内の電流を伝導電流（conduction current）という．

一方，電束密度$\boldsymbol{D}$と電荷密度ρとの間には

$$\nabla \cdot \boldsymbol{D} = \rho$$

の関係があるので，式（8.9）は

$$\nabla \cdot \left(\boldsymbol{J} + \frac{\partial \boldsymbol{D}}{\partial t} \right) = \nabla \cdot \boldsymbol{J} + \frac{\partial}{\partial t} \nabla \cdot \boldsymbol{D} = \nabla \cdot \boldsymbol{J} + \frac{\partial \rho}{\partial t} = 0 \tag{8.10}$$

となり，式（8.3）の連続の方程式に矛盾しなくなる．すなわち，$\dfrac{\partial \boldsymbol{D}}{\partial t}$の項を導入したことは連続の方程式の立場からも合理的であることが分かる．

今までの考察から，電流が時間的に変化する非定常電流の場合には，式（8.1），（8.2）は成り立たず，それに代わって

$$\boxed{\nabla \times \boldsymbol{H} = \boldsymbol{J} + \boldsymbol{J}_d = \boldsymbol{J} + \frac{\partial \boldsymbol{D}}{\partial t}} \tag{8.11}$$

および式（8. 9）が成立することが分かった．すなわち，誘電体内においても電束密度が時間的に変化すると，導体内の伝導電流と等価な一種の電流，変位電流が誘起され，伝導電流と連続して閉回路を構成する．

式（8. 11）はアンペア・マックスウェルの法則と呼ばれる重要な関係式であり，伝導電流だけが磁界を作るのではなく，変位電流も同じ働きをすることを示している．この式は次節でみるようにマックスウェル方程式の一つとなっている．

変位電流は電束密度の時間微分であるから，電界がゆっくりと変化するような準静的な場合には小さくなる．しかし，電界が非常に速く変化する場合には，変位電流の効果が重要になる．

【例題 8. 1】

静電容量 C〔F〕の平行平板コンデンサに $V = V_0 \sin \omega t$〔V〕の振動電圧を加えた場合に生ずる変位電流を求めよ．

〔解〕 平行平板の間隔を d〔m〕，誘電率を ε とすると，電界 E は

$$E = \frac{V}{d} = \frac{V_0 \sin \omega t}{d} \quad 〔\mathrm{V/m}〕$$

電束密度は

$$D = \varepsilon E = \frac{\varepsilon V_0 \sin \omega t}{d} \quad 〔\mathrm{C/m^2}〕$$

と表される．したがって変位電流 I_d は平板の面積を S とすると

$$I_d = S \frac{\partial D}{\partial t} = S \frac{\varepsilon V_0 \omega}{d} \cos \omega t \quad 〔\mathrm{A}〕$$

となる．一方，$C = \dfrac{\varepsilon S}{d}$〔F〕であるから，この関係を上式に入れて次式が得られる．

$$I_d = \omega C V_0 \cos \omega t \quad 〔\mathrm{A}〕$$

8. 2 マックスウェル方程式

マックスウェルの方程式（Maxwell's equations）は，電磁現象に関するすべての基本法則を包含する理論体系である．電界の強さを$\boldsymbol{E}$，磁界の強さを$\boldsymbol{H}$，電束密度を$\boldsymbol{D}$，磁束密度を$\boldsymbol{B}$，伝導電流密度を$\boldsymbol{J}$，体積電荷密度をρとすると，マックスウェルの方程式は式（7. 9），（8. 11），（3. 16），（4. 18）より

$$\nabla \times \boldsymbol{E} = -\frac{\partial \boldsymbol{B}}{\partial t} \tag{8. 12}$$

$$\nabla \times \boldsymbol{H} = \boldsymbol{J} + \frac{\partial \boldsymbol{D}}{\partial t} \tag{8. 13}$$

$$\nabla \cdot \boldsymbol{D} = \rho \tag{8. 14}$$

$$\nabla \cdot \boldsymbol{B} = 0 \tag{8. 15}$$

と記述される．第1の方程式はファラデーの電磁誘導の法則であり，第2の方程式は，伝導電流と変位電流の両方を考慮した電流密度と磁界との関係を表すアンペア・マックスウェルの法則である．第3の方程式はクーロンの法則と同等であり，第4の方程式は，電流以外に磁界の源泉がないこと，すなわち磁界はソレノイド的であることを示す．

しかし，これら4個の方程式は必ずしもすべて独立ではなく，式（8. 15）は式（8. 12）から得ることができる．式（8. 12）の発散をとり，磁束密度$\boldsymbol{B}$およびその導関数が連続であると仮定すれば，

$$\nabla \cdot (\nabla \times \boldsymbol{E}) + \nabla \cdot \frac{\partial \boldsymbol{B}}{\partial t} = \frac{\partial}{\partial t} \nabla \cdot \boldsymbol{B} = 0$$

となる．したがって$t = -\infty$で$\boldsymbol{B} = 0$であったと考えるか，あるいは一定の周波数で振動する電磁界を考えれば，式（8. 15）が得られる．

また，マックスウェル方程式から基本法則を導く一例として，電荷の保存を示す連続の方程式を誘導してみよう．式（8. 13）の発散をとり，式（8. 14）を考慮すると

$$\nabla\cdot(\nabla\times H) = \nabla\cdot\boldsymbol{J} + \nabla\cdot\frac{\partial\boldsymbol{D}}{\partial t} = \nabla\cdot\boldsymbol{J} + \frac{\partial}{\partial t}\nabla\cdot\boldsymbol{D} = \nabla\cdot\boldsymbol{J} + \frac{\partial\rho}{\partial t} = 0$$

となり

$$\nabla\cdot\boldsymbol{J} + \frac{\partial\rho}{\partial t} = 0$$

すなわち，式（8.3）の連続の方程式が得られる．

マックスウェル方程式は電荷 ρ，電流密度 $\boldsymbol{J}$ を与えて，それから電磁界 $\boldsymbol{E}$，$\boldsymbol{B}$ を決めるための式であるといえる．この場合，物質の物理的な性質から導かれる関係式，すなわち，媒質の誘電率を ε，誘磁率を μ，導電率を σ とした場合，

$$\boxed{\boldsymbol{D} = \varepsilon\boldsymbol{E}, \quad \boldsymbol{B} = \mu\boldsymbol{H}, \quad \boldsymbol{J} = \sigma\boldsymbol{E}} \tag{8.16}$$

によって，$\boldsymbol{D}$ と $\boldsymbol{E}$，$\boldsymbol{B}$ と $\boldsymbol{H}$，$\boldsymbol{J}$ と $\boldsymbol{E}$ との間の関係が与えられている必要がある．ここで第3式はいわゆるオームの法則である．

もしも，異なる媒質が接している場合には，その境界面で境界条件を満たすようにマックスウェルの方程式を解かねばならない．境界条件に関しては，3.2.2項で示したように，電界の強さ $\boldsymbol{E}$ の接線成分が境界面上で連続であり，電束密度 $\boldsymbol{D}$ の法線成分の差が境界面上の面電荷密度 ω に等しい．すなわち，媒質（1），（2）の境界面上における電界の強さおよび電束密度をそれぞれ $\boldsymbol{E}_1$，$\boldsymbol{E}_2$ および $\boldsymbol{D}_1$，$\boldsymbol{D}_2$ とし，境界面において媒質（2）から媒質（1）へ立てた法線を $\boldsymbol{n}$ とすると（図8.2参照），式（8.17），（8.18）のように表される．

$$(\boldsymbol{E}_2 - \boldsymbol{E}_1)\times\boldsymbol{n} = 0 \tag{8.17}$$

$$(\boldsymbol{D}_2 - \boldsymbol{D}_1)\cdot\boldsymbol{n} = -\omega \tag{8.18}$$

磁界については，4.3節および6.3節で述べたように，境界面上で磁束密度 $\boldsymbol{B}$ の法線成分が連続であり，磁界の強さ $\boldsymbol{H}$ の接線成分の差が境界面上の面電流密度 $\boldsymbol{K}$ に等しい．媒質（1），（2）の境界面上における磁界の強さ

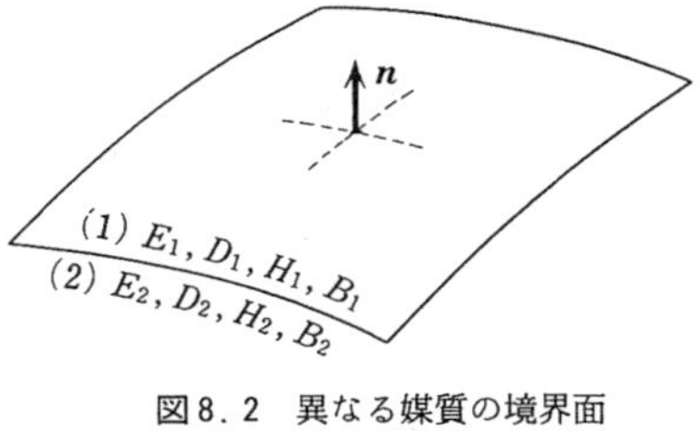

図8.2　異なる媒質の境界面

および磁束密度をそれぞれ$\boldsymbol{H}_1$，$\boldsymbol{H}_2$，および$\boldsymbol{B}_1$，$\boldsymbol{B}_2$とすると（図8.2参照），式（8.19），(8.20）のように表される．

$$(\boldsymbol{B}_2-\boldsymbol{B}_1)\cdot\boldsymbol{n}=0 \tag{8.19}$$

$$(\boldsymbol{H}_2-\boldsymbol{H}_1)\times\boldsymbol{n}=\boldsymbol{K} \tag{8.20}$$

媒質（1），（2）の導電率σが有限，したがって$\boldsymbol{J}$が有限の場合には$\boldsymbol{K}=0$で，式（8.21）が得られる．

$$(\boldsymbol{H}_2-\boldsymbol{H}_1)\times\boldsymbol{n}=0 \tag{8.21}$$

導電率σが無限大の導体は完全導体と呼ばれ，導体の内部で$\boldsymbol{E}=0$となり，電荷は導体表面に分布する．したがって境界条件は

$$\boldsymbol{E}_1\times\boldsymbol{n}=0 \tag{8.22}$$

となり，$\boldsymbol{E}$の接線成分は0となる（図8.3参照）．

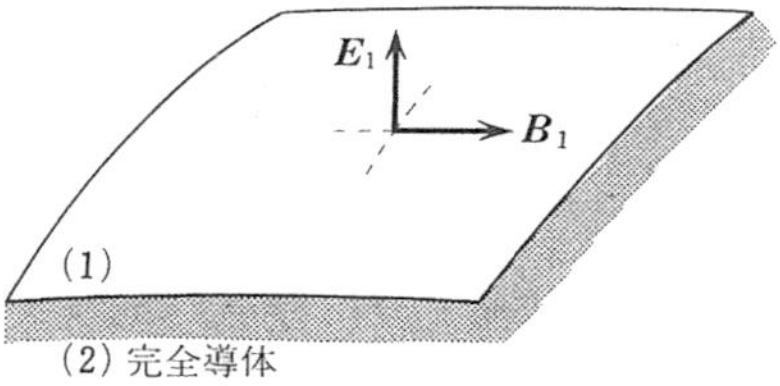

図8.3　完全導体表面における電磁界

8.3　ポインティングベクトルとエネルギー保存則

マックスウェルの方程式を用いて，電磁界のエネルギー保存則について考えてみよう．まず，導電率$\sigma=0$で伝導電流$\boldsymbol{J}$が流れず，また，電荷ρが存在しない場合を考えよう．媒質中に貯えられる単位体積当たりの電磁界エネルギーは，電界のエネルギー，式（3.63）と，磁界のエネルギー，式（4.23）の和として

$$\frac{1}{2}(\boldsymbol{E}\cdot\boldsymbol{D}+\boldsymbol{H}\cdot\boldsymbol{B})=\frac{1}{2}(\varepsilon\boldsymbol{E}^2+\mu\boldsymbol{H}^2)\quad〔\mathrm{J/m^3}〕 \tag{8.23}$$

のように表される．この電磁界エネルギー密度の時間微分をとり，マックスウェルの式（8．12），および（8．13）において$\boldsymbol{J}=0$とおいた式を用い，さらにベクトル公式$\nabla\cdot(\boldsymbol{E}\times\boldsymbol{H})=\boldsymbol{H}\cdot(\nabla\times\boldsymbol{E})-\boldsymbol{E}\cdot(\nabla\times\boldsymbol{H})$を考慮すると

$$\frac{\partial}{\partial t}\frac{1}{2}(\varepsilon \boldsymbol{E}^2+\mu \boldsymbol{H}^2)=\varepsilon \boldsymbol{E}\cdot\frac{\partial \boldsymbol{E}}{\partial t}+\mu \boldsymbol{H}\cdot\frac{\partial \boldsymbol{H}}{\partial t}$$

$$=\boldsymbol{E}\cdot(\nabla\times\boldsymbol{H})-\boldsymbol{H}\cdot(\nabla\times\boldsymbol{E})=-\nabla\cdot(\boldsymbol{E}\times\boldsymbol{H})$$

すなわち

$$\boxed{\frac{\partial}{\partial t}\frac{1}{2}(\varepsilon \boldsymbol{E}^2+\mu \boldsymbol{H}^2)+\nabla\cdot(\boldsymbol{E}\times\boldsymbol{H})=0} \tag{8.24}$$

と表される．これは電荷保存を表す連続の方程式$\dfrac{\partial\rho}{\partial t}+\nabla\cdot\boldsymbol{J}=0$とまったく同じ形であることから，エネルギー保存を表す連続の式に相当することがわかる．式（8．24）の第1項は，媒質の単位体積当たりに貯えられるエネルギーが時間とともに増加する速さであるから，第2項は単位時間に媒質の単位体積から外部へ出ていく電磁界のエネルギーでなければならない．

このことから，ベクトル（$\boldsymbol{E}\times\boldsymbol{H}$）は，媒質内に考えられたある閉曲面$S_0$の単位面積を垂直につらぬいて1秒間に流れるエネルギー流の密度を表すものと考えられ（図8．4参照），このベクトル

$$\boxed{\boldsymbol{S}=\boldsymbol{E}\times\boldsymbol{H}} \tag{8.25}$$

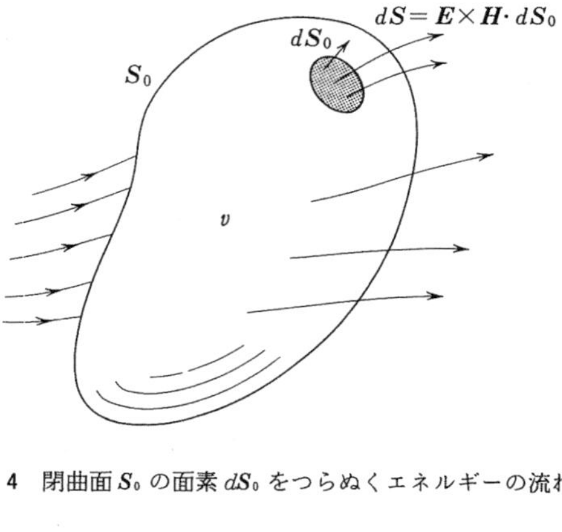

図8．4　閉曲面S_0の面素dS_0をつらぬくエネルギーの流れ

を**ポインティングベクトル**（Poynting vector）と呼ぶ．その単位は（V / m）・（A / m）＝ W / m^2 である．

もしも，媒質の導電率が有限（$\sigma \fallingdotseq 0$）の場合には，媒質内に伝導電流 $\boldsymbol{J}$ が流れるため，式（8.24）は

$$\frac{\partial}{\partial t}\frac{1}{2}(\varepsilon \boldsymbol{E}^2 + \mu \boldsymbol{H}^2) + \nabla \cdot (\boldsymbol{E} \times \boldsymbol{H}) + \boldsymbol{E} \cdot \boldsymbol{J} = 0 \tag{8.26}$$

と改められる．第3項は単位体積の媒質中で単位時間に電界がする仕事，すなわちジュール損であり，単位体積に貯えられるエネルギーの時間変化が外部へ出ていくエネルギーと，媒質内で熱に変換されるエネルギーとの釣合いで決まることが分かる．

ところが，式（8.25）が常にエネルギーの流れを表しているとは限らない．たとえば，静電荷が作る静電界 $\boldsymbol{E}$ と磁石が作る静磁界 $\boldsymbol{H}$ がある場合に，エネルギーの流れがあるだろうか．それは不自然なことである．なぜなら，この場合にはマックスウェルの方程式から $\nabla \times \boldsymbol{E} = 0$，$\nabla \times \boldsymbol{H} = 0$ となり，したがって $\nabla \cdot \boldsymbol{S} = \nabla \cdot (\boldsymbol{E} \times \boldsymbol{H}) = \boldsymbol{H} \cdot \nabla \times \boldsymbol{E} - \boldsymbol{E} \cdot \nabla \times \boldsymbol{H} = 0$ となっているからである．このように，$\nabla \cdot \boldsymbol{S}' = 0$ を満たす任意のベクトル $\boldsymbol{S}'$ を式（8.26）の $\boldsymbol{S} = (\boldsymbol{E} \times \boldsymbol{B})$ につけ加えても，式（8.26）はそのまま成立する．式（8.26）にはこのような任意性があって，エネルギー流密度が一義的に定まらないけれども，ポインティングベクトル $\boldsymbol{S}$ はエネルギーの流れを求めるのに有用であり，実際上，問題を生じない．

8.4　波動方程式

マックスウェルの方程式（8.12）～（8.15）に等方的な媒質中の関係式（8.16）を代入し，さらに媒質内に電荷が存在しないとすれば，

$$\nabla \times \boldsymbol{E} = -\mu \frac{\partial \boldsymbol{H}}{\partial t} \tag{8.27}$$

$$\nabla\times\boldsymbol{H}=\sigma\boldsymbol{E}+\varepsilon\frac{\partial\boldsymbol{E}}{\partial t}\tag{8.28}$$

$$\nabla\cdot\boldsymbol{E}=0\tag{8.29}$$

$$\nabla\cdot\boldsymbol{H}=0\tag{8.30}$$

となる．式（8. 27）の回転をとり，それに式（8. 28）を代入し，さらに $\nabla\times(\nabla\times\boldsymbol{E})=\nabla\nabla\cdot\boldsymbol{E}-\nabla^2\mathbf{E}$，および式（8. 29）を用いて変形すれば

$$\boxed{\nabla^2\boldsymbol{E}-\varepsilon\mu\frac{\partial^2\boldsymbol{E}}{\partial t^2}-\sigma\mu\frac{\partial\boldsymbol{E}}{\partial t}=0}\tag{8.31}$$

となる．同様にして

$$\boxed{\nabla^2\boldsymbol{H}-\varepsilon\mu\frac{\partial^2\boldsymbol{H}}{\partial t^2}-\sigma\mu\frac{\partial\boldsymbol{H}}{\partial t}=0}\tag{8.32}$$

が得られる．式（8. 31），（8. 32）は歴史的には電信の問題について初めて取り扱われたので，電信方程式とも呼ばれている．

絶縁媒質中では，導電率 $\sigma=0$ であるから，

$$\boxed{\nabla^2\boldsymbol{E}-\varepsilon\mu\frac{\partial^2\boldsymbol{E}}{\partial t^2}=0}\tag{8.33}$$

$$\boxed{\nabla^2\boldsymbol{H}-\varepsilon\mu\frac{\partial^2\boldsymbol{H}}{\partial t^2}=0}\tag{8.34}$$

となる．この形の偏微分方程式は一般に波動方程式（wave equation）と呼ばれ，各種波動現象を記述する基本的な式である．式（8. 33），（8. 34）は絶縁媒質中における電磁波を記述する波動方程式であり，9 章において詳しく述べる．

電磁界 $\boldsymbol{E}$ および $\boldsymbol{H}$ が一定の角周波数 ω で $\cos(\omega t+\alpha)$，または $\sin(\omega t+\alpha)$ のように正弦振動をしている場合を考えよう．マックスウェルの方程式は線形であるから，三角関数よりも取り扱いやすい指数関数を用いるのが便利である．時間的変化を $e^{j\omega t}$（$j=\sqrt{-1}$）として計算し，後でその実数部または虚数部をとればよい．この場合，マックスウェルの方程式は式（8. 27）～（8. 30）より

$$\nabla \times \boldsymbol{E} = -j\omega\mu \boldsymbol{H} \tag{8.35}$$

$$\nabla \times \boldsymbol{H} = j\omega\varepsilon \boldsymbol{E} \tag{8.36}$$

$$\nabla \cdot \boldsymbol{E} = 0 \tag{8.37}$$

$$\nabla \cdot \boldsymbol{H} = 0 \tag{8.38}$$

となり，また波動方程式は式（8. 39)，（8. 40）となる.

$$\nabla^2 \boldsymbol{E} + \omega^2 \varepsilon\mu \boldsymbol{E} = 0 \tag{8.39}$$

$$\nabla^2 \boldsymbol{H} + \omega^2 \varepsilon\mu \boldsymbol{H} = 0 \tag{8.40}$$

式（8. 31)，（8. 32）において，第2項が第3項に比べて無視できる場合には

$$\boxed{\nabla^2 \boldsymbol{E} - \sigma\mu \frac{\partial \boldsymbol{E}}{\partial t} = 0} \tag{8.41}$$

$$\boxed{\nabla^2 \boldsymbol{H} - \sigma\mu \frac{\partial \boldsymbol{H}}{\partial t} = 0} \tag{8.42}$$

となる．この形の偏微分方程式は一般に拡散方程式と呼ばれ，粒子の拡散現象や熱伝導を記述する基本的な式である．電磁現象においては，導体中で電磁波が振動しながら減衰していく表皮効果を記述する式となっている．電磁界が時間的に $e^{j\omega t}$ で振動している場合には式（8. 31）は

$$\nabla^2 \boldsymbol{E} + \omega^2 \varepsilon\mu \left(1 - j\frac{\sigma}{\omega\varepsilon}\right) \boldsymbol{E} = 0$$

と表されるので $\dfrac{\sigma}{\omega\varepsilon} \ll 1$ の場合，すなわち導電性の悪い媒質や周波数が高い場合には，波動方程式で近似でき，$\dfrac{\sigma}{\omega\varepsilon} \gg 1$ の場合，すなわち導電性の良い導体や周波数が低い場合には，拡散方程式で近似できることが分かる.

〔演 習 問 題〕

〔8. 1〕 完全導体では変位電流が生じないことを示せ.

〔8. 2〕 点電荷 q が等速度 v で運動するとき，任意の点における変位電流を求めよ．た

だし v は光速に比べて十分小さいとする.

〔8.3〕 導体の内部に存在していた電荷が最初の $1/e$ になるまでの時間（緩和時間という）を求めよ．銅の場合，$\sigma = 5.8 \times 10^7$ S/m，$\varepsilon \sim 4$ とすると緩和時間はどれくらいになるか.

〔8.4〕 誘電率 ε，透磁率 μ，導電率 σ の一様媒質中におけるマックスウェル方程式を円筒座標（r, θ, z）および球座標（r, θ, ϕ）を用いて表せ.

〔8.5〕 抵抗 R の円柱導体内に電流 I が流れている場合，発生するジュール熱は円柱周囲の電磁界のポインティングベクトルで表されることを示せ.

9　電磁波の伝搬と放射

前章で得られた電磁波の波動方程式を用いて電磁波のいろいろな性質を調べる．まず，最も基本的な電磁波である平面波が絶縁媒質（たとえば真空）中を伝搬する場合の速度，電界と磁界とのかかわり合いの様子，電界ベクトルの振動方向のかたより（偏波），異なった媒質の境界面における電磁波の反射および屈折について考える．

次に波長の短い電磁波の伝送に用いられる中空導体（導波管）内部における電磁波の伝搬について調べる．

最後に，時間的に変化する電流があったり，振動する電荷があったりすると，そこからエネルギーが波動として周囲の空間に広がっていく現象，すなわち電磁波の放射について考える．

9.1　平面波の伝搬

導電率 $\sigma = 0$，電荷密度 $\rho = 0$，誘電率 ε，透磁率 μ の絶縁媒質中を伝搬する，最も基本的な電磁波である平面波（plane wave）を考えよう．空間に一群の平行平面があり，電界の強さ $\boldsymbol{E}$ および磁界の強さ $\boldsymbol{H}$ が，それぞれの平面上で一定であるとする．これらの平面は xy 平面に平行とし，これらの平面の法線方向を z 軸の方向にとる（図9.1）．

このとき，マックスウェルの方程式（8.27）～（8.30）は

$$\mu \frac{\partial H_x}{\partial t} = \frac{\partial E_y}{\partial z} \tag{9.1}$$

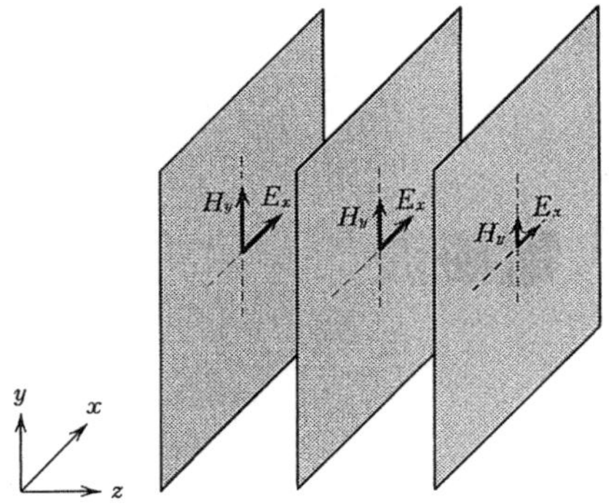

図 9.1　xy 平面に平行な平面波

$$-\mu\frac{\partial H_y}{\partial t}=\frac{\partial E_x}{\partial z} \tag{9.2}$$

$$\mu\frac{\partial H_z}{\partial t}=0 \tag{9.3}$$

$$\varepsilon\frac{\partial E_x}{\partial t}=-\frac{\partial H_y}{\partial z} \tag{9.4}$$

$$\varepsilon\frac{\partial E_y}{\partial t}=\frac{\partial H_x}{\partial z} \tag{9.5}$$

$$\varepsilon\frac{\partial E_z}{\partial t}=0 \tag{9.6}$$

$$\frac{\partial E_z}{\partial z}=0 \tag{9.7}$$

および

$$\frac{\partial H_z}{\partial z}=0 \tag{9.8}$$

となる．式 (9.2) および (9.4) から H_y あるいは E_x を消去すると

$$\varepsilon\mu\frac{\partial^2 E_x}{\partial t^2}=\frac{\partial^2 E_x}{\partial z^2} \tag{9.9}$$

$$\varepsilon\mu\frac{\partial^2 H_y}{\partial t^2}=\frac{\partial^2 H_y}{\partial z^2} \tag{9.10}$$

が得られる．これらの式は式（8.33）および（8.34）から直接に得られる波動方程式である．また，式（9.6），（9.7）ならびに式（9.3），（9.8）より，E_z と H_z はそれぞれ時間的にも空間的にも一定である．それがもしも 0 でないとすれば，それは波動に重畳する均一電場および均一磁場であり，波動現象に無関係である．われわれはいま波動現象に関心をもっているので，

$$E_z=0,\quad H_z=0$$

と置いて差し支えない．

E_x および H_y に関する波動方程式（9.9），（9.10）は弦の振動を表す式などと同形であり，式（9.9）の一般解は次の形に書くことができる．

$$E_x=f(z-vt)+g(z+vt) \tag{9.11}$$

ここで，f と g はそれぞれ（$z-vt$）および（$z+vt$）の任意の関数であり，また

$$v=\frac{1}{\sqrt{\varepsilon\mu}} \tag{9.12}$$

である．

式（9.11）の第 1 項 $f(z-vt)$ について考える．$t=0$ のとき $f(z)$ が図 9.2 に示すような形をしていたとすると，$t=t$ のときにはその関数形は変わらずに，$z=vt$ だけ右側に移動したものとなるから，z の正の方向に進む波動となる．この移動速度は v である．

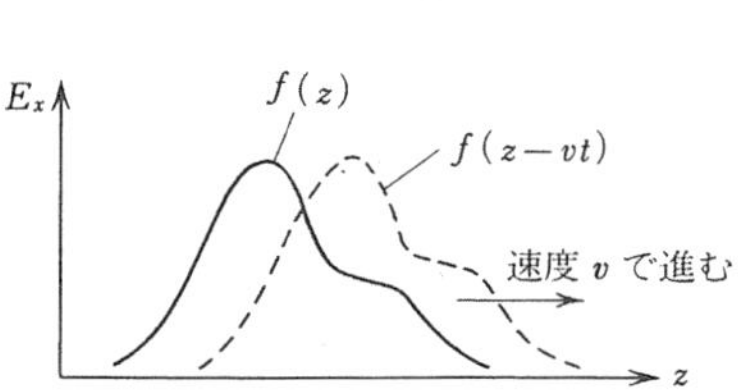

図 9.2　z 方向に速度 v で進む波 $f(z-vt)$

式（9.11）の第 2 項 $g(z+vt)$ は，z の負の方向に速度 v で進む波動を示している．波動が伝わる現象を波動伝搬という．この場合，電界 E_x の波動は z 方向に伝搬しており，伝搬方向の

電界 E_z は0である．このように伝搬方向と垂直方向に振動成分をもち，伝搬方向に振動成分をもたない波動を横波（transverse wave）と呼んでいる．

磁界に関しては，式（9.10）が電界についての波動方程式（9.9）と同形で独立であるから，電界について求めた式（9.11）が（9.4）を満足するように決めなければならない．積分定数を0とおいて次式が得られる．

$$H_y = \sqrt{\frac{\varepsilon}{\mu}}\left[f(z-vt) - g(z+vt)\right] \tag{9.13}$$

z の正の方向に伝搬する E_x，H_y の波動を表す関数 f を考えると，振幅の比 E_x/H_y は

$$\frac{E_x}{H_y} = \sqrt{\frac{\mu}{\varepsilon}} = \mu v \tag{9.14}$$

であり，しかも位相は一致していることが分かる．すなわち，E_x が正のところでは H_y も正になり，同じ速度 $v = 1/\sqrt{\varepsilon\mu}$ で z 方向に伝搬することが分かる．z の負の方向に伝搬する波動を表す関数 g の場合も同様にして，振幅の比は

$$\frac{E_x}{H_y} = -\sqrt{\frac{\mu}{\varepsilon}} = -\mu v \tag{9.15}$$

となり，E_x が正のときには H_y は負となっている．これらを図9.3に示す．このように，電界，磁界，伝搬方向は互いに垂直で右手系になっている．

E_x と H_y の振幅の比を Z とおくと

$$\boxed{Z = \frac{E_x}{H_y} = \sqrt{\frac{\mu}{\varepsilon}}} \tag{9.16}$$

はオーム〔Ω〕の単位をもっていることから，その媒質中における波動インピーダンスと呼ばれている．媒質が真空の場合には，真空の誘電率 ε_0 と透磁率 μ_0 を用いて

$$Z_0 = \sqrt{\frac{\mu_0}{\varepsilon_0}} = \sqrt{\frac{4\pi\times10^{-7}\,[\mathrm{H/m}]}{\dfrac{1}{4\pi c^2}\times10^{7}\,[\mathrm{F/m}]}} = 4\pi c\times10^{-7} \fallingdotseq 376.7\,[\Omega] \tag{9.17}$$

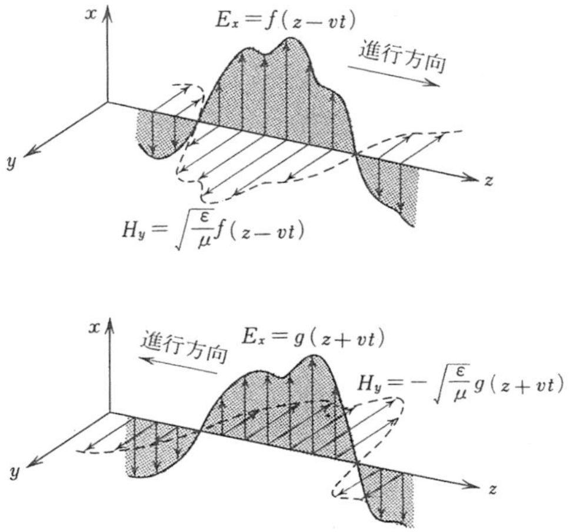

図 9.3　平面波の電磁界と進行方行

となる．Z_0を用いるとZは

$$Z = \sqrt{\frac{\mu_S \mu_0}{\varepsilon_S \varepsilon_0}} = \sqrt{\frac{\mu_S}{\varepsilon_S}} Z_0 \tag{9.18}$$

となる．ここに$\varepsilon_S = \varepsilon / \varepsilon_0$，$\mu_S = \mu / \mu_0$はそれぞれ比誘電率と比透磁率である．

いま，式（9.14）より

$$E_x = \mu v H_y = v B_y \tag{9.19}$$

$$H_y = \varepsilon v E_x = v D_x \tag{9.20}$$

と書くと，次のようなことが分かる．すなわち，磁束密度B_yが速度vで伝搬することによって，積vB_yで表される電界が生じ，電束密度D_xが速度vで伝搬することにより，その積vD_xで表される磁界を生じていると解釈できる．このように電界と磁界とが互いに相互作用をして伝搬していくこの波動を電磁波（electromagnetic wave）と呼んでいる．

媒質が真空である場合には

$$v = \frac{1}{\sqrt{\varepsilon_0 \mu_0}} = c \fallingdotseq 2.998 \times 10^8 \text{〔m/s〕} \tag{9.21}$$

となり，伝搬速度（位相速度）は光速に等しくなる．このことから，1864 年にマックスウェルは光が電磁波であることを提唱したのである．そして 1888 年にヘルツが電磁波の存在を実験的に示した．

【例題 9.1】

一様な絶縁媒質中を伝搬する平面波の電界のエネルギーと磁界のエネルギーは等しく，エネルギーの流れはポインティングベクトルで表されることを示せ．

［解］ 電磁界に貯えられているエネルギー密度は式（8.23）より

$$u=\frac{1}{2}\varepsilon E_x^2+\frac{1}{2}\mu H_y^2 \tag{9.22}$$

である．式（9.14）により

$$H_y=\sqrt{\frac{\varepsilon}{\mu}}E_x$$

であるから

$$u=\frac{1}{2}\varepsilon E_x^2+\frac{1}{2}\varepsilon E_x^2=\varepsilon E_x^2 \tag{9.23}$$

となり，電気的エネルギー密度と磁気的エネルギー密度とは等しい．また，エネルギーの流れは，平面波の伝搬速度を v とすれば

$$v\left(\frac{1}{2}\varepsilon E_x^2+\frac{1}{2}\mu H_y^2\right)=\frac{1}{\sqrt{\varepsilon\mu}}\varepsilon E_x^2=\sqrt{\frac{\varepsilon}{\mu}}E_x^2=E_xH_y=S_z$$

となり，式（8.25）のポインティングベクトルに等しい．

9.2 正弦平面波の伝搬

つぎに，電磁界が一定の角周波数 ω で正弦振動をする平面波である場合の伝搬について考えよう．電磁界が時間的に $e^{j\omega t}$ で変化するとすれば，真空中におけるマックスウェルの方程式は式（8.35)〜(8.38）において ε および μ を ε_0 および μ_0 に置き換えたものとなり，波動方程式は以下となる．

$$\boldsymbol{\nabla}^2\boldsymbol{E}+\omega^2\varepsilon_0\mu_0\boldsymbol{E}=0 \tag{9.24}$$

$$\nabla^2 \boldsymbol{H} + \omega^2 \varepsilon_0 \mu_0 \boldsymbol{H} = 0 \tag{9.25}$$

式（9.1)～(9.6）で表される平面波（$\boldsymbol{E}$，$\boldsymbol{H}$ は xy 平面に平行，伝搬方向は z 方向）を考えると，$\nabla^2 = \dfrac{\partial^2}{\partial z^2}$ となる．$\boldsymbol{E}$，$\boldsymbol{H}$ が $e^{j\omega t - jkz}$ のように変化すると仮定すれば，$\boldsymbol{E}$ に関する波動方程式は

$$\boxed{(-k^2 + \omega^2 \varepsilon_0 \mu_0) \boldsymbol{E} = 0} \tag{9.26}$$

となる．$\boldsymbol{E}$ が意味のある解を持つためには，$\boldsymbol{E}$ の係数が 0，すなわち

$$k^2 = \omega^2 \varepsilon_0 \mu_0 \tag{9.27}$$

でなければならない．これから

$$\boxed{k = \omega \sqrt{\varepsilon_0 \mu_0} = \frac{\omega}{c} \quad [1/\mathrm{m}]} \tag{9.28}$$

となる．電磁界を $e^{j\omega t \pm jkz}$ と表したとき，＋の波は z 軸の負方向へ，－の波は z 軸の正方向へ伝搬する波を表す．k を波数（wave number）または伝搬定数（propagation constant）と呼び，波長は以下で与えられる．

$$\lambda = \frac{2\pi}{k} \quad [\mathrm{m}] \tag{9.29}$$

9.3　偏　　波

マックスウェルの方程式（9.2)，(9.4）から波動方程式（9.9)，(9.10）を得たと同じようにして，式（9.1)，(9.5）より

$$\varepsilon \mu \frac{\partial^2 E_y}{\partial t^2} = \frac{\partial^2 E_y}{\partial z^2} \tag{9.30}$$

$$\varepsilon \mu \frac{\partial^2 H_x}{\partial t^2} = \frac{\partial^2 H_x}{\partial z^2} \tag{9.31}$$

が得られる．このように，E_x と E_y は式（9.9）および（9.30）から独立に決めることができる．しかし，通常，E_x と E_y は電磁波を放射するアンテナの構造や伝搬条件によって，それに応じた一定の関係を保っており，このような性

質を**偏波**（polarization）と呼んでいる．

一般に電磁波が角周波数ωでzの正方向に伝搬する正弦波であるとすると，その電界は

$$E_x = E_{0x}\cos(\omega t - kz + \theta) \tag{9.32}$$

$$E_y = E_{0y}\cos(\omega t - kz + \theta + \delta) = \eta E_{0x}\cos(\omega t - kz + \theta + \delta) \tag{9.33}$$

で表される．ここに$\eta = E_{0y}/E_{0x}$であり，δは両者の間の位相差である．この両式から$(\omega t - kz + \theta)$を消去すると

$$\boxed{\eta E_x^2 - 2\eta E_x E_y \cos\delta + E_y^2 = \eta^2 E_{0x}\sin^2\delta} \tag{9.34}$$

が得られる．すなわち，電界ベクトルはその頂点が，だ円に沿って回転することが分かる．その例を示そう．$\eta > 1$とし，δを0から2πにわたって変えたとき，電界ベクトルの回転は図9.4のようになる．

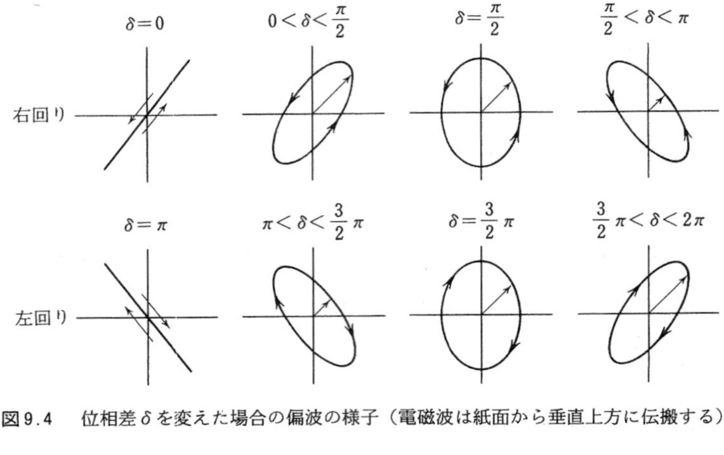

図9.4　位相差δを変えた場合の偏波の様子（電磁波は紙面から垂直上方に伝搬する）

この図で電磁波は紙面から垂直上方に進行している．$\delta = 0$およびπのときには，電界ベクトルは直線上に振動している．これを直線偏波（linearly polarized wave）と呼ぶ．$0 < \delta < \pi$では電界ベクトルの回転の方向は，右ねじを回して紙面上方に動くので右回り偏波（right-handed polarized wave），$\pi < \delta$

$<2\pi$ ではその逆なので左回り偏波（left-handed polarized wave）と呼ぶ．特に $\eta=1$，$\delta=\pm\pi/2$，$\pm 3\pi/2$ などでは円となるので，これを円偏波（circularly polarized wave）と呼び，それ以外をだ円偏波（elliptically polarized wave）と呼ぶ．一方，だ円偏波は互いに逆方向に回る大きさの異なる二つの円偏波の合成として表すことができる．

9.4 電磁波の反射および屈折

平面波が異なった媒質の境界に入射する場合を考える．最も簡単な例として，境界面を $z=0$ の xy 平面にとり，角周波数 ω の正弦平面波がそれに垂直に入射する場合を考える（図9.5参照）．入射平面波は $z<0$ の媒質（1）から伝搬してきて，境界面において一部反射し，残りは媒質（2）の方に透過する．媒質（1）における平面波の波数を k_1，波動インピーダンスを Z_1，媒質（2）におけるそれらを k_2，Z_2 とする．入射波は直線偏波とし，電界は y 成分のみとすると，磁界は x 成分のみとなる．

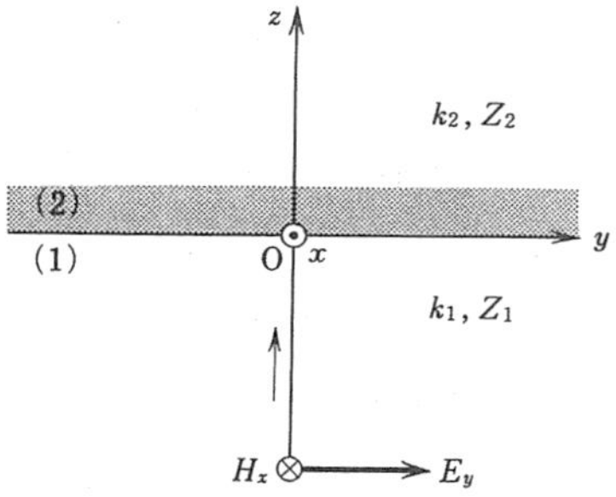

図9.5 異なる媒質の境界面に垂直に入射する平面波

媒質（1）における入射波および反射波の磁界の振幅を，それぞれ H_{1i} および H_{1r} とすると

$$H_x = H_{1i}e^{j(\omega t-k_1z)} - H_{1r}e^{j(\omega t+k_1z)} \tag{9.35}$$

$$E_y = Z_1H_{1i}e^{j(\omega t-k_1z)} + Z_1H_{1r}e^{j(\omega t+k_1z)} \tag{9.36}$$

媒質（2）に透過する波の磁界の振幅を H_{2t} とすると

$$H_x = H_{2t}e^{j(\omega t-k_2z)} \tag{9.37}$$

$$E_y = Z_2H_{2t}e^{j(\omega t-k_2z)} \tag{9.38}$$

と表される．媒質がいずれも完全導体でないとすると，境界面において式（8.17），および式（8.20）で $\boldsymbol{K}=0$ とした式が成り立つ．したがって，境界条件

は

$$(E_y)_{z=-0} = (E_y)_{z=+0} \tag{9.39}$$

$$(H_x)_{z=-0} = (H_x)_{z=+0} \tag{9.40}$$

と表される．これから

$$\boxed{\frac{H_{1r}}{H_{1i}} = \frac{Z_2 - Z_1}{Z_1 + Z_2}} \tag{9.41}$$

$$\boxed{\frac{H_{2t}}{H_{1i}} = \frac{2Z_1}{Z_1 + Z_2}} \tag{9.42}$$

が得られる．H_{1r}/H_{1i} は反射係数（reflection coefficient），H_{2t}/H_{1i} は透過係数（transmission coefficient）と呼ばれる．反射係数は式（9.41）で表されるように，両媒質の波動インピーダンスの差と和の比であるから，その差が大きいほど反射係数は大きくなる．もしも，媒質（2）が完全導体であるとすると，波動インピーダンス Z_2 は0となるので，$H_{1r}/H_{1i} = -1$，すなわち $H_{1i} = -H_{1r}$ となって完全反射となる．

一般に xy 平面を境界面とする媒質（1）から媒質（2）へ，y 方向に直線偏波した平面波が，境界面の法線方向と θ_i の角度をもち，速度 v_1 で入射する場合を考える（図9.6参照）．

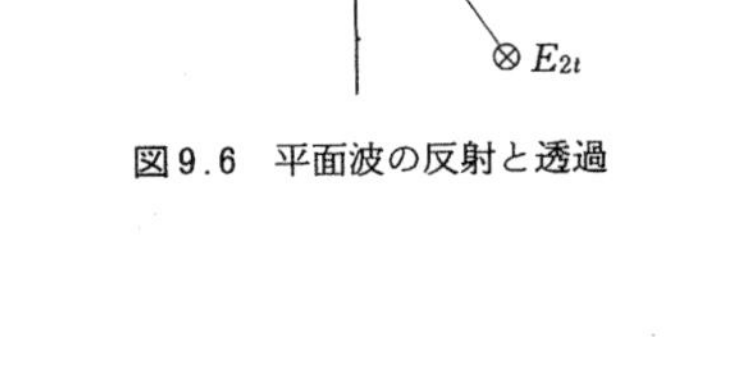

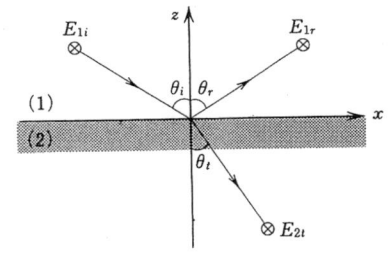

図9.6 平面波の反射と透過

媒質（1）における入射波および反射波の電界の振幅をそれぞれ E_{1i}，E_{1r} とし，媒質（2）に透過する波の振幅を E_{2t}，その速さを v_2 とする．また，反射波，透過波の進行方向が z 軸となす角をそれぞれ θ_r，θ_t とする．

入射波は

$$\begin{aligned} E_{yi} &= E_{1i}e^{j(\omega t - k_1 \sin\theta_i \cdot x)} \\ &= E_{1i}e^{j\omega\left(t - \frac{\sin\theta_i}{\omega/k_1}x\right)} = E_{1i}e^{j\omega\left(t - \frac{\sin\theta_i}{v_1}x\right)} \end{aligned} \tag{9.43}$$

と表される．同様にして反射波，透過波はそれぞれ

$$E_{yr} = E_{1r} e^{j\omega\left(t - \frac{\sin\theta_r}{v_1} x\right)} \tag{9.44}$$

$$E_{yt} = E_{2t} e^{j\omega\left(t - \frac{\sin\theta_t}{v_1} x\right)} \tag{9.45}$$

となる．境界面（$z=0$）では境界条件

$$E_{yi} + E_{yr} = E_{yt} \tag{9.46}$$

を満足しなければならないので，すべての波数は等しい．よって

$$\frac{\sin\theta_i}{v_1} = \frac{\sin\theta_r}{v_1} = \frac{\sin\theta_t}{v_2} \tag{9.47}$$

となり，

$$\boxed{\theta_i = \theta_r, \quad \frac{\sin\theta_i}{\sin\theta_t} = \frac{v_1}{v_2} = \frac{k_2}{k_1}} \tag{9.48}$$

が得られる．この式は光学において古くから知られている屈折の基本法則であるスネルの法則（Snell's law）にほかならない．

9.5 導 波 管

電磁波を伝搬させるには導体で囲まれた中空の管，すなわち導波管を用いることができる．ここでは断面が長方形の導波管，いわゆる方形導波管（rectangular waveguide）について考えよう．

導波管内の絶縁物質の誘電率および透磁率をそれぞれεおよびμとし，導波管内の電界および磁界の各成分は，その軸方向（z軸方向）に$e^{j\omega t - jkz}$の形で伝搬する角周波数ωの正弦波と考える．このとき，$\frac{\partial}{\partial z} = -jk$，$\frac{\partial}{\partial t} = j\omega$となるので，マックスウェルの方程式より，$E_x$，$E_y$，$H_x$，$H_y$は$E_z$および$H_z$で表され（問題9.7），$E_z$および$H_z$に関する波動方程式は

$$\frac{\partial^2 E_z}{\partial x^2} + \frac{\partial^2 E_z}{\partial y^2} + (k_0^2 - k^2)E_z = 0 \tag{9.49}$$

$$\frac{\partial^2 H_z}{\partial x^2}+\frac{\partial^2 H_z}{\partial y^2}+(k_0{}^2-k^2)H_z=0 \tag{9.50}$$

と導かれる．ここに $k_0{}^2=\omega^2\varepsilon\mu$ である．

いま E_z または H_z を

$$\phi(x,\ y)=u(x)\,v(y) \tag{9.51}$$

とおいて変数分離を行うと，波動方程式は

$$\frac{1}{u}\frac{\partial^2 u}{\partial x^2}+\frac{1}{v}\frac{\partial^2 v}{\partial y^2}+(k_0^2-k^2)=0 \tag{9.52}$$

となる．これが常に成り立つためには

$$\frac{1}{u}\frac{\partial^2 u}{\partial x^2}+\alpha^2=0,\qquad \frac{1}{v}\frac{\partial^2 v}{\partial y^2}+\beta^2=0 \tag{9.53}$$

$$\alpha^2+\beta^2=k_0^2-k^2 \tag{9.54}$$

でなければならない．それぞれの解は

$$u(x)=A_1e^{j\alpha x}+B_1e^{-j\alpha x} \tag{9.55}$$

$$v(y)=A_2e^{j\beta y}+B_2e^{-j\beta y} \tag{9.56}$$

の形であるから以下となる．

$$\phi(x,\ y)=(A_1e^{j\alpha x}+B_1e^{-j\alpha x})\,(A_2e^{j\beta y}+B_2e^{-j\beta y}) \tag{9.57}$$

この解が境界条件を満たすように定数を決めればよい．方形導波管の座標を図9.7に示すようにとる．ϕ が E_z の場合には，$x=0$ と $x=a$ において $u(x)=0$ であることから，$\sin\alpha a=0$，すなわち $\alpha=m\pi/a$（m は整数）が得られる．同様にして，$y=0$ と $y=b$ において $v(y)=0$ であることから，$\beta=n\pi/b$（n は整数）が得られる．したがって

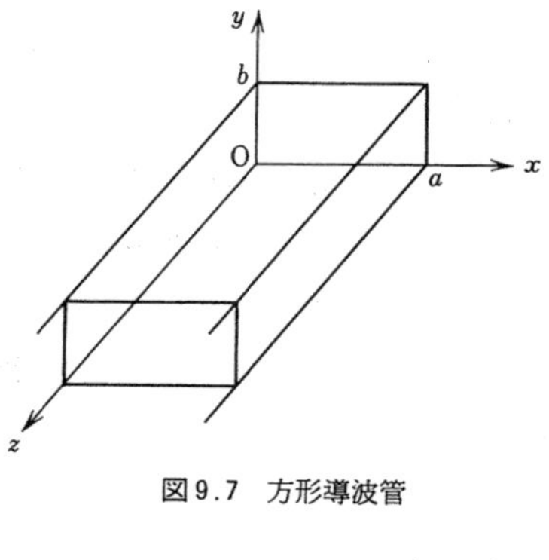

図9.7　方形導波管

$$\boxed{E_z=A\sin\frac{m\pi}{a}x\ \sin\frac{n\pi}{b}y} \tag{9.58}$$

の形に書くことができる．また，式（9.54）より

$$\boxed{k^2 = k_0^2 - \left(\frac{m\pi}{a}\right)^2 - \left(\frac{n\pi}{b}\right)^2} \qquad (9.59)$$

となる．ここで $a \to \infty$，$b \to \infty$ とすると，$k^2 = k_0^2 = \varepsilon\mu\omega^2$，すなわち

$$\frac{\omega}{k} = \frac{1}{\sqrt{\varepsilon\mu}} = v_0 \qquad (9.60)$$

となり，誘電率 ε，透磁率 μ の無限誘電媒質の中を伝搬する電磁波の速度になる．

導波管の中を電磁波が伝搬するためには，$k^2 > 0$ でなければならないので，式（9.59）より

$$k_0^2 > \left(\frac{m\pi}{a}\right)^2 + \left(\frac{n\pi}{b}\right)^2 \qquad (9.61)$$

でなければならない．式（9.61）の両辺が等しいときの ω を $\omega_c = 2\pi f_c$ と書くと

$$\frac{f_c}{v_0} = \sqrt{\left(\frac{m}{2a}\right)^2 + \left(\frac{n}{2b}\right)^2} \qquad (9.62)$$

が得られる．$a > b$ の場合，最も小さい f_c を与える $m = 1$，$n = 0$ の場合を例にとると，$v_0/f_c \equiv \lambda_c = 2a$，すなわち，無限空間における波長 λ_c が長辺 a の2倍になるような周波数 f_c よりも周波数が低ければ，波は伝搬できなくなる．この周波数 f_c を遮断周波数（cut-off frequency）と呼ぶ．

式（9.59）より導波管内における位相速度は

$$v_p = \frac{\omega}{k} = \frac{\omega}{\sqrt{\dfrac{\omega^2}{v_0^2} - \left(\dfrac{m\pi}{a}\right)^2 - \left(\dfrac{n\pi}{b}\right)^2}} = \frac{v_0}{\sqrt{1 - \left(\dfrac{f_c}{f}\right)^2}} \qquad (9.63)$$

と表される．$\omega > \omega_c$，すなわち伝搬可能領域では，位相速度は常に無限空間における位相速度 v_0 よりも大きい．これを図示すると図9.8のようになる．

また，導波管内の電磁波の波長，すなわち管内波長 λ_g は

$$\lambda_g = \frac{2\pi}{k} = \frac{\lambda_0}{\sqrt{1-\left(\frac{f_c}{f}\right)^2}} \tag{9.64}$$

となり，無限空間における波長 λ_0 よりも常に長くなって，遮断周波数のときに無限大になることが分かる．

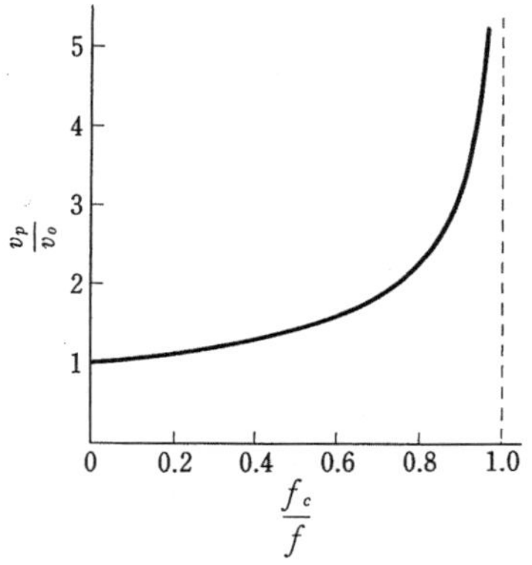

図 9.8　導波管内における位相速度（f_c は遮断周波数）

式 (9.51) で $\psi=H_z$ の場合には，導体壁に垂直な成分が 0 であるから，$x=0$ と $x=a$ で $du(x)/dx=0$，$y=0$ と $y=b$ で $dv(y)/dy=0$ である．したがって，E_z の場合と同様にして以下が得られる．

$$H_z = A\cos\frac{m\pi}{a}x\ \cos\frac{n\pi}{b}y \tag{9.65}$$

$$k^2 = k_0^2 - \left(\frac{m\pi}{a}\right)^2 - \left(\frac{n\pi}{b}\right)^2 \tag{9.66}$$

E_z 成分だけがあって，H_z 成分をもたない波を E 波，あるいは進行方向に直交して磁界成分が存在することから TM 波（transverse magnetic wave）と呼ぶ．また，H_z 成分だけがあって，E_z 成分がない波を H 波，あるいは TE 波（transverse electric wave）と呼ぶ．

整数 m と n は電磁波のモードを決める．式 (9.58) で表される E 波は E_{mn} 波，または TM_{mn} 波と呼ばれ，式 (9.65) で表される H 波は H_{mn} 波，または TE_{mn} 波と呼ばれる．$m=1$，$n=0$ の H_{10} 波（TE_{10} 波）の電磁界のモードを図示すると，図 9.9 のようになる．

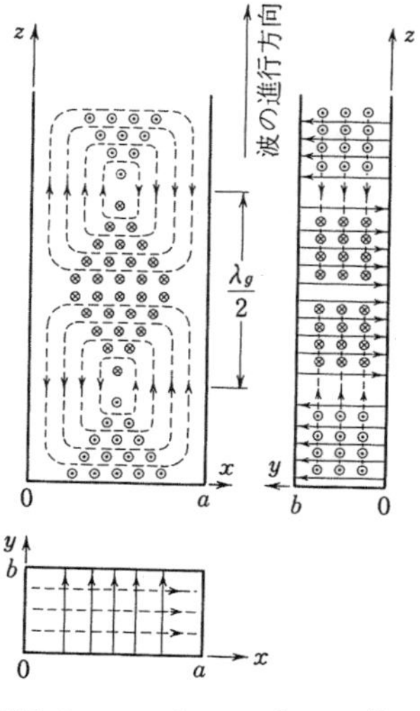

図 9.9　$m=1$，$n=0$ の H_{10} 波（TE_{10} 波）の電磁界（実線は電気力線，破線は磁力線）

9.6 電磁波の発生と放射

これまでは，無限媒質中や，いろいろな境界をもつ媒質中における電磁波の伝搬について考えてきた．つぎに時間的に変化する電流があったり，振動する電荷があったりすると，そこからエネルギーが波動として周囲の空間に広がっていく現象，すなわち，電磁波の放射（radiation of electromagnetic wave）を考えよう．このような現象を取り扱うためには，伝導電流密度および体積電荷密度を含んだマックスウェルの式（8.12)～(8.15）を解かなければならない．まず

$$\boldsymbol{H} = \frac{1}{\mu} \nabla \times \boldsymbol{A} \tag{9.67}$$

で定義されるベクトルポテンシャル $\boldsymbol{A}$ を導入し，これをマックスウェルの式（8.12）に代入すると

$$\nabla \times \boldsymbol{E} + \nabla \times \frac{\partial \boldsymbol{A}}{\partial t} = \nabla \times (\boldsymbol{E} + \frac{\partial \boldsymbol{A}}{\partial t}) = 0 \tag{9.68}$$

となる．したがって，スカラポテンシャル ϕ を導入して

$$\boldsymbol{E} + \frac{\partial \boldsymbol{A}}{\partial t} = -\nabla \phi \tag{9.69}$$

と置くことができる．これから電界は

$$\boldsymbol{E} = -\nabla \phi - \frac{\partial \boldsymbol{A}}{\partial t} \tag{9.70}$$

と表される．ここで $\boldsymbol{D} = \varepsilon \boldsymbol{E}$ を作り，それを式（8.14）に入れると

$$\nabla^2 \phi - \frac{\partial}{\partial t} \nabla \cdot \boldsymbol{A} = -\frac{\rho}{\varepsilon} \tag{9.71}$$

が得られる．また，式（9.67）および（9.70）を式（8.13）に代入し

$$\nabla (\nabla \cdot \boldsymbol{A} + \varepsilon \mu \frac{\partial \phi}{\partial t}) + \varepsilon \mu \frac{\partial^2 \boldsymbol{A}}{\partial t^2} - \nabla^2 \mathrm{A} = \mu \boldsymbol{J} \tag{9.72}$$

を得る．式（9.71）および（9.72）の連立方程式から $\boldsymbol{A}$，ϕ を求めて式（9.

67)，(9.70) に代入すると$\boldsymbol{H}$と$\boldsymbol{E}$が得られる．しかし，式 (9.71) および (9.72) はそれぞれの式に$\boldsymbol{A}$とϕを含んでいて計算が容易ではない．一方，ベクトルは一般に，回転と発散を指定しないと一義的に決まらないので，式 (9.67) の回転だけでは$\boldsymbol{H}$は唯一に決まらない．$\boldsymbol{A}$の発散をどのように決めるかは任意であるので，われわれはここで

$$\boxed{\nabla \cdot \boldsymbol{A} = -\varepsilon\mu\frac{\partial \phi}{\partial t}} \tag{9.73}$$

と決めよう．この条件はローレンツ条件（Lorentz condition）と呼ばれる．このように$\nabla \cdot \boldsymbol{A}$を選ぶことによって，式 (9.71)，(9.72) は

$$\boxed{\nabla^2 \phi - \varepsilon\mu\frac{\partial^2 \phi}{\partial t^2} = -\frac{\rho}{\varepsilon}} \tag{9.74}$$

$$\boxed{\nabla^2 \boldsymbol{A} - \varepsilon\mu\frac{\partial^2 \boldsymbol{A}}{\partial t^2} = -\mu\boldsymbol{J}} \tag{9.75}$$

となり，ϕのみの式と$\boldsymbol{A}$のみの式に分離される．これらの式は互いに独立なものではなく，ϕまたは$\boldsymbol{A}$のいずれか一方を上式から求めれば，他方はローレンツ条件から求められる．このようにローレンツ条件を満足するように決めたϕ，$\boldsymbol{A}$をローレンツ・ゲージ（Lorentz gauge）における電磁ポテンシャルと呼ぶ．得られたϕ，$\boldsymbol{A}$を式 (9.67)，(9.70) に代入して$\boldsymbol{H}$と$\boldsymbol{E}$が求まる．

このような手順で式 (9.74)，(9.75) を解くのであるが，時間的に変化しない静電磁界を電位ϕとベクトルポテンシャル$\boldsymbol{A}$を用いて求める方法との類似で解を求めることにしよう．その場合には式 (3.21)，(6.20) より

$$\nabla^2 \phi = -\frac{\rho}{\varepsilon} \tag{9.76}$$

$$\nabla^2 \boldsymbol{A} = -\mu\boldsymbol{J} \tag{9.77}$$

であり，ローレンツ条件に対応するものは式 (6.19) より

$$\nabla \cdot \boldsymbol{A} = 0 \tag{9.78}$$

である．これらの解は式 (6.22)，(6.23) より

$$\phi(x, y, z) = \frac{1}{4\pi\varepsilon}\int \frac{\rho(x_0, y_0, z_0)}{r}\,dv \qquad (9.79)$$

$$A(x, y, z) = \frac{\mu}{4\pi}\int \frac{J(x_0, y_0, z_0)}{r}\,dv \qquad (9.80)$$

で与えられる（図9.10参照）．ここでrは電荷または電流が存在している点$Q(x_0, y_0, z_0)$からϕまたはAを求めようとしている点$P(x, y, z)$までの距離である．また，電荷密度ρおよび電流密度Jはそれらが存在している点の座標x_0，y_0，z_0のみの関数である．

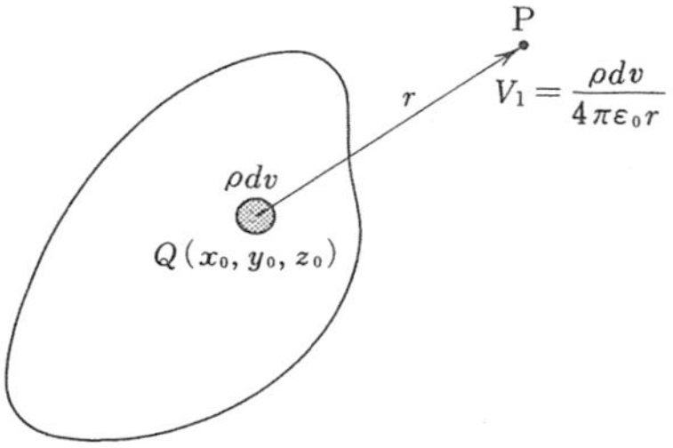

図9.10　電荷$\rho\,dv$によって生ずる静電界の電位

ところが，電磁界が時間的に変化している場合には，電荷密度ρおよび電流密度Jは，それらが存在する点Qの座標の関数であるだけでなく，時間tの関数でもある．一方，電磁現象は$v = 1/\sqrt{\varepsilon\mu}$の速度で伝搬するので，点Qの電磁現象は$r/v$の時間を経過してから点Pに到達する（図9.11）．すなわち，時刻tにおける点Pの$\phi(x, y, z, t,)$および$A(x, y, z, t)$は，点Qにおける電荷密度$\rho(x_0, y_0, z_0, t - r/v)$および電流密度$J(x_0, y_0, z_0, t-r/v)$の寄与によるものである．ところで，$r/v$を0に近づけると，式(9.74)，(9.75)の解は式(9.76)，(9.77)の解である式(9.79)，(9.80)に一致するはずである．したがって，式(9.74)，(9.75)の解は

$$\phi(x, y, z, t) = \frac{1}{4\pi\varepsilon}\int \frac{\rho(x_0, y_0, z_0, t - r/v)}{r}\,dv \qquad (9.81)$$

$$A(x, y, z, t) = \frac{\mu}{4\pi}\int \frac{J(x_0, y_0, z_0, t - r/v)}{r}\,dv \qquad (9.82)$$

と表される．これらの式は静電界における電位，式(9.79)および定常電流によるベクトルポテンシャル，式(9.80)と異なり，観測点Pにおける諸量が時間r/vだけ遅れて現れることを示している．このことから，これらの電

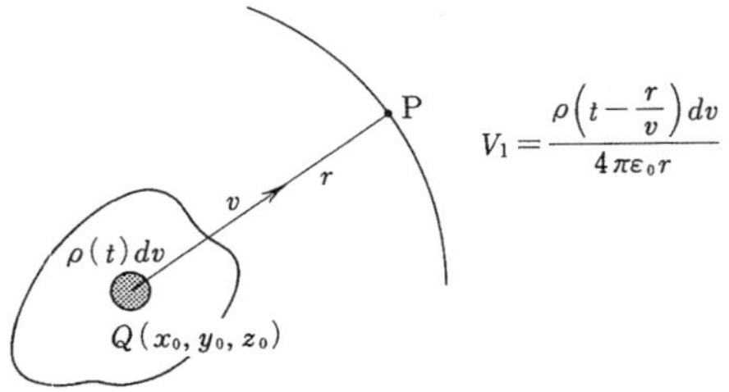

図9.11 時間的に変化する電荷 $\rho(t)\,dv$ によって生ずる電界の電位

磁ポテンシャル ϕ，$\boldsymbol{A}$ は遅延ポテンシャル（retarded potential）と呼ばれる．

9.7 振動する双極子からの放射

つぎに，アンテナからの電磁放射について考えよう．図9.12に示すように，原点に中心をもち，z 軸方向に向いた微小長 l の導線に電流 $I(t)$ が流れる場合を考える．媒質が真空の場合には，自由空間中の電磁波の速度は $c=1/\sqrt{\varepsilon_0\mu_0}$ となるから，電流 $I(t)$ によって任意の一点Pに生ずる電磁界のベクトルポテンシャルは式（9.82）より

$$\boldsymbol{A} = \frac{\mu_0}{4\pi}\frac{I(t-r/c)\,\boldsymbol{l}}{r} \tag{9.83}$$

で与えられる．電流が流れていることは，微小長 l の両端に互いに逆符号の電荷の対があって，時間的に変化している電気双極子 $p=p_0\,e^{j\omega t}$ とみなせるから

$$I\boldsymbol{l} = \frac{dq}{dt}\boldsymbol{l} = \frac{d}{dt}(q\,\boldsymbol{l}) = \frac{d\boldsymbol{p}}{dt} = \dot{\boldsymbol{p}} \tag{9.84}$$

と書ける．図9.12のように z 軸方向にのみ電流成分がある場合には，ベクトルポテンシャルは z 成分のみとなり

$$A_z = \frac{\mu_0\dot{p}\,(t-r/c)}{4\pi r}, \qquad A_x = 0, \qquad A_y = 0 \tag{9.85}$$

となる．ϕ はローレンツ条件より

$$\varepsilon_0\mu_0\frac{\partial\phi}{\partial t}=-\frac{\partial A_z}{\partial z}$$

$$=-\frac{\partial A_z}{\partial r}\frac{\partial r}{\partial z}$$

$$=\frac{\mu_0}{4\pi}\left[\frac{\ddot{p}\,(t-r/c)}{cr}+\frac{\dot{p}\,(t-r/c)}{r^2}\right]\frac{z}{r} \qquad (9.86)$$

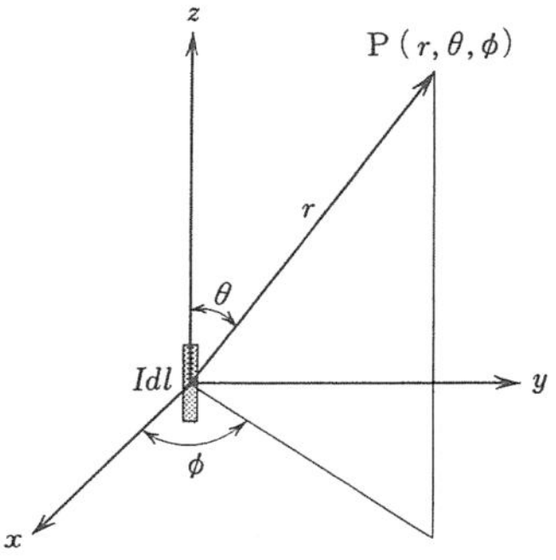

図 9.12　電気双極子からの電磁波放射

となるので

$$\phi=\frac{1}{4\pi\varepsilon_0}\left[\frac{\dot{p}\,(t-r/c)}{cr}+\frac{p\,(t-r/c)}{r^2}\right]\cos\theta \qquad (9.87)$$

と得られる．式 (9.85) を極座標で表すと

$$A_r=\frac{\mu_0\dot{p}\,(t-r/c)}{4\pi r}\cos\theta,\quad A_\theta=-\frac{\mu_0\dot{p}\,(t-r/c)}{4\pi r}\sin\theta,\quad A_\varphi=0 \qquad (9.88)$$

となる．式 (9.87) および (9.88) を式 (9.67) および (9.70) に代入して，点P $(r,\ \theta,\ \varphi)$ における電磁界の各成分が次のように得られる．

$$\left.\begin{aligned}
E_r&=\frac{2}{4\pi\varepsilon_0}\left(\frac{\dot{p}}{cr^2}+\frac{p}{r^3}\right)\cos\theta\\
E_\theta&=\frac{1}{4\pi\varepsilon_0}\left(\frac{\ddot{p}}{c^2r}+\frac{\dot{p}}{cr^2}+\frac{p}{r^3}\right)\sin\theta\\
H_\varphi&=\frac{1}{4\pi}\left(\frac{\ddot{p}}{cr}+\frac{\dot{p}}{r^2}\right)\sin\theta\\
E_\varphi&=0,\quad H_r=0,\quad H_\theta=0
\end{aligned}\right\} \qquad (9.89)$$

式 (9.89) では電磁界がアンテナから r^{-1}，r^{-2}，r^{-3} で減少する項からなっている．アンテナから十分遠い所では，r^{-1} の項が r^{-2} の項や r^{-3} の項に比べ

て優勢になるので，この項を放射電磁界（radiation field）と呼ぶ．これに反して，アンテナの近傍では r^{-2} の項や r^{-3} の項が優勢になるので，これらの項を誘導電磁界（induction field）と呼ぶ．放射電磁界は $r \gg c/\omega$ として

$$\left.\begin{aligned} E_r &= 0, \quad E_\theta = \frac{1}{4\pi\varepsilon_0}\frac{\ddot{p}}{c^2 r}\sin\theta, \quad E_\varphi = 0 \\ H_r &= 0, \quad H_\theta = 0, \quad H_\varphi = \frac{1}{4\pi}\frac{\ddot{p}}{cr}\sin\theta \end{aligned}\right\} \tag{9.90}$$

と表される．式（9.90）は半径方向に伝搬する球面波を表すが，十分遠くでは局所的に見ると平面波とみなすことができる．図9.13は電気双極子が正弦振動をしている場合の種々の位相で見た電磁波の電気力線である．このように，電気双極子モーメントが周期的に時間変化をして発生する電磁波を双極子放射（dipole radiation）といい，この双極子をダイポール（dipole），またはダブレットアンテナ（doublet antenna）と呼んでいる．

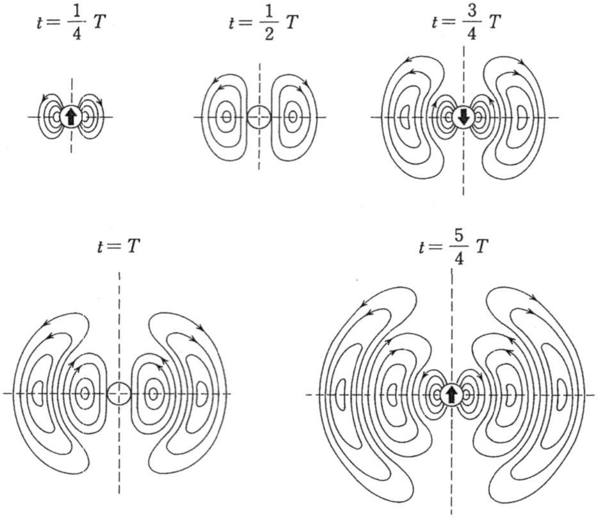

図9.13　種々の位相で見た電磁波の電気力線（T は正弦振動の周期）

電磁波を最初に発生させたのはヘルツ（H. R. Hertz, 1888年）である．彼は図9.14の左側にあるような二つの球電極間（a）に火花放電を発生させると，適当な距離に置かれた銅線の輪（b）の電極間隔に火花放電が起こることから，電磁波の存在を発見した．このような発生装置をヘルツ振動体（Hertz oscillator）と呼んでいる．

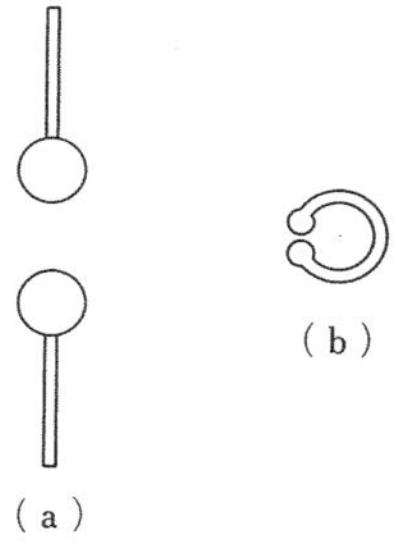

図9.14 ヘルツの実験

ヘルツ振動体から放射されるエネルギーは，ポインティングベクトルによって計算できる．すなわち，式（9.90）よりポインティングベクトルの r 方向の成分 S_r は

$$S_r = E_\theta H_\varphi = \frac{c}{\varepsilon_0}\left(\frac{\ddot{\mathrm{p}}}{4\pi c^2 r}\right)^2 \sin^2\theta \tag{9.91}$$

となる．これを全空間で積分すると全放射電力は

$$P_r = \int_0^\pi S_r\, 2\pi r^2 \sin\theta\, d\theta = \frac{\ddot{p}^{\,2}}{6\varepsilon_0 c^3} \tag{9.92}$$

となる．ところで式（9.84）より $\dot{p} = I\boldsymbol{l}$ である．l をアンテナの長さとし，電流が $I = I_0 e^{j\omega t}$ で正弦振動をしているとすると

$$\ddot{p} = \dot{I}l = j\omega Il$$

となり

$$\ddot{p}^{\,2} = -\omega^2 I^2 l^2 \tag{9.93}$$

となるから，P_r の時間平均は

$$\overline{P_r} = \frac{1}{6\pi\varepsilon_0}\frac{\omega^2}{c^3} l^2\overline{I^2} = \frac{2\pi}{3\varepsilon_0 c}\frac{l^2}{\lambda_0^2}\overline{I^2} \tag{9.94}$$

となる．この放射電力に等しい割合でエネルギーを損失する抵抗を放射抵抗（radiation resistance）と定義すれば

$$R_r = \frac{2\pi}{3\varepsilon_0 c}\frac{l^2}{\lambda_0^2} = 789\,\frac{l^2}{\lambda_0^2} \quad [\Omega] \tag{9.95}$$

となる．これはアンテナからの放射のしやすさを示すもので，アンテナの長さ

が長いほど，また，波長が短いほど放射されやすいことが分かる．

［演習問題］

［9.1］　$\omega = 10^{10}\,\mathrm{s}^{-1}$ の電磁波の真空中における波長はどれくらいか．また，その電界の振幅が 1500 V / m ならば，そのエネルギー密度およびエネルギー流密度はいくらか．

［9.2］　周波数がそれぞれ 10 KHz と 100 MHz の電磁波が水中を伝搬するときの波長を求めよ．ただし，水の比誘電率は 81，比透磁率は 1，導電率は 0 とする．

［9.3］　人工衛星から 10 kW の送信器で地上に向けて信号が送られている．その指向性は地上で直径 1000 km の領域を覆うようになっていたとすると，地上での電界の強さはどれくらいか．

［9.4］　導電率 σ の等方性物質の中を伝搬する電磁波の位相速度および減衰率を求めよ．

［9.5］　$z = 0$ の面で誘電率 ε_1，ε_2，透磁率 $\mu_1 = \mu_2 = \mu$ の二つの媒質が接しているとき，図 9.15 のように，磁界が H_y 成分だけをもつ平面波が境界面に入射する際の反射係数および透過係数を求めよ．また，特別な角度で入射すると反射係数が 0 になることを確かめよ（この角度をブリュースター角と呼ぶ）．

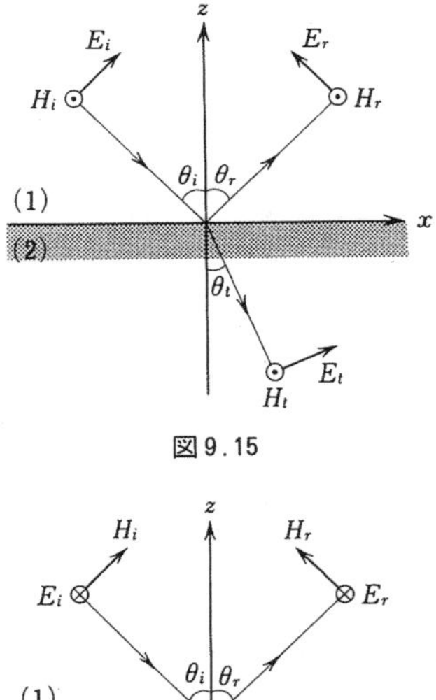

図 9.15

［9.6］　前問と同じ媒質の境界面において，図 9.16 のように電界が E_y 成分だけをもつ平面波が境界面に入射する際の反射係数と透過係数を求めよ．

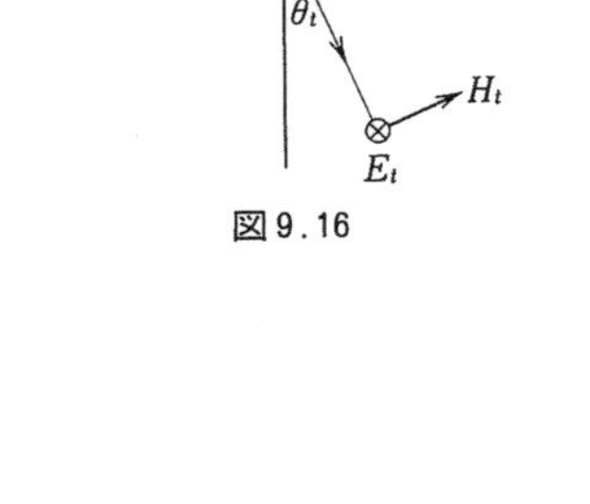

図 9.16

［9.7］　導波管の中を電磁波が z 方向に $e^{j(\omega t - kz)}$ の形で伝搬する場合に，E_z および H_z を与えると，他の電磁成分 E_x，E_y，H_x，H_y

がマックスウェル方程式から決まることを示せ.

[9.8] 銅線の円形リングの一部を切断して，その両端を平行円板コンデンサにつなぎ，電磁波を検出する共振器を作りたい．円形リングのインダクタンスを0.2 μH とし，平行円板コンデンサの円板電極の直径を2 cm にして，波長1 m の電磁波を検出するためには，円板電極の間隔をいくらにすればよいか.

付録A　一般の直交曲線座標

直交する三つの曲面 $u_1=c_1$，$u_2=c_2$，$u_3=c_3$ で定まる一般の直交曲線座標を考える．1.9節で述べたように，二つの曲面のつくる交線に接する三つの単位ベクトル $\boldsymbol{e}_i$ を取ると，∇u_i は u_i 面に垂直で，$\boldsymbol{e}_i$ もまた u_i 面に垂直であるから，

$$\boldsymbol{e}_i=\frac{\nabla u_i}{|\nabla u_i|} \tag{A.1}$$

点Pを始点とする線素ベクトル $d\boldsymbol{l}$ を上の座標系を用いて，

$$d\boldsymbol{l}=dl_1\boldsymbol{e}_1+dl_2\boldsymbol{e}_2+dl_3\boldsymbol{e}_3 \tag{A.2}$$

と表すと，du_i は $\boldsymbol{e}_i$ 方向へ dl_i だけ移動したときの u_i の変化であるから，

$$du_i=\frac{\partial u_i}{\partial l_i}\,dl_i=|\nabla u_i|\,dl_i \tag{A.3}$$

したがって，$dl_i=h_i du_i$ とおくと，

$$h_i=\frac{1}{|\nabla u_i|}=\frac{1}{\sqrt{\left(\dfrac{\partial u_i}{\partial x}\right)^2+\left(\dfrac{\partial u_i}{\partial y}\right)^2+\left(\dfrac{\partial u_i}{\partial z}\right)^2}} \tag{A.4}$$

である．この h_i を**測座係数**という．測座係数を用いれば，線素は

$$dl=\sqrt{h_1^2\,du_1^2+h_2^2\,du_2^2+h_3^2\,du_3^2} \tag{A.5}$$

で表される．また，u_i 面上の面素 dS_i は，

$$dS_1=h_2h_3\,du_2\,du_3,\quad dS_2=h_3h_1\,du_3\,du_1,\quad dS_3=h_1h_2\,du_1\,du_2 \tag{A.6}$$

で与えられ，dl_1，dl_2，dl_3 がつくる体積素 dv は，

$$dv=h_1h_2h_3\,du_1\,du_2\,du_3 \tag{A.7}$$

で与えられる．これらの式を発散，回転，勾配のそれぞれの定義式 (1.29)，(1.33)，(1.41) に代入すると，一般の直交曲線座標について以下の関係式が得られる．

$$\nabla\cdot\boldsymbol{A}=\frac{1}{h_1h_2h_3}\left\{\frac{\partial}{\partial u_1}(h_2h_3A_1)+\frac{\partial}{\partial u_2}(h_3h_1A_2)+\frac{\partial}{\partial u_3}(h_1h_2A_3)\right\} \tag{A.8}$$

$$(\nabla\times\boldsymbol{A})_{e_1}=\frac{1}{h_2h_3}\left\{\frac{\partial}{\partial u_2}(h_3A_3)-\frac{\partial}{\partial u_3}(h_2A_2)\right\}$$

$$(\nabla\times\boldsymbol{A})_{e_2}=\frac{1}{h_3h_1}\left\{\frac{\partial}{\partial u_3}(h_1A_1)-\frac{\partial}{\partial u_1}(h_3A_3)\right\} \tag{A.9}$$

$$(\nabla \times A)_{e_3} = \frac{1}{h_1 h_2}\left\{\frac{\partial}{\partial u_1}(h_2 A_2) - \frac{\partial}{\partial u_2}(h_1 A_1)\right\}$$

$$(\nabla \phi)_{e_i} = \frac{1}{h_i}\frac{\partial \phi}{\partial u_i} \tag{A.10}$$

また，式（A. 10）を式（A. 8）に代入して次式を得る．

$$\nabla^2 \phi = \frac{1}{h_1 h_2 h_3}\left\{\frac{\partial}{\partial u_1}\left(\frac{h_2 h_3}{h_1}\frac{\partial \phi}{\partial u_1}\right) + \frac{\partial}{\partial u_2}\left(\frac{h_3 h_1}{h_2}\frac{\partial \phi}{\partial u_2}\right) + \frac{\partial}{\partial u_3}\left(\frac{h_1 h_2}{h_3}\frac{\partial \phi}{\partial u_3}\right)\right\} \tag{A.11}$$

円筒座標では式（1. 53）より $h_1 = 1$，$h_2 = r$，$h_3 = 1$，球座標では式（1. 62）より $h_1 = 1$，$h_2 = r$，$h_3 = r\sin\theta$ であり，これを式（A. 5）から式（A. 11）に代入すれば 1. 9 節の結果が得られる．

付録B 単 位 系

(1) 国際単位系

本書は国際単位系（略称SI，International System of Units）によって記述した．電磁気量は長さ，質量，時間などの力学量とは異なった種類の量であるため，国際単位系（SI）では力学系における3個の基本単位m，kg，sのほかに電流の単位アンペア〔A〕を導入し，それらの単位を組み合わせることによって他の電磁気量の単位を導き出している．

真空中で2本の平行な導体にそれぞれI，I'の電流を流すと，それらには単位長さ当たり

$$F = \mu_0 \frac{II'}{2\pi r}$$

の大きさの力が働く．rは導体間の距離である．SIでは電流の単位として，$r = 1\,\mathrm{m}$の場合に，導体の長さ1m当たり2×10^{-7}Nの力が働くような一定な電流と定義している．したがって，$I = I' = 1\,\mathrm{A}$，$r = 1\,\mathrm{m}$，$F = 2\times10^{-7}\,\mathrm{N/m}$として

$$\mu_0 = 4\pi\times10^{-7}\quad \mathrm{NA^{-2}}$$

となる．真空の誘電率ε_0については，cを光速として$\varepsilon_0\mu_0 c^2 = 1$の関係が成り立っているので

$$\varepsilon_0 = \frac{1}{\mu_0 c^2} = \frac{1}{4\pi\times10^{-7}\times c^2} = 8.854\cdots\times10^{-12}\quad \mathrm{N^{-1}A^2s^2m^{-2}}$$

$$= 8.854\times10^{-12}\quad \mathrm{N^{-1}C^2m^{-2}}$$

となる．これらから，電磁気量を含んだ関係式を用いて，それらの電磁気量の単位と次元を導くことができる（表1）．

(2) CGS単位系

力学系の基本単位として，cm，g，sを用いた単位系をCGS単位系と呼ぶ．電磁気量に関する単位系については，古くから種々の単位系が提案されてきた．古い教科書では静電単位系（CGS esu），電磁単位系（CGS emu），ガウス単位系（CGS対称系）などのCGS単位系で書かれているものもあるので，ここでそれらについて簡単に記しておく．

静電単位系では，距離rに置かれた二つの点電荷q，q'に働く力を表すクーロンの法則

$$F = \frac{qq'}{\varepsilon r^2}$$

によって電荷の単位および次元が決定される．εは媒質空間の誘電率であり，真空の値を1とした無次元数とする．したがって，電荷の単位は，距離1cm離れた所に置かれ

表1　SI電磁気単位表

量	単　　位	単位記号	他の記号による表示	基本単位による表示
電気量	クーロン(coulomb)	C	A•s	s•A
電位	ボルト (volt)	V		$m^2 \cdot kg \cdot s^{-3} \cdot A^{-1}$
電界	ボルト／メータ	$V \cdot m^{-1}$		$m \cdot kg \cdot s^{-3} \cdot A^{-1}$
電束密度		$C \cdot m^{-2}$		$m^{-2} \cdot s \cdot A$
電気抵抗	オーム (ohm)	Ω	$V \cdot A^{-1}$	$m^2 \cdot kg \cdot s^{-3} \cdot A^{-2}$
静電容量	ファラド (farad)	F	$C \cdot V^{-1}$	$m^{-2} \cdot kg^{-1} \cdot s^4 \cdot A^2$
誘電率	ファラド／メータ	$F \cdot m^{-1}$	$N^{-1} \cdot C^2 \cdot m^{-2}$	$m^{-3} \cdot kg^{-1} \cdot s^4 \cdot A^2$
電力	ワット	W	$J \cdot s^{-1}$	$m^2 \cdot kg \cdot s^{-3}$
磁位	アンペア	A		A
磁界	アンペア／メータ	$A \cdot m^{-1}$		$m^{-1} \cdot A$
磁束	ウェーバー (weber)	Wb	V•s	$m^2 \cdot kg \cdot s^{-2} \cdot A^{-1}$
磁束密度	テスラ (tesla)	T	$Wb \cdot m^{-2}$	$kg \cdot s^{-2} \cdot A^{-1}$
インダクタンス	ヘンリー (henry)	H	$Wb \cdot A^{-1}$	$m^2 \cdot kg \cdot s^{-2} \cdot A^{-2}$
磁気抵抗	アンペア／ウェーバー	$A \cdot Wb^{-1}$		$m^{-2} \cdot kg^{-1} \cdot s^2 \cdot A^2$
透磁率	ヘンリー／メータ	$H \cdot m^{-1}$	$N \cdot A^{-2}$	$m \cdot kg \cdot s^{-2} \cdot A^{-2}$

た二つの電荷に1ダイン〔$cm\ g\ s^{-2}$〕の斥力を与えるものと定義され，次元は

$$[q] = cm^{\frac{3}{2}} g^{\frac{1}{2}} s^{-1} \varepsilon^{\frac{1}{2}}$$

となる．これを基本にして，他の電磁気量の単位と次元が，それらの電磁気量を含んだ関係式から導かれる．

一方，電磁単位系では，距離 r におかれた二つの点磁荷 q_m，q_m' に働く力を表すクーロンの法則

$$F = \frac{q_m q_m'}{\mu r^2}$$

によって磁荷の単位および次元が決定される．μ は媒質の透磁率であり，真空の値を1とした無次元数とする．磁荷の単位は $r = 1\,cm$，$F = 1$ ダインを与えるものとして定義され，その次元は

$$[q_m] = cm^{\frac{3}{2}} g^{\frac{1}{2}} s^{-1} \mu^{\frac{1}{2}}$$

となる．これを基本にして他の電磁気量の次元が導かれる．

また，電気に関連する量を静電単位で定義し，磁気に関連する量を電磁単位で定義する単位系，ガウス単位系がある．この単位系は国際単位系（SI）が定められる以前には，広く用いられていたものである．

(3)　MKS 単位系

力学系の基本単位として，m，kg，s を用いた単位系で，MKS 有理化単位系，MKS 非有理化単位系，MKSA 単位系などがある．MKSA 単位系は基本単位として m，kg，s，A を用い，それらの組み合わせによって他の電磁気量の単位を組み立てていく単位系であり，国際単位系 (SI) に対応するものである．

(4)　諸単位系の間の関係

これらの単位系の間の対応関係は次のようになっている．すなわち，電荷に関するクーロンの法則，磁荷に関するクーロンの法則，およびビオサバールの法則

$$F=\frac{1}{\alpha}\frac{qq'}{r^2},\quad F=\frac{1}{\beta}\frac{q_m q_m'}{r^2},\quad dH=\frac{1}{\gamma}\frac{I\sin\theta}{r^2}dl$$

において，係数 α，β，γ の値を真空中において以下のように決めることによって四つの単位系が得られる．

a. 静電単位系　$\alpha=1$,　$\beta=1/c^2$,　$\gamma=1$

b. 電磁単位系　$\alpha=1/c^2$,　$\beta=1$,　$\gamma=1$

c. ガウス単位系　$\alpha=1$,　$\beta=1$,　$\gamma=c$

d. SI　$\alpha=4\pi\varepsilon_0$,　$\beta=4\pi\mu_0$,　$\gamma=4\pi$

各種の物理量，電磁気量に対して，国際単位系 (SI) と静電単位系，電磁単位系の間の換算値を表 2 に示す．

表2　SI と CGS 単位系との間の換算

量	SI	静電単位系	電磁単位系
長さ	1 m	10^2 cm	10^2 cm
質量	1 kg	10^3 g	10^3 g
時間	1 s	1 s	1 s
力	1 N	10^5 dyn	10^5 dyn
仕事・エネルギー	1 J	10^7 erg	10^7 erg
電流	1 A	3×10^9 esu *	10^{-1} emu
電気量	1 C	3×10^9 esu *	10^{-1} emu
電位	1 V	$\frac{1}{3}\times10^{-2}$ esu *	10^8 emu
電界	1 V/m	$\frac{1}{3}\times10^{-4}$ esu *	10^6 emu
電束密度	1 C/m^2	$12\pi\times10^5$ esu *	$4\pi\times10^{-5}$ emu
電気抵抗	1 Ω	$\frac{1}{9}\times10^{-11}$ esu *	10^9 emu
静電容量	1 F	9×10^{11} esu *	10^{-9} emu
磁界	1 A/m	$12\pi\times10^7$ esu	$4\pi\times10^{-3}$ oersted *
磁束	1 Wb	$\frac{1}{3}\times10^{-2}$ esu	10^8 maxwell *
磁束密度	1 T	$\frac{1}{3}\times10^{-6}$ esu	10^4 gauss *
インダクタンス	1 H	$\frac{1}{9}\times10^{-11}$ esu	10^9 emu *

* はガウス単位系と同じ

演習問題略解

[1.1]　(1)　与式$=\boldsymbol{C}\cdot\{\boldsymbol{D}\times(\boldsymbol{A}\times\boldsymbol{B})\}=\boldsymbol{C}\cdot\{(\boldsymbol{D}\cdot\boldsymbol{B})\boldsymbol{A}-(\boldsymbol{D}\cdot\boldsymbol{A})\boldsymbol{B}\}=(\boldsymbol{A}\cdot\boldsymbol{C})(\boldsymbol{B}\cdot\boldsymbol{D})-(\boldsymbol{A}\cdot\boldsymbol{D})(\boldsymbol{B}\cdot\boldsymbol{C})$

(2)　式（1・18）より

$$(\boldsymbol{A}\times\boldsymbol{B})\times(\boldsymbol{C}\times\boldsymbol{D})=\boldsymbol{C}[\boldsymbol{ABD}]-\boldsymbol{D}[\boldsymbol{ABC}]=-(\boldsymbol{C}\times\boldsymbol{D})\times(\boldsymbol{A}\times\boldsymbol{B})$$
$$=-\boldsymbol{A}[\boldsymbol{BCD}]-\boldsymbol{B}[\boldsymbol{CAD}]$$

(3)　$$\nabla\cdot(\phi\boldsymbol{A})=\left(\phi\frac{\partial A_x}{\partial x}+A_x\frac{\partial\phi}{\partial x}\right)+\left(\phi\frac{\partial A_y}{\partial y}+A_y\frac{\partial\phi}{\partial y}\right)+\left(\phi\frac{\partial A_z}{\partial z}+A_z\frac{\partial\phi}{\partial z}\right)$$
$$=\phi\nabla\cdot\boldsymbol{A}+\boldsymbol{A}\cdot\nabla\phi$$

[1.2]　$\boldsymbol{A}$ を $\boldsymbol{s}$ 方向とそれに垂直な方向のベクトルに分解すると，前者は（$\boldsymbol{A}\cdot\boldsymbol{s}$）$\boldsymbol{s}$，後者は $\boldsymbol{A}-(\boldsymbol{A}\cdot\boldsymbol{s})\boldsymbol{s}$ と表せるから，

$$\boldsymbol{A}=(\boldsymbol{A}\cdot\boldsymbol{s})\boldsymbol{s}+\boldsymbol{A}(\boldsymbol{s}\cdot\boldsymbol{s})-(\boldsymbol{A}\cdot\boldsymbol{s})\boldsymbol{s}=(\boldsymbol{A}\cdot\boldsymbol{s})\boldsymbol{s}+\boldsymbol{s}\times(\boldsymbol{A}\times\boldsymbol{s})$$

[1.3]　$$\int_c\boldsymbol{A}\cdot d\boldsymbol{l}=\int_c(x^2+y^2)dx+2xy\,dy$$

(1)　(0, 0) から (1, 0) までは $y=0$，$dy=0$，(1, 0) から (1, 1) までは $x=1$，$dx=0$ だから

$$\int_c\boldsymbol{A}\cdot d\boldsymbol{l}=\int_0^1 x^2dx+\int_0^1 2y\,dy=\frac{4}{3}$$

(2)　$y=x^2$，$dy=2xdx$ より

$$\int_c\boldsymbol{A}\cdot d\boldsymbol{l}=\int_0^1(x^2+5x^4)dx=\frac{4}{3}$$

また，式 (1.34) より $\nabla\times\boldsymbol{A}=0$

[1.4]　S の方程式は $z=1-x-y$，$(x, y, z\geqq 0)$ であるから，

$\dfrac{\partial z}{\partial x}=\dfrac{\partial z}{\partial y}=-1$．また，$S$ の xy 平面への投影は，$0\leqq y\leqq 1-x$ かつ $0\leqq x\leqq 1$．したがって，式 (1.28) より，

$$\int_S\boldsymbol{A}\cdot d\boldsymbol{S}=\int_0^1 dx\int_0^{1-x}dy\,\{x+y+(1-x-y)\}=\frac{1}{2}$$

[1.5]　(x, y, z)，$(x, y+\Delta y, z)$，$(x, y+\Delta y, z+\Delta z)(x, y, z+\Delta z)$ を頂点とする長方形の面の周囲で $\boldsymbol{A}$ の周回積分を考える．この面の単位法線ベクトルが $\boldsymbol{i}$ となるように積分路の向きを取れば，

$$(\nabla\times A)_x=\lim_{\substack{\Delta y\to 0\\ \Delta z\to 0}}\frac{1}{\Delta y\,\Delta z}\{A_y(x,y,z)\,\Delta y-A_y(x,y,z+\Delta z)\Delta y+A_z(x,y+\Delta y,z)\Delta z$$

$$-A_z(x,y,z)\Delta z\}=\frac{\partial V_z}{\partial y}-\frac{\partial V_y}{\partial z}$$

y 成分，z 成分についても同様に求められる．

[1.6]　式 (1.30) に A を代入して整理すると，$\nabla\cdot A=4r$.

ガウスの定理を用い，球座標を使って計算すると，

$$\oint_{r=R}A\cdot dS=\int_V\nabla\cdot A\,dv=\int_0^R 4r\cdot r^2\,dr\int_0^{\pi}\sin\theta\,d\theta\int_0^{2\pi}d\phi=4\pi R^4$$

[2.1]

$$\phi(x,y,z)=\frac{1}{4\pi\varepsilon_0}\left[\frac{q}{\sqrt{x^2+y^2+(z-p_1)^2}}+\frac{-(p_2/p_1/)^{\frac{1}{2}}q}{\sqrt{x^2+y^2+(z-p_2)^2}}\right]\ \text{〔V〕}$$

これより，$\phi=0$ となる点は，$x^2+y^2+z^2=p_1p_2$

[2.2]　(i)　輪の中心を通る z 軸上の電界は対称性から z 成分のみである．輪の上の微小長さ $ad\theta$ の部分の電荷がつくる電界の z 成分を角度 θ について積分して

$$E_z(z)=\int_0^{2\pi}\frac{\lambda a d\theta}{4\pi\varepsilon_0(z^2+a^2)}\cdot\frac{z}{\sqrt{z^2+a^2}}=\frac{\lambda az}{2\varepsilon_0(z^2+a^2)^{3/2}}\tag{1}$$

(ii)　円板を半径 r，幅 Δr の細い円形の輪に分割し，その輪の上に分布する電荷による電界は，式 (1) で $\lambda=\omega\Delta r$ とおけば求まる．これをすべての輪について加え合わせると，

$$E_z(z)=\int_0^a\frac{\omega zrdr}{2\varepsilon_0(z^2+r^2)^{3/2}}=\frac{\omega z}{2\varepsilon_0}\left(\frac{1}{|z|}-\frac{1}{\sqrt{z^2+a^2}}\right)\ \text{〔V/m〕}\tag{2}$$

(iii)　上の式 (2) で $a\to\infty$ とすればよい．

$$E_z(z)=\frac{\omega}{2\varepsilon_0}\quad\text{〔V/m〕}\tag{3}$$

[2.3]　AB 上の微小電荷 λdx によって点 P にできる電位を積分して

$$\phi=\int_{-l}^{l}\frac{\lambda dx}{4\pi\varepsilon_0\sqrt{a^2+x^2}}=\frac{\lambda}{2\pi\varepsilon_0}\log\left(\frac{l+\sqrt{l^2+a^2}}{a}\right)\ \text{〔V〕}$$

[2.4]　前問 [2.3] の電位 ϕ を用いて，電界 $E_r=-\partial\phi/\partial r$ であるから，半径 a で偏微分して

$$E_r=-\frac{\partial\phi}{\partial a}=\frac{\lambda}{2\pi\varepsilon_0 a}\frac{l}{\sqrt{l^2+a^2}}\quad\text{〔V/m〕}$$

$l\to\infty$ のとき，$E_r=\lambda/2\pi\varepsilon_0 a$ を得る．

(別解1)　z における微小電荷 λdz が，点 P ($z=0$，半径 a) につくる電界の z 成分は，$-z$ における微小電荷により打ち消されるので，全電界は r 成分のみとなり

$$E_r=\int_{-\infty}^{\infty}\frac{1}{4\pi\varepsilon_0}\frac{\lambda a dz}{(a^2+z^2)^{3/2}}=\frac{\lambda}{2\pi\varepsilon_0 a}\ \text{〔V/m〕}\tag{1}$$

（別解 2） 半径 a の z 軸に沿う単位長の円筒面について，ガウスの法則を適用し，

$$\oint \boldsymbol{E}\cdot d\boldsymbol{S}=2\pi a E_r=\lambda/\varepsilon_0$$

よって，$E_r=\lambda/2\pi\varepsilon_0 a$ 〔V/m〕.

[2.5] 電界は，前問 [2.4] の解を用いて，$+\lambda$ と $-\lambda$ の電荷分布による電界を重ね合せることによって得られ，電位 ϕ は電界を積分して求められる．または，前問 [2.3] の解を用いて，長さ $2l$ の 2 本（$+\lambda$ と $-\lambda$）の直線上電荷による電位を重ね合せ，$l\to\infty$ とすれば

$$\phi(x, y)=\frac{\lambda}{4\pi\varepsilon_0}\left[\ln\frac{1}{\sqrt{(x-a)^2+y^2}}-\ln\frac{1}{\sqrt{(x+a)^2+y^2}}\right] \text{〔V〕}$$

また，$\boldsymbol{E}=-\nabla\phi$ より電界が得られる．

[2.6] 対称性から，電界は r 成分のみ．半径 r，高さ l の同軸円筒の閉曲面を仮想し，これにガウスの法則を適用して

$$E(r)=\begin{cases}0 & (r<r_1)\\ \omega_1 r_1/\varepsilon_0 r & (r_1<r<r_2)\\ (\omega_1 r_1+\omega_2 r_2)/\varepsilon_0 r & (r_2<r)\end{cases} \text{〔V/m〕}$$

[2.7] 球内の電荷密度は $3Q/(4\pi a^3)$ であり，閉曲面として半径 r の球面を考え，ガウスの法則を適用して

$$\boldsymbol{E}(r)=\begin{cases}\dfrac{Q}{4\pi\varepsilon_0 a^2}\dfrac{\boldsymbol{r}}{a} & (r\leqq a)\\[2ex] \dfrac{Q}{4\pi\varepsilon_0 r^2}\dfrac{\boldsymbol{r}}{r} & (r>a)\end{cases} \text{〔V/m〕}$$

となる．電位は，$\phi(r)=-\int_\infty^r E(r)dr$ より

$$\phi(r)=\begin{cases}\dfrac{1}{4\pi\varepsilon_0}\dfrac{\boldsymbol{Q}}{a}\left(\dfrac{3}{2}-\dfrac{r^2}{2a^2}\right) & (r\leqq a)\\[2ex] \dfrac{1}{4\pi\varepsilon_0}\dfrac{\boldsymbol{Q}}{r} & (r>a)\end{cases} \text{〔V〕}$$

[2.8] （i） ポアソンの方程式より

$$\rho(r)=-\varepsilon_0\nabla^2\phi=\frac{\varepsilon_0 A}{r^3}\left\{\frac{\alpha r^2}{r}+(1+\alpha r)\left(3-\frac{3r^2}{r^2}-\frac{\alpha r^2}{r}\right)\right\}e^{-\alpha r}=-\varepsilon_0\alpha^2 A\frac{e^{-\alpha r}}{r} \quad (1)$$

（ii） 電界は

$$E(r)=-\frac{d\phi(r)}{dr}=A(1+\alpha r)\frac{e^{-\alpha r}}{r^2}$$

原点を中心とする半径 a の球面にガウスの法則を適用し，球面上の積分は $4\pi a^2 \cdot E(a)=4\pi A(1+\alpha a)e^{-\alpha a}$. $a\to 0$ として，原点にある電荷 Q は

$$Q=4\pi\varepsilon_0 A \tag{2}$$

（iii） 原点以外に分布する電荷量 Q' は式 (1) を積分して

$$Q'=\int_0^\infty \rho(r)\cdot 4\pi r^2 dr=-4\pi\varepsilon_0 A\alpha^2\int_0^\infty re^{-\alpha r}dr=-4\pi\varepsilon_0 A$$

[2.9] （i） 内球 A に電荷 Q を与えると B の内面には $-Q$，外面には $+Q$ の電荷が誘導される．このとき，$r>c$ である点の電位は，前問 [2.7] と同様に，すべての電荷が内球の中心に集まった場合の電位 ϕ に等しく

$$\phi(r)=\frac{1}{4\pi\varepsilon_0}\left(\frac{Q-Q+Q}{r}\right)=\frac{Q}{4\pi\varepsilon_0 r}\ \text{〔V〕}$$

ゆえに，外球殻 B の電位 ϕ_B は

$$\phi_B=\frac{Q}{4\pi\varepsilon_0 c}\ \text{〔V〕}$$

つぎに，半径 r が $a<r<b$ である場合には，電界はガウスの法則より，内球 A の表面上の電荷 Q のみによって与えられ，

$$\phi(r)=\phi_B-\int_b^r\frac{Q}{4\pi\varepsilon_0 r^2}dr=\frac{Q}{4\pi\varepsilon_0}\left(\frac{1}{c}-\frac{1}{b}+\frac{1}{r}\right)$$

ゆえに，内球 A の電位 ϕ_A は

$$\phi_A=\frac{Q}{4\pi\varepsilon_0}\left(\frac{1}{a}-\frac{1}{b}+\frac{1}{c}\right)\ \text{〔V〕}$$

（ii） 内球 A に電荷 Q，外球殻 B に Q' を与えた場合，内外両球の電位 ϕ_A'，ϕ_B' はそれぞれ

$$\phi_A'=\frac{Q}{4\pi\varepsilon_0}\left(\frac{1}{a}-\frac{1}{b}+\frac{1}{c}\right)+\frac{Q'}{4\pi\varepsilon_0 c},\quad \phi_B'=\frac{Q+Q'}{4\pi\varepsilon_0 c}\ \text{〔V〕}$$

[2.10] 内球 A を接地した状態で外球 B に $+Q$ を与えると，外球 B からでる電気力線のうちの一部分は B の外面から無限遠に向かい，他の部分は B の内面からでて内球へ向かう．よって，接地内球の表面上に $-Q_1$，無限遠に $+Q_1$ の電荷が誘導をされるとすれば，外球の内面には $+Q_1$，その外面には $Q_2=Q-Q_1$ なる電荷が分布することになる．まず，両球間の電位差 V は，前問 [2.9] と同様にして

$$V=\phi_B-\phi_A=-\int_a^b E_r dr=-\int_a^b\frac{(-Q_1)}{4\pi\varepsilon_0 r^2}dr=\frac{Q_1}{4\pi\varepsilon_0}\left(\frac{1}{a}-\frac{1}{b}\right)$$

ゆえに，外球の内球に対する静電容量 C_1 は，

$$C_1=\frac{Q_1}{V}=\frac{4\pi\varepsilon_0}{\dfrac{1}{a}-\dfrac{1}{b}}\ \text{〔F〕}$$

また，外球の電圧 V' は，電荷 $Q_2=(Q-Q_1)$ が球の中心に集中した場合の外球の電位に等しいから，$V'=Q_2/(4\pi\varepsilon_0 c)$．よって，外球の大地に対する静電容量 C_2 は

$$C_2=\frac{Q_2}{V'}=4\pi\varepsilon_0 c \quad \text{〔F〕}$$

C_1，C_2 は大地に対して並列接続されているから，外球殻の静電容量 C は

$$C=C_1+C_2=4\pi\varepsilon_0\left(\frac{1}{\dfrac{1}{a}-\dfrac{1}{b}}+c\right) \quad \text{〔F〕}$$

[2.11] 内外半径がそれぞれ a，r_1 であるときの静電容量を C_1 とし，a，r_2 であるときの静電容量を C_2 とすれば，

$$C_1=\frac{4\pi\varepsilon_0}{\dfrac{1}{a}-\dfrac{1}{r_1}}, \quad C_2=\frac{4\pi\varepsilon_0}{\dfrac{1}{a}-\dfrac{1}{r_2}}$$

所用の仕事 W は，$r_1\to r_2$ の変化によるコンデンサのもつ線電エネルギーの変化に等しいから，電荷 Q が一定の場合には，

$$W=\frac{Q^2}{2C_2}-\frac{Q^2}{2C_1}=\frac{Q^2}{8\pi\varepsilon_0}\left(\frac{1}{r_1}-\frac{1}{r_2}\right) \quad \text{〔J〕}$$

[2.12] A と D の間の静電容量 C_A，B と D の間の静電容量 C_B は，それぞれ

$$C_A=\frac{\varepsilon_0 S}{x}, \quad C_B=\frac{\varepsilon_0 S}{t-(d+x)}$$

と与えられる．この二つのコンデンサを並列接続したものが全体のコンデンサの静電容量 C と考えられるから

$$C=C_A+C_B=\varepsilon_0 S\left(\frac{1}{x}+\frac{1}{t-(d+x)}\right)$$

となり，このコンデンサに蓄えられる電界のエネルギー U は，$U=Q^2/2C$ となる．導体板 D に働く力は x 方向を向いており，

$$F_x=-\left(\frac{\partial U}{\partial x}\right)_{Q=\text{一定}}=\frac{Q^2}{2C^2}\frac{dC}{dx}=\frac{Q^2[x^2-(t-d-x)^2]}{2\varepsilon_0 S(t-d)^2} \quad \text{〔N〕}$$

[3.1] 電子分極，原子分極，配向分極など

[3.2] $E=V/\{r\ln(b/a)\}$，　$C=2\pi\varepsilon l/\ln(b/a)$

[3.3] $E=Q/(\varepsilon S)$

[3.4] $\varepsilon_S=k/r$ （k：定数）

[3.5] $E_1=V/\{\varepsilon_1(k_1+k_2)\}$，　$E_2=V/\{\varepsilon_2(k_1+k_2)\}$

ここに $k_1=(d_1/\varepsilon_1)$，　$k_2=(d_2/\varepsilon_2)$

[3.6] $C=\dfrac{4\pi\varepsilon}{\dfrac{1}{a}-\dfrac{1}{b}}$, $W=\dfrac{Q^2\left(\dfrac{1}{a}-\dfrac{1}{b}\right)}{8\pi\varepsilon}$

[3.7] $V_{\text{out}}=-E_0 r\cos\theta+\dfrac{\varepsilon_1-\varepsilon_2}{\varepsilon_1+2\varepsilon_2}a^3E_0\dfrac{\cos\theta}{r^2}$

$$V_{\text{in}}=-\frac{3\varepsilon_2}{\varepsilon_1+2\varepsilon_2}E_0 r\cos\theta$$

[3.8] $F=\dfrac{q^2}{4\pi\varepsilon_0}\left\{\dfrac{1}{(2a)^2}-\dfrac{1}{(2b)^2}+\dfrac{1}{(4a+2b)^2}-\dfrac{1}{(2a+4b)^2}+\cdots\right\}$

[3.9] $E_r=E_0\left(1+\dfrac{2a^3}{r^3}\right)\cos\theta$, $E_\theta=-E_0\left(1-\dfrac{a^3}{r^3}\right)\sin\theta$

[3.10] 有限要素法，電荷重畳法など

（本文および表 3.2 参照）

[3.11] 複雑な誘電体場であるから有限要素法が適している．

[4.1] 板磁石の中心を原点とし，中心軸上に N 極側を正として z 軸を取ると，磁位は式 (4.12) より，

$$\phi_m=\frac{\tau_m}{4\pi}\Omega=\frac{\tau_m}{2}\left(\frac{z}{\sqrt{z^2}}-\frac{z}{\sqrt{a^2+z^2}}\right)$$

対称性から磁界は z 成分のみを持ち，

$$\boldsymbol{H}=-\frac{\partial\phi_m}{\partial z}\boldsymbol{k}=\frac{\tau_m}{2}\frac{a^2}{(a^2+z^2)^{3/2}}\boldsymbol{k}$$

[4.2] 平行に置いたときは回転力は零であり，平行力は式 (4.8) より，

$$\boldsymbol{F}=\left(\mu_0 m\frac{\partial}{\partial z}\right)\boldsymbol{H}=-\frac{3\mu_0 m\tau_m a^2 z}{2(a^2+z^2)^{5/2}}\boldsymbol{k}$$

垂直に置いたときは，逆に回転力のみが働く，$\boldsymbol{m}$ の方向に y 軸を取ると式 (4.7) より，

$$\boldsymbol{T}=\mu_0 mH\boldsymbol{i}$$

[4.3] 式 (4.11) より，磁性体表面に $\omega_m=\pm\mu_0\mathrm{M}$ の分極磁荷が生ずる．これは，平行平板コンデンサの電荷密度分布に対応するから，磁性体の外側では $H=0$ である．したがって，磁性体内部では境界条件の式 (4.18) より，

$$\boldsymbol{B}=\mu_0(\boldsymbol{H}+\boldsymbol{M})=0$$

となるから，

$$\boldsymbol{H}=-\boldsymbol{M},\quad \left|\frac{H}{M}\right|=1$$

[4.4] 球の減磁率は 1/3 であるから，球の内部では

$$\boldsymbol{H}=\left(\boldsymbol{H}_0-\frac{\boldsymbol{M}}{3}\right)$$

外部では，球の中心に置いた磁気モーメント $\boldsymbol{m}$ のつくる磁界と $\boldsymbol{H}_0$ の合成となり，境界条件から，

$$m=\frac{4\pi a^3}{3}M$$

したがって式 (4.21) より

$$H_r=\frac{2a^3\cos\theta}{3r^3}M,\quad H_\theta=\frac{a^3\sin\theta}{3r^3}M,\ H_\phi=0$$

[5.1] $E=\dfrac{\rho I}{4\pi r^2}$

$$V=-\int_b^a E\,dr=\frac{\rho I}{4\pi}\left[\frac{1}{r}\right]_b^a=\frac{\rho I}{4\pi}\left(\frac{1}{a}-\frac{1}{b}\right)$$

$$\therefore\ R=\frac{V}{I}=\frac{\rho}{4\pi}\left(\frac{1}{a}-\frac{1}{b}\right)$$

[5.2] 導体球 1 の電位 $V_1=\dfrac{\rho I}{4\pi}\left(\dfrac{1}{a_1}-\dfrac{1}{d-a_1}\right)$

導体球 2 の電位 $V_2=-\dfrac{\rho I}{4\pi}\left(\dfrac{1}{a_2}-\dfrac{1}{d-a_2}\right)$

電位差 $V=V_1-V_2=\dfrac{\rho I}{4\pi}\left(\dfrac{1}{a_1}+\dfrac{1}{a_2}-\dfrac{1}{d-a_1}-\dfrac{1}{d-a_2}\right)$

$$\therefore\quad R\simeq\frac{\rho}{4\pi}\left(\frac{1}{a_1}+\frac{1}{a_2}\right)\qquad (d\ll a_1,\ a_2)$$

[5.3] $I_1=\dfrac{2V}{3R},\quad I_2=\dfrac{V}{6R},\quad I_3=-\dfrac{5V}{6R}$

[5.4] 対称性より，各枝部の電流は解図 5.1 のようになる

ゆえに，AB 間の抵抗は

$$V=\frac{I}{3}R+\frac{I}{6}R+\frac{I}{3}R=\frac{5}{6}IR$$

$$\therefore\ R_{AB}=\frac{V}{I}=\frac{5}{6}R$$

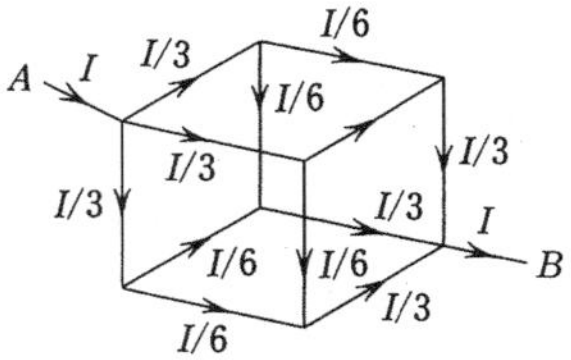

解図 5.1

[5.5] 媒質 1，2 内の電界を E_1，E_2 とすると

$$V=d_1E_1+d_2E_2$$

$$J=\frac{1}{\rho_1}E_1=\frac{1}{\rho_2}E_2$$

より，$E_1=\rho_1\dfrac{V}{d_1\rho_1+d_2\rho_2}$，　$E_2=\rho_2\dfrac{V}{d_1\rho_1+d_2\rho_2}$

$\varepsilon_2E_2-\varepsilon_1E_1=\omega$ に代入して，

$$\omega=\frac{\varepsilon_2\rho_2-\varepsilon_1\rho_1}{d_1\rho_1+d_2\rho_2}V\quad〔\mathrm{C/m^2}〕$$

[6.1]　半径 r の円筒の外側および内側の磁界の強さはそれぞれ，

$$H=\frac{I}{2\pi r}\quad(r\geqq a),\quad H=\frac{Ir}{2\pi a^2}\quad(r\leqq a)$$

[6.2]　正三角形を流れる電流による磁界の強さ H は対称性から中心軸方向のみとなり，

$$H=\frac{9a^2I}{2\pi(12x^2+a^2)\sqrt{3x^2+a^2}}$$

[6.3]　中心軸を x 軸，中心軸の中点を原点にとると，中心軸上の任意の点の磁界は

$$H_x=\frac{a^2I}{2}\left[\{a^2+(d+x)^2\}^{-\frac{3}{2}}+\{a^2+(d-x)^2\}^{-\frac{3}{2}}\right]$$

x を小さいと仮定して，x のべき級数に展開し，$a=2d$ とすると

$$H_x=\frac{8I}{5\sqrt{5}\,a}\{1+x^4\text{ の項}\}$$

[6.4]　空洞内の点 P$(x,\ y)$ の磁界は，空洞がないとして導体断面全体に密度 $\boldsymbol{J}$ の電流が流れるときの磁界 H_1 と，空洞だけに密度 $-\boldsymbol{J}$ の電流が流れるときの磁界 H_2 とを，ベクトル的に合成したものとなる．よって

$$H_x=H_{1x}+H_{2x}=0,\quad H_y=H_{1y}+H_{2y}=\frac{1}{2}Ja$$

[6.5]　中心から半径 r の点 P の磁界の強さ H は

$$H=\frac{NI}{2\pi r}$$

ゆえに断面を貫く磁束数 Φ は

$$\Phi=\int B_n dS=\int\frac{\mu NI}{2\pi r}w\,dr=\frac{\mu NIw}{2\pi}\log\frac{b}{a}$$

[6.6]　断面内の点を P$(r,\ \theta)$ とすると，点 P における磁界の強さ H は

$$H=\frac{NI}{2\pi(R+r\cos\theta)}$$

よって円断面を貫く全磁束数を Φ とすると，円断面内の磁界の強さの平均値 H_m は

$$H_m=\frac{\Phi}{\mu\pi a^2}=\frac{NI}{\pi a^2}\left(R-\sqrt{R^2-a^2}\right)$$

[6.7]　磁気回路を通る磁束を Φ とすると

$$H_1=\frac{\Phi}{\mu S}=\frac{NI}{l_1+\kappa l_0}\ H_0=\frac{\Phi}{\mu_0 S}=\frac{NI}{l_1/\kappa+l_0}$$

ここで $\kappa=\mu/\mu_0$ である.

[6.8] 導線 A が B, C から受ける力 f_A は

$$f_A=\frac{\mu_0 I^2}{2\pi a}\sqrt{\frac{5}{2}}$$

導線 B が A, C から受ける力 f_B も同じ. 導線 C が A, B から受ける力 f_C は

$$f_C=\frac{\mu_0 I^2}{2\pi a}\sqrt{2}$$

[6.9] 力の y 方向成分は打ち消し合って零になるので, 回路全体に作用する力の x 方向成分 F_x は,

$$F_x=\int dF_x=\int_0^{2\pi a}\frac{\mu_0 I_1 I_2 ds\cos\theta}{2\pi(d+a\cos\theta)}=\mu_0 I_1 I_2\left(\frac{d}{\sqrt{d^2-a^2}}-1\right)$$

[6.10] $\boldsymbol{B}$ と $\boldsymbol{v}$ が直交しているとき, 電荷 q の電子は各点で $\boldsymbol{v}$ に垂直な力を受けて, 円運動をし, とのとき受ける力 F は

$$F=qv\mu_0 H$$

ここで円運動の半径を r, 電子質量を m とすると, 遠心力は F と釣り合うので,

$$r=\frac{mv}{q\mu_0 H}$$

[7.1] $\theta=\omega t$ として

$$\Phi=\mu_0 HS\cos\theta=\mu_0 H_0 S\cos\omega t\sin(\omega t+\phi_0)$$

$$e=-\frac{d\Phi}{dt}=-\mu_0 H_0 S\omega\cos(2\omega t+\phi_0)=\mu_0 H_0 S\omega\sin\left(2\omega t+\phi_0-\frac{\pi}{2}\right)$$

[7.2] 中心から r の距離の dr 部分での起電力 de は

$$de=\boldsymbol{v}\times\boldsymbol{B}\cdot d\boldsymbol{r}=vBdr=r\omega Bdr$$

$$e=\int_0^a r\omega Bdr=\frac{a^2}{2}\omega B$$

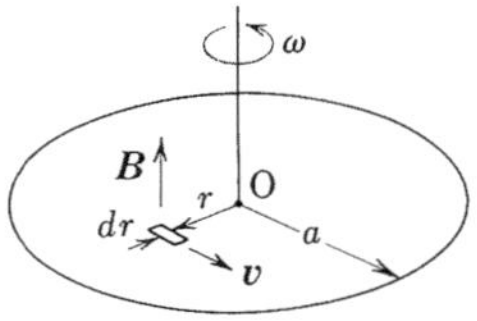

[7.3] $E=vB=r\omega\mu_0 H$

$D=\varepsilon_0 E+P$ より, $P=(\varepsilon-\varepsilon_0)E=(\varepsilon-\varepsilon_0)\mu_0\omega rH$

[7.4] 内部インダクタンスは半径に関係なく $\mu l/8\pi$ であるから往復回路では

$$L_i=2\cdot\frac{\mu l}{8\pi}=\frac{\mu l}{4\pi}$$

外部インダクタンス L_e では

$$L_e=\frac{\mu_0 l}{2\pi}\log\left[\frac{(d-a)(d-b)}{ab}\right]$$

ゆえに，$d \gg a$，b に対し

$$L = L_i + L_e = \frac{l}{4\pi}\left(\mu + 2\mu_0 \log \frac{d^2}{ab}\right)$$

[7.5]　$H = \dfrac{I}{2\pi x}$，　$y = \dfrac{a(d + \sqrt{3}/2 \cdot a - x)}{\dfrac{\sqrt{3}}{2}a}$

$$\Phi = \frac{\mu_0 I a}{2\pi h}\int_d^{d+\frac{\sqrt{3}}{2}a}\left(\frac{d + \dfrac{\sqrt{3}}{2}a}{x} - 1\right)dx$$

$$M = \frac{\Phi}{I} = \frac{\mu_0}{\sqrt{3}\,\pi}\left\{\left(d + \frac{\sqrt{3}}{2}a\right)\log\left(1 + \frac{\sqrt{3}\,a}{2d}\right) - \frac{\sqrt{3}}{2}a\right\}$$

[7.6]　$L_i = \dfrac{\mu(2\pi R)}{8\pi} = \dfrac{\mu R}{4}$，　$L_e = \mu_0 R\left(\log \dfrac{8R}{a} - 2\right)$

$$\therefore\ L = L_i + L_e = R\left\{\mu_0\left(\log \frac{8R}{a} - 2\right) + \frac{\mu}{4}\right\}$$

[7.7]　$\Phi = \dfrac{\mu N^2 I}{2\pi}\displaystyle\int_0^a\int_0^{2\pi}\frac{r dr d\theta}{R - r\cos\theta} = \mu N^2 I\,(R - \sqrt{R^2 - a^2}\,)$

$$L = \mu N^2 (R - \sqrt{R^2 - a^2}\,)$$

[7.8]　$L = N^2\{\mu_1(R - \sqrt{R^2 - a^2}\,) + \mu_2(\sqrt{R^2 - a^2} - \sqrt{R^2 - b^2})\}$

[7.9]　$L/l = \dfrac{1}{4\pi}\left\{\dfrac{\mu_1}{2} + 2\mu_0 \log \dfrac{b}{a} + \dfrac{\mu_2}{c^2 - b^2}\left(\dfrac{2c^4}{c^2 - b^2}\log \dfrac{c}{b} - \dfrac{3c^2 - b^2}{2}\right)\right\}$

[7.10]　$R = ae^{-1/4}$

[7.11]　$M = \dfrac{\mu_0}{2\pi}\left\{l \log\left(\dfrac{\sqrt{d^2 + l^2} + l}{d}\right) - \sqrt{d^2 + l^2} + d\right\}$

$$F = I_1 I_2 \frac{\partial M}{\partial d} = -\frac{\mu_0 I_1 I_2}{2\pi d}(\sqrt{d^2 + l^2} - d)$$

[7.12]　$\mu \simeq \mu_0 = 4\pi \times 10^{-7}$ H/m，　$1/\sigma = 1.7 \times 10^{-8}$ Ω･m，　$\omega = 2\pi \times 10^6$ を代入し

$$\delta = \sqrt{\frac{2}{\omega\mu\sigma}} = 6.56 \times 10^{-5}\ \text{m}$$

[8.1]　電界が $e^{j\omega t}$ で変動しているとして変位電流密度 J_d と伝導電流密度 J_c との比 J_d/J_c を計算すると，$J_d/J_c = \varepsilon\omega/\sigma$ となり，$\sigma \to \infty$ で $J_d/J_c \to 0$ となる．

[8.2]　$t = 0$ のとき q は原点にあり，速度 v で x 方向に進むとする．$t = t$ における q の座標を $(vt, 0)$，点 P の座標を (x, y) として点 P の電界の x 成分および y 成分を計算し，それらを時間微分して変位電流の x 成分および y 成分

$$(i_d)_x = \frac{qv}{4\pi}\frac{2(x-vt)^2-y^2}{[(x-vt)^2+y^2]^{5/2}}, \quad (i_d)_y = \frac{3qv}{4\pi}\frac{(x-vt)y}{[(x-vt)^2+y^2]^{5/2}}$$

を得る．

[8.3] $\nabla\times\boldsymbol{H}=\sigma\boldsymbol{E}+\dfrac{\partial\boldsymbol{D}}{\partial t}$ の発散をとり，$\nabla\cdot\boldsymbol{D}=\rho$ を考慮して ρ に関する微分方程式を作る．$\tau=\varepsilon/\sigma$．銅の場合 $\tau\sim6\times10^{-19}$ s．

[8.4] $\boldsymbol{E}$ も $\boldsymbol{H}$ も時間的に $e^{j\omega t}$ で変動するとし，媒質中に電荷が存在しないとすると．円柱座標では

$$\frac{\partial E_z}{\partial\theta}-r\frac{\partial E_\theta}{\partial z}=-j\omega\mu rH_r \quad \text{(以下省略)}$$

球座標では以下となる．

$$\frac{\partial}{\partial\theta}(\sin\theta\, E_\phi)-\frac{\partial E_\theta}{\partial\phi}=-j\omega\mu r\sin\theta H_r \quad \text{(以下省略)}$$

[8.5] 円柱導体の半径を r，長さを l とすると，表面での電磁界は $E=V/l=RI/l$，$H=I/2\pi r$ となる．$\boldsymbol{E}\times\boldsymbol{H}$ を表面積について積分すると I^2R となる．

[9.1] $\lambda=\dfrac{c}{f}=\dfrac{2\pi c}{\omega}=0.188$ m，$\dfrac{1}{2}\varepsilon E^2=9.96\times10^{-6}$ J/m^3，$\dfrac{1}{2}\varepsilon E^2c=2.99\times10^3$ J/m^2•s

[9.2] 水中を伝搬する光の速度 v は，水の比誘電率を ε_s，比透磁率を μ_s とすると

$$\frac{v}{c}=\frac{\sqrt{\varepsilon_0\mu_0}}{\sqrt{\varepsilon\mu}}=\frac{1}{\sqrt{\varepsilon_s\mu_s}}=\frac{1}{9}, \quad v=3.33\times10^7 \text{ m/s}$$

10 kHz のときの波長は $\lambda=\dfrac{v}{f}=3.33\times10^3$ m，100 MHz のときは $\lambda=0.333$ m

[9.3] 電力 P が直径 $2r$ の円内に拡がり，光速で伝搬するので，エネルギー密度 u_e は

$$u_e=\frac{P}{\pi r^2c}=4.23\times10^{-17} \text{ J/m}$$

$$u_e=\frac{1}{2}\varepsilon E^2 \text{ より，} E=3.09\times10^{-3} \text{ V/m}$$

[9.4] 電磁波は E_x，H_y 成分のみをもち，$e^{j(\omega t-kz)}$ の形で z 方向に進むとすると，電信方程式から $k^2=\omega^2\varepsilon\mu-j\sigma\mu$ を満足しなければならない．ここで $k=k_r-jk_i$ において k_r，k_i を求めると

$$k_r=\omega\left\{\frac{\varepsilon\mu}{2}\left[\sqrt{1+\left(\frac{\sigma}{\omega\varepsilon}\right)^2}+1\right]\right\}^{\frac{1}{2}}$$

$$k_i=\omega\left\{\frac{\varepsilon\mu}{2}\left[\sqrt{1+\left(\frac{\sigma}{\omega\varepsilon}\right)^2}-1\right]\right\}^{\frac{1}{2}}$$

となり，$E \propto e^{-k_i z} e^{j(\omega t - k_r z)}$ と表される．位相速度は $v_p = \dfrac{\omega}{k_r}$ であり，減衰率は k_i である．

[9.5] 電界と磁界の接線成分が連続である条件，およびそれぞれの媒質における $\boldsymbol{H} = \boldsymbol{E}/Z = \sqrt{\varepsilon/\mu}\,\boldsymbol{E}$ の関係から，反射係数 R と透過係数 T は

$$R = \frac{E_r}{E_i} = \frac{Z_1 \cos\theta_i - Z_2 \cos\theta_t}{Z_1 \cos\theta_i + Z_2 \cos\theta_t} = \frac{n^2 \cos\theta_i - \sqrt{n^2 - \sin^2\theta_i}}{n^2 \cos\theta_i + \sqrt{n^2 - \sin^2\theta_i}}$$

$$T = \frac{E_t}{E_i} = \frac{2Z_2 \cos\theta_i}{Z_1 \cos\theta_i + Z_2 \cos\theta_t} = \frac{2n \cos\theta_i}{n^2 \cos\theta_i - \sqrt{n^2 - \sin^2\theta_i}}$$

と求められる．ここに $n = \sqrt{\varepsilon_2/\varepsilon_1}$ は比屈折率である．また，反射係数が 0 になる条件を R の式から求めると，$n = \tan\theta_i$ が得られる．

[9.6] 前問と同様にして以下が得られる．

$$R = \frac{E_r}{E_i} = \frac{Z_2 \cos\theta_i - Z_1 \cos\theta_t}{Z_1 \cos\theta_t + Z_2 \cos\theta_i} = \frac{\cos\theta_i - \sqrt{n^2 - \sin^2\theta_i}}{\cos\theta_i + \sqrt{n^2 - \sin^2\theta_i}}$$

$$T = \frac{E_t}{E_i} = \frac{2Z_2 \cos\theta_i}{Z_1 \cos\theta_t + Z_2 \cos\theta_i} = \frac{2 \cos\theta_i}{\cos\theta_i + \sqrt{n^2 - \sin^2\theta_i}}$$

[9.7] $\dfrac{\partial}{\partial t} = j\omega$，$\dfrac{\partial}{\partial z} = -jk$ としてマックスウェル方程式の x，y，z 成分の式を書き，それらから次式が得られる．

$$E_x = \frac{j\omega\mu}{k^2 - k_0^2} \frac{\partial H_z}{\partial y} + \frac{jk}{k^2 - k_0^2} \frac{\partial E_z}{\partial x}$$

H_y，E_y，H_x は省略．ここに $k_0^2 = \omega^2 \varepsilon\mu$ である．

[9.8] 波長 1 m の波を共振させる LC 回路の C は $f = 1/2\pi\sqrt{LC}$ より $C = 1.41$ pF である．一方，円板の面積を S，間隔を d とすると $C = \varepsilon_0 S/d$ であるから，$d = 1.97 \times 10^{-3}$ m.

索　　引

（五十音順）

ア 行

カ 行

サ 行

マ　行

ヤ　行

著者略歴

後藤俊夫（ごとうとしお）
1969年　名古屋大学大学院博士課程修了
中部大学工学部教授
工学博士

大久保仁（おおくぼひとし）
1973年　名古屋大学大学院修士課程修了
愛知工業大学工学部教授
工学博士

佐藤照幸（さとうてるゆき）
1958年　東北大学大学院修士課程修了
元名古屋大学名誉教授
理学博士

菅井秀郎（すがいひでお）
1971年　東北大学大学院博士課程修了
中部大学工学部教授
工学博士

永津雅章（ながつまさあき）
1982年　名古屋大学大学院博士課程満了
静岡大学創造科学技術大学院教授
工学博士

花井孝明（はないたかあき）
1982年　名古屋大学大学院博士課程満了
鈴鹿工業高等専門学校教授
工学博士

電気磁気学　　定価はカバーに表示

1993年10月15日　初版第1刷
2014年9月15日　新版第1刷
2023年8月10日　第6刷

著者　後藤俊夫
大久保仁
佐藤照幸
菅井秀郎
永津雅章
花井孝明
発行者　朝倉誠造
発行所　株式会社 朝倉書店
東京都新宿区新小川町6-29
郵便番号　162-8707
電話　03(3260)0141
FAX　03(3260)0180
https://www.asakura.co.jp

〈検印省略〉

ISBN 978-4-254-22051-3　C 3054